高等职业教育园林园艺类专业系列教材

园艺产品贮藏与加工

主　编　张清丽　苑智华　段伟伟
副主编　周　剑　迟丽华　宫敬利　李　静
参　编　王晓彬　巩发永　包　岩　刘丽云
主　审　李本鑫

机 械 工 业 出 版 社

本书主要介绍园艺产品贮藏及加工，具体内容包括：绪论、园艺产品贮藏原理、园艺产品贮藏方式、常见园艺产品贮藏技术、园艺产品加工的基础知识、园艺产品加工技术。书中力求以生产中先进实用的技术，使学生系统掌握园艺产品贮藏及加工的相关知识。

本书紧紧围绕职业教育培育目标的要求，结合高等职业教育特点，较系统地阐述了园艺产品贮藏及加工的基础理论和有关专业知识内容，同时充分结合当前生产的实际，及时补充了生产中采用的新技术，力争实现教材内容和实际生产技术的超前性特征，注重学生创新能力的培养。

本书既可作为高职高专院校的专业教材，也可作为从事园艺产品的生产者、经营者及企业管理者的参考书。

图书在版编目（CIP）数据

园艺产品贮藏与加工/ 张清丽，苑智华，段伟伟主编 . —北京：机械工业出版社，2018.10（2024.3 重印）

高等职业教育园林园艺类专业系列教材

ISBN 978-7-111-51194-6

Ⅰ.①园… Ⅱ.①张… ②苑… ③段… Ⅲ.①园艺作物—贮藏—高等职业教育—教材②园艺作物—加工—高等职业教育—教材 Ⅳ.①S609

中国版本图书馆 CIP 数据核字（2018）第 216340 号

机械工业出版社（北京市百万庄大街 22 号　邮政编码 100037）
策划编辑：王靖辉　覃密道　责任编辑：王靖辉　陈　洁
责任校对：樊钟英　　　　　　封面设计：马精明
责任印制：张　博
北京雁林吉兆印刷有限公司印刷
2024 年 3 月第 1 版第 3 次印刷
184mm×260mm·13.25 印张·326 千字
标准书号：ISBN 978-7-111-51194-6
定价：35.00 元

电话服务　　　　　　　　　网络服务
客服电话：010-88361066　机　工　官　网：www.cmpbook.com
　　　　　010-88379833　机　工　官　博：weibo.com/cmp1952
　　　　　010-68326294　金　书　网：www.golden-book.com
封底无防伪标均为盗版　机工教育服务网：www.cmpedu.com

前　言

　　本书是根据教育部高职高专规划教材建设的具体要求和高等职业教育的特点设计编写的。

　　本书的特色之处在于两方面。贮藏方面，密切结合当前动态，注重突出微型冷库、简易气调贮藏、保鲜剂贮藏等几种贮藏方式结合当前实际生产中采用的技术，以及果蔬贮藏过程中主要问题的控制。加工方面，注重以全面的素质教育为基础，以能力培养为本位，以果蔬实际生产过程为主线，体现对学生职业综合能力、专业技术能力的培养。本书注重对果蔬贮藏加工中出现的问题进行原因分析；注重对果蔬的原料褐变、干制品霉变、糖制品返砂流糖、罐制品胀罐、腌制品酸败、汁制品混浊等主要问题的控制；同时，注重突出新知识、新内容，如补充了目前发展较快的果蔬脆片加工、鲜切果蔬加工的内容。

　　本书按项目划分，每个项目都明确了学习目标和知识要求，每个项目后面都有学习小结、学习方法和目标检测，方便学生学习。注重突出职业性、实用性、实践性。本书安排了20个实训项目，以方便各高等职业院校根据本校的实践教学条件选用。

　　本书由张清丽、苑智华、段伟伟担任主编，周剑、迟丽华、宫敬利、李静担任副主编，具体编写分工是：张清丽编写项目1的任务1、任务2、任务3及全书的学习小结、学习方法、目标检测；苑智华编写项目5；段伟伟编写项目2；周剑编写项目3中的任务1、任务2；迟丽华编写项目3中的实训6、实训7；宫敬利编写项目1中的实训1、实训2、实训3；李静编写项目4中的任务1、任务2、任务3；王晓彬编写项目4中的任务4；巩发永编写项目4中的实训8；包岩编写项目4中的实训9；刘丽云编写项目4中的实训10；全书由张清丽统稿和校稿，李本鑫审阅并提出很多修改意见。

　　由于编者水平有限，收集和组织材料有限，疏漏之处在所难免，敬请专家和广大读者批评指正。

编　者

目　　录

绪　　论

学习目的

了解园艺产品在社会经济和人们生活中的重要地位；了解目前国内外园艺产品贮藏加工业的现状、发展前景，以及我国园艺产品贮运方面存在的问题和采后操作体系的发展方向；学习园艺产品贮藏加工的基本内容，了解学习园艺产品贮藏加工的任务和意义。

知识要求

掌握我国园艺产品的地位、我国园艺产品贮藏加工方面存在的问题、我国果蔬市场变化趋势、我国果蔬流通的变化趋势、我国园艺产品贮运面临的最大挑战。

园艺产品是仅次于粮食的第二大类农产品，是人们生活的重要副食品，是食品工业的重要原料。园艺产品是人类健康不可缺少的营养之源，它不仅能为人体健康提供多种营养素，尤其是维生素、矿物质、膳食纤维，而且以其丰富、天然、独特的色、味、形、质赋予消费者愉悦的感官刺激和富有审美情趣的精神享受。随着经济的发展和社会的进步，人们在进行食品消费时，追求营养健康的意识不断增强，而鲜食果蔬成为当之无愧的首选食品。但是由于果蔬产品本身含水量高，质脆易腐，容易受微生物浸染和繁衍，再加上生产与消费区域、时节的错位，以及人们对果蔬消费量的迅速增加，果蔬生产和消费的不均衡性和区域局限性的矛盾更加突出。为了减少果蔬产品的腐烂损失，促进我国果蔬业的可持续发展，提高果蔬产业的附加值，增强园艺产业的出口贸易，提高创汇能力，大力发展果蔬贮藏加工业意义重大。

一、园艺产品贮藏与加工的意义

（一）减少园艺产品的损失，更好地满足人民的生活需要

园艺产品采收后由于生理衰老、病菌侵害及机械损伤等原因，易腐烂变质。据统计，世界上因无保鲜措施或保鲜技术不善而造成的损失达 20%～40%，由于我国园艺贮藏加工业相对滞后，每年约有 8000 万 t 的果蔬腐烂，损失总价值约 800 亿元。园艺产品的贮藏保鲜旨在创造适宜的贮藏条件，将园艺产品的生命活动控制在最低限度，以延长园艺产品的保质期。园艺产品加工可以增加园艺产品的花色品种，增强居民消费园艺产品的欲望，从而补充更多的营养素，使膳食结构更加合理。将园艺产品资源加工出营养丰富、口味好、花样品种

多的产品，可满足人民群众日益增长的物质和文化需求，更好地服务大众生活，为社会提供更多更好的营养美食。

（二）提高园艺产品附加值是增加农民收入的重要途径

目前，面对来自国际园艺产品贮藏加工企业的挑战，我国园艺产品不仅要有数量的优势，更要有品种上和质量上的优势；不仅集中在鲜食和初加工农产品的市场供给，更要有深加工农产品的竞争发展。只有通过加工升值，我国的农业才能获得较高的经济效益，农民才能更快地脱贫致富，实现小康。我国园艺产品总产量虽居世界首位，但贮藏保鲜加工能力较低。目前，经贮藏加工的果蔬不足总产量的10%，90%以上是鲜销。一般园艺产品鲜销价格明显低于经过保鲜处理或加工的产品。市场调查证明，果蔬鲜销与贮藏加工的投入产出比在1∶10左右。采用适当的保鲜加工处理可以显著提高产品的附加值，实现园艺产业良好的经济效益，增加农民收入。

（三）园艺产品贮藏、加工是农业生产的延伸，能够促进园艺产业持续健康发展

由于近几年水果蔬菜的大面积栽培，果蔬产品的产量大幅度升高，市场的需求结构发生了根本性变化，多数果品和少数蔬菜已经由原来的卖方市场变为买方市场，由原来的供不应求变为供过于求，出现季节性过剩或总体过剩，进而造成严重损失。果蔬价格随着产量的增高而逐渐降低，农民收入逐渐减少，已经严重影响了果农、菜农的积极性，不利于农业的产业化发展，严重影响果蔬种植业的发展大局。解决果蔬这种生产和消费矛盾的根本出路就在于要打破消费时节和消费方式的限制，使产品的消费渠道和消费方式多样化，拉长消费链条，优化消费环节。果蔬的贮藏加工是调节市场余缺、缓解产销矛盾、繁荣市场的重要措施，能够促进园艺产业的持续健康发展。

（四）促进园艺产业规模化发展，提高产品的国际竞争力

园艺产品的保鲜加工业发展是现代化农业发展的必然要求。园艺产品保鲜与加工业的发展需要大量的原料基地，不仅要满足鲜食的生产需要，也要满足大规模现代化加工生产的需要，因此要促进果蔬栽培业的规模化发展。大量园艺产品通过高科技加工技术，提高了产品的质量，增加了花样品种，延长了农产品的销售时间和经营链条；同时可充分发挥我国劳动力成本低的比较优势，使产品增值，提高出口农产品的技术含量和附加值，缩短同发达国家的差距，更有利于产品走出国门，以提高我国果品蔬菜的国际竞争力和出口创汇能力。

二、我国园艺产品贮藏加工业的现状

我国园艺产品的种植历史悠久，资源丰富，我国素有"世界园林之母"的称誉，是世界上多种果蔬产品的发源中心之一。长期以来，我国果蔬生产在全世界占有重要地位，特别是改革开放以来，在以经济建设为中心的战略方针的指引下，我国果蔬的种植面积发展很快，产量逐年提高，已稳居世界各国之首，成为世界果蔬原料生产大国，尤其是苹果、梨、柑橘、桃和油桃、枣、板栗、大蒜等产品在国际上具有举足轻重的地位。

（一）园艺产品种植已形成优势产业带

改革开放以来，特别是1984年我国放开果品购销价格且实行多渠道经营以来，极大地调动了广大果区农民的积极性，全国果蔬生产连续保持了十几年高速发展的强劲势头。据国家统计局统计，2007年，全国水果种植面积达1047.1万 hm^2，产量达到18136万 t，约占世界果品产量的17%；蔬菜种植面积达1732.9万 hm^2，产量为5.9亿 t，占世界总产量的

67%，年人均蔬菜占有量446 kg，是世界人均占有量的3倍。我国已成为世界第一大果品蔬菜生产国，水果、蔬菜总产量均居世界第一位。

与此同时，我国形成了几个果蔬贮藏特色区域，建立了一系列冷库群。例如，山东的苹果、酥梨、蒜薹贮藏；河南的蒜薹、大蒜贮藏；河北的鸭梨贮藏；陕西和山西的苹果贮藏等。加工方面，脱水加工主要分布在东南沿海地区及宁夏、甘肃等西北地区，而果蔬罐头、速冻果蔬加工主要分布在东南沿海地区。在浓缩汁、浓缩浆和果浆加工方面，我国的浓缩苹果汁、番茄酱、浓缩菠萝汁和桃浆的加工具有显著优势，形成了非常明显的浓缩果蔬加工带，建立了以渤海地区（山东、辽宁、河北）和黄土高原地区（陕西、山西、河南）两大浓缩苹果汁加工基地；以热带地区（海南、云南等）为主的热带水果（菠萝、芒果和香蕉）浓缩汁与浓缩浆加工基地。而直饮型果蔬及饮料加工则形成了以北京、上海、浙江、天津和广州等省市为主的加工基地。

（二）贮藏加工技术和装备水平明显提高

近年来，我国果蔬贮藏理论、技术及方法得到了很大的发展。在保留传统窖藏技术的同时，机械制冷贮藏、保鲜剂、涂膜保鲜技术已广泛应用，先进的气调贮藏技术也已开始应用于生产实践。

目前，我们果品总贮量占总产量的25%以上，商品化处理量约为10%，果蔬采后损耗率降至25%左右，基本实现了大宗果蔬产品南北调运与周年供应。

果蔬汁加工中的高效榨汁技术、高温短时杀菌技术、无菌包装技术、酶液化与澄清技术、膜技术等得到了广泛应用；我国打入国际市场的高档脱水蔬菜大都采用真空冻干技术生产，微波干燥和远红外干燥技术也在少数企业中得到应用。果蔬速冻的形式由整体的大包装转向经过加工鲜切处理后的小包装；冻结方式开始广泛应用以空气为介质的吹风式冻结装置、管架冻结装置、可连续生产的冻结装置、流态化冻结装置等，使冻结的温度更加均匀，生产效益更高。果蔬物流领域中MAP（自发气调）技术、CA（人工气调）技术等已在主要果蔬贮运保鲜业中得到广泛应用。

（三）国际市场优势日益明显

在农产品出口贸易中，果蔬加工品占有重要的比重。据统计，2007年我国农产品出口贸易额为409.7亿美元，其中果蔬及加工品出口居第二位，达到近111.2亿美元。蔬菜出口超过817.3万t，出口量已居世界第一位；水果出口达477.3万t。2006年，我国的浓缩苹果汁出口为67万t，2007年飙升至104万t，占全球苹果浓缩汁市场份额的三分之一，跃居世界第一位，而直饮型汁则以国内市场为主。经过多年的发展，现已逐步建立了稳定的果蔬加工品的销售网络和国内外两大消费市场。

三、我国园艺贮藏加工业存在的问题和差距

尽管我国的果蔬加工产业在贮藏加工能力、技术水平、硬件装备及国内外市场开发方面取得了较大的进步和快速的发展，但是与国外发达国家相比仍然存在很大差距。

（一）高档优质品种缺乏和加工原料基地不足

我国果蔬资源及产量虽居世界第一，但长期以来仅重视采前栽培、病虫害的防治，却忽视优质果蔬加工品种选育、采后贮运及产地基础设施建设，导致我国果蔬加工产业高档优质品种缺乏和加工原料基地不足。首先是适合加工的果蔬品种很少，制约了果蔬加工业的良性

发展。例如，浓缩苹果汁长期以来以鲜食品种为原料进行加工，产品质量差，出口价格低，经济效益不高。国际贸易中占主导地位的脱水马铃薯、脱水洋葱、脱水胡萝卜及速冻豌豆、速冻马铃薯等大宗品种，我国由于缺乏优质加工品种，加工量较少，导致经济效益低。其次，我国果蔬产品缺少规格化、标准化管理，致使高档鲜售水果比例不高，市场售价低，竞争能力差，出口水平低，年出口量仅占总产量的1%，占世界出口量的2.4%，排名第12位，销售价格也只有国际平均价格的一半。在果蔬采后商品化处理中不能很好地解决产地果蔬分选、分级、清洗、预冷、冷藏、运输等问题，致使水果在采后流通过程中的损失也相当严重，果蔬每年损失率为25%~30%，产值约750亿元。缺少优质的加工原料基地也是不争的事实，如我国脱水蔬菜出口量虽然居世界第一，但大部分加工企业没有自己的加工原料基地。

（二）贮藏加工设备水平低

尽管高新技术在我国园艺产品加工业中得到了逐步应用，贮藏加工装备水平也得到了明显提高，但由于缺乏具有自主知识产权的核心关键技术与关键制造技术，造成了我国园艺加工业中的贮藏加工技术与加工装备制造技术总体水平偏低。

1. 冷库建设领域

20世纪80年代以来，我国耗资数亿元修建了100多座气调贮藏库，并引进了一批先进的具有一定规模的果蔬加工生产线。由于不适应我国国情，设备利用率不高，加工产品质量不稳定，使得气调贮藏库空闲率大于60%，一般只当作普通仓库使用。

2. 果蔬汁加工领域

无菌大罐技术、纸盒无菌灌装技术、反渗透浓缩技术等没有突破；关键加工设备的国产化能力差、水平低。

3. 罐头加工领域

加工过程中的机械化、连续化程度低，对先进技术的掌握、使用、引进能力差。

4. 泡菜产品方面

沿用老的泡渍盐水的传统工艺，发酵质量不稳定，发酵周期相对较长，生产力低下，难以实现大规模及标准化生产。

5. 脱水果蔬加工领域

目前，我国生产脱水蔬菜大多仍采用热风干燥技术，设备则为各种隧道式干燥机，而国际上发达国家基本上不再采用隧道式干燥机，而常用效率较高、温度控制较好的托盘式干燥机、多级输送带式干燥机和滚筒干燥机。

6. 果蔬速冻加工领域

在速冻设备方面，目前国产速冻设备仍以传统的压缩制冷机为冷源，其制冷效率低，要达到深冷比较困难。国外发达国家为了提高制冷效率和速冻品质，大量采用新的制冷方式和新的制冷装置。在发达国家，微波解冻、远红外解冻新技术逐渐应用于冷冻食品的解冻。

7. 果蔬物流领域

国外鲜食水果已基本实现了冷链流通，从采后到消费全程低温，全过程损失率不到5%。我国现代果蔬流通技术与体系尚属于起步阶段，预冷技术、无损检测技术相对落后。进入流通环节的蔬菜商品未实现标准化，基本上不分等级、规格，卫生质量检测不全面，流通设施不配套，运输工具和交易方式十分落后，导致我国的果蔬物流与交易成本非常高，与发达国家相比平均高 20 个百分点。

　　总体来说，我国果蔬加工和综合利用能力较低，尤其是很多优质果蔬资源利用率不高，野生果蔬资源还有相当数量没有开发利用，果蔬加工品种少、档次低，不能满足日益增长的社会需求。因此，果蔬贮藏加工业亟待加快发展步伐，缩小与发达国家的差距。

四、园艺产品贮藏加工业的发展对策及任务

　　加入世界贸易组织（WTO）为我国果蔬贮藏加工来的发展和壮大提供了良好的发展机遇，果蔬生产的规模化、标准化、国际化、多样化将成为果蔬生产的主题和方向。我国果蔬贮藏加工业应以市场需求为动力，以加工工业为龙头，建立生产专业化、管理企业化、服务社会化、科工贸一体化的现代果品产业集团，提高行业抗风险能力，解除农民的后顾之忧，把果蔬资源优势转化为商品优势，促进我国果蔬业持续、稳定、健康发展。为此，我国果蔬贮藏加工业要做好以下几方面的工作：

（一）促进果蔬产业化进程

　　树立现代果蔬生产产业化观念，以产业链为纽带，实行各部门联合，各学科协作，优势互补。通过政府部门调控，建立"生产基地＋保鲜加工企业"的科工贸一体化现代果蔬产业集团和果蔬科技产业化工程，不同果蔬类别和品种安排在最适宜的地区集中种植，为生产优质的果蔬产品奠定良好的基础。建立完善的包括分选、分级、清洗、预冷、冷藏、包装、冷藏运输的流通保鲜系统，加工产品向多样化和规模化方向发展。加强科技指导，推动我国果蔬业上规模、高水平，实现可持续发展。

（二）加强科技支撑作用

　　现代果蔬产业已是园艺、生物、化学、工艺、工程、机械等多学科交叉渗透的新兴产业，高新技术在果蔬产业起到重要的支撑作用。应进一步采用生物技术、生物工程等高新技术，对果蔬加工、综合利用进行研究，提高农业再生资源加工与综合利用的水平。为了增强科技在果蔬业发展中的转化率和贡献率，应加大科技创新和推广应用的力度。

（三）加快科技人才的培养

　　市场竞争，说到底是人才的竞争。是否有高素质的优秀人才是企业成败的关键。我国果品生产超常、快速发展，果品专业技术队伍显得准备不足。为了改变我国园艺产品保鲜加工产业的不利局面，培育一批有能力的科技人才队伍，特别是在果品贮藏、加工、销售领域中的专业技术人员和管理人员。

（四）建立园艺产品信息网络

　　果蔬生产者由于信息失真或信息传递受阻，往往会造成果农和菜农利益的严重损失。及时准确的信息是产业运作的依据，以鲜嫩易腐果蔬为原料的园艺产业更应加强信息工程建设。只有建立起及时、准确的果蔬生产、贮藏、加工、贸易、销售信息网络，才能把握市场动向，指导产业运作，赢得产销主动权。

（五）实施名牌战略

　　在保证园艺产品适销和商品质量的同时，必须强化品牌意识。国产果品中已经有可与洋水果相媲美的产品，但大多数有品无牌，有的只是产地品种，如山东红富士苹果、广西沙田柚等，这样很难形成名牌效应。各地要立足本地资源优势，突出区域优势，抓好重点生产，因地制宜地发展特色水果的贮藏保鲜与加工，逐步形成具有市场竞争力的产业带和产业体。

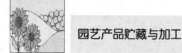

（六）建立果蔬及其贮运加工产品规格、标准和质量管理体系，尤其是品质安全体系

建立果蔬及其贮运加工产品规格、标准和质量管理体系，尤其是品质安全体系，将推进园艺产品从育种、栽培、管理、收获到贮运等产业链各环节的现代化、合理化转换。制定果蔬贮藏加工的标准化体系，有利于保证贮藏期间果蔬的营养质量，延长果蔬的贮存期，减少果蔬的损耗，提高后续产品的质量。果蔬的标准化、规格化是我国果蔬产品进入国际市场的通行证，它可以提高果蔬产品在国际上的竞争力，创造更高的经济效益。

五、园艺产品贮藏与加工的研究内容

（一）研究目的

进行园艺产品的贮藏和加工的最终目的就是保障园艺产品的周年供给，满足消费者的需求。

园艺产品季节性强，属易腐产品。为了满足消费者的需求，既要掌握园艺产品的贮藏运输技术，又要了解和开发研制新品种，更重要的是事先要充分了解消费者的需求，以需定产。此外，还必须考虑到社会要求。最为注重的是安全性，如贮藏园艺产品中杀菌剂的残留量、花卉保鲜剂中的银离子对环境的污染，以及园艺产品加工品的食用保证期等。

（二）研究范围及相关内容

本门课专门研究园艺产品贮藏、运输和加工的知识，其相关内容包括果树学、蔬菜学、花卉学、植物学、植物生理学、解剖学、微生物学、食品学、工艺学、医学、营养学、物理学、化学和建筑工程学等自然科学；以及社会学、法学、经营学、经济学、心理学等社会科学。

在学习或研究中，要注重吸收已有的贮藏保鲜技术和经验，掌握基本原理、经营手段，同时还要学习和研究国外的先进理论和技术。

项目 1　园艺产品贮藏原理

> **学习目的**
>
> 通过对园艺产品采前因素、采后生理与园艺产品贮藏质量的关系及影响园艺产品贮藏质量的因素等相关内容的学习，为学习园艺产品贮藏的原料选择与条件控制奠定基础。
>
> **知识要求**
>
> 了解生物因素、生态因素、农业技术因素与园艺产品贮藏质量的关系；熟悉呼吸作用、蒸腾作用、低温伤害、成熟和衰老、休眠和发芽与园艺产品贮藏质量的关系。

【教学目标】

通过本项目的学习，使学生明确影响园艺产品贮藏质量的各种因素，以便选择适宜的园艺产品贮藏条件，保证园艺产品贮存质量。

【主要内容】

了解生物因素、生态因素、农业技术因素与园艺产品贮藏质量的关系；掌握有氧呼吸、无氧呼吸、呼吸强度、呼吸热、呼吸跃变、蒸腾作用、低温伤害、成熟和衰老、休眠和发芽等与园艺产品贮藏质量的关系；掌握温度、湿度、氧气、二氧化碳、乙烯等气体条件及其他采后处理对园艺产品贮藏质量的影响。

【教学重点】

呼吸作用、蒸腾作用、低温伤害、成熟和衰老、休眠和发芽与园艺产品贮藏质量的关系；温度、湿度、气体条件及其他采后处理对园艺产品贮藏质量的影响。在学习的过程中，应紧密结合当地的生产实际，注意掌握在园艺产品贮藏质量控制方面出现的新技术、新方法。

【内容及操作步骤】

影响园艺产品贮藏质量的各种因素包括呼吸作用、蒸腾作用、低温伤害、成熟和衰老、休眠和发芽，在贮藏过程中，可以通过调节温度、湿度、气体条件及其他处理方式来抑制园艺产品在贮藏过程中的不良变化，延长贮藏期，提高贮藏质量。本项目主要介绍影响园艺产品贮藏质量的各种因素。

任务1 采前因素与园艺产品贮藏质量的关系

一、生物因素

（一）种类

不同种类的园艺产品具有不同的遗传特性和品质特征，从而具有不同的贮藏特性。从产地与采收季节来说，原产热带、亚热带或高温季节采收的产品收获后呼吸作用强，蒸腾失水快，易感染病菌而腐烂变质，多不耐贮藏。原产温带地区的产品生长期较长，多在低温冷凉季节成熟收获，体内营养成分积累多，呼吸作用弱，具有较好的抗病性和耐贮藏性。当然，也有例外，如原产亚热带的柑橘类果实中的部分种类，像甜橙可长期贮藏，而一些温带水果，如桃、杏、李、樱桃却不适宜长时间贮藏。果品的耐贮藏性由高到低依次为仁果类、核果类、浆果类。蔬菜的不同种类之间，耐贮藏性由高到低依次为根茎类、果菜类、花菜类、叶菜类。

（二）品种

同一种类的园艺产品中，不同品种的耐贮藏性也不同。通常，不耐贮藏的品种多表现为组织疏松，保护组织不发达，含水量高；呼吸作用、蒸腾作用强，失水快，所含的营养物质消耗快，品质下降也快。

一般来说，晚熟品种较早熟品种耐贮藏；同一种类的不同品种的切花，花茎较粗的品种较耐贮运，瓶插寿命长。此外，对嫁接植株来说，砧木也影响产品的贮藏性能。

（三）植株生长势

植株长势不同，关系到其营养供给、花芽分化、开花、结果量等，必然影响到果实的致密性、大小、产量、化学成分及贮藏性能等。植株生长健壮，其产品营养物质含量丰富，贮藏性能要比生长过旺或过弱的植株强。

园艺产品器官的不同、采收时成熟度的不同、产品大小不同、在植株上生长部位不同，都会使呼吸、蒸腾作用强度存在差异，进而造成耐贮藏性的差异。有些果蔬原产于热带、亚热带地区，属冷敏性的产品，低温下易发生冷害，不适宜低温冷藏，如青椒、黄瓜等。

二、生态因素

（一）温度

园艺产品生长发育要求的温度范围与其自身的生物学特性有关，在生长发育及其产品成熟期间均需有适宜的气温条件。温度过高、过低都会影响其生长发育、品质及耐贮藏性，特别是在采收前4～6周，气温条件决定了果实的大小、色泽、风味和耐贮藏性。昼夜温差大有利于营养物质的积累，可溶性固形物质含量高，耐贮藏性好；而温度过高时，产品组织生长快，营养物质积累少，会使产品品质变差，降低耐贮藏性。

（二）降雨量

降雨量的多少关系到土地的含水量、土壤pH及土壤中可溶性盐类的含量，从而影响到作物的发育、产品的化学组成与耐贮藏性。降雨过少，土壤中的水分含量不足，影响植株生长；过多的降雨，又会造成土壤中可溶性营养减少，植株生长和产品品质受到影响。

阴雨天过多、光照差、光合作用时间短，会影响到产品品质和贮藏性。有报道指出，降雨量过多的情况下，苹果中的糖、有机酸、维生素C的含量降低。降雨量过多，贮藏中虎皮病、苦痘病等生理病害和炭疽病、轮纹病等侵染性病害也均易发生。

降雨不均匀也会影响到果实的品质，久旱后大雨常引起果实裂果，这是因为雨后蒸发和蒸腾作用低，果树从根部吸收的水分多，促使果肉细胞迅速膨胀，果肉内部向表面产生很大的压力，从而导致果实开裂。裂果会产生真菌性腐烂或使一些品种发生果肉褐变。宽皮橘类贮藏期中的浮皮现象也与生长期的雨量和温度有关。久旱后骤雨，可使果皮和果肉的生长差异增大，果皮和果肉产生结构和生理上的差异，从而导致贮藏期中发生浮皮现象，即果皮和果肉分离，果肉枯水，品质劣变，甚至失去食用价值。一些研究表明，采收前3~4周天气干燥无雨对果实的耐贮藏性非常有利。但幼果期，如果雨水过少、空气湿度过低的天气持续时间过长，果实会过多地蒸腾失水，加之气温过高，易引起大量落果。

（三）光照

光照包括光照时间、强度和质量，这些都对园艺产品的生长发育有影响，充足的光照有利于植株的生长和营养物质的积累，使产品色泽鲜艳、品质好、耐贮藏。光照充足，糖分的积累充足；光照与花青素的形成密切相关，红色品种在阳光照射下，果实颜色鲜红，对生理病害抗性增强；抗坏血酸含量同日照强度呈正相关，因为形成维生素C的前身是糖，只有糖分积累增多，才能形成较多的维生素C，一般树冠外围的果实受光量大，故维生素C含量相对较高。

蔬菜类园艺产品在光照不足的情况下会出现叶片大而薄的情况，贮藏中易失水萎蔫；果菜、根菜类会出现营养物质积累差，贮藏中易老化、糠心、不耐贮藏的现象。但光照过强对一些蔬菜产品也会造成危害，番茄、茄子、青椒等在高温季节受强烈日照后会产生日灼病。同样，花卉产品生长中也需要充足的光照条件，因为花的质量与光合物质的积累程度密切相关。光照条件好，鲜切花的保鲜期就长；光照不足时，切花花茎过度生长，成熟不充分，会造成"弯茎"，同时会影响到花瓣的色泽，严重时还会导致叶片黄化和脱落。

（四）地理条件

纬度和海拔高度的不同，会导致温度、降雨量、空气湿度、光照条件和紫外线含量的差异，从而决定不同产品种类和品种的分布。另一方面，同一种类的产品，生长在不同纬度和海拔高度，其品质和耐贮藏性也有所不同。苹果属于温带果树，在我国北方地区广泛栽培，但生长地区纬度不同，果实的耐贮藏性有一些差别。一般，河南、山东一带产的多数苹果品种远不如辽宁、山西和陕西产的果实耐贮藏。

同一品种在高纬度、高海拔地区生长，比低纬度、低海拔地区生长的果实耐贮藏。像"国光"是苹果中极耐贮藏的品种，但在纬度较低的河南、江苏一带生长，耐贮藏性就较差。就地区而言，西北苹果的可溶性固形物与含糖量均高于河北、辽宁的果实，西北凉爽高地的纬度虽较低，但海拔较高，日照强，昼夜温差大，有利于红色苹果色素的形成和糖的积累，维生素C的含量也高。大多数高原、山地生长的苹果的色泽、风味、耐贮藏性都好。

（五）土壤

土壤的理化性状、营养状况及地下水位的高低等与产品品质、化学成分含量、组织结构都有很大的关系，这也就影响到产品品质和采后耐贮藏性。若土壤有机质含量高、养分充足、结构疏松、酸碱适度、湿度适宜、透气性良好，则适宜园艺产品的良好发育。但不同的产品种类对土壤的要求也不尽相同。

三、农业技术因素

（一）整形修剪、疏花疏果、套袋

剪枝、摘心、打杈、疏花疏果对植株自身养分的分配起调节作用。由于营养状况的改变，果形大小、果实含糖量、花青素形成都会发生变化，从而影响贮藏性能。

疏花疏果的目的是保持一定的叶果比例。一般来说，每个果需一定的叶片数量来保证足够的光合物质积累，这样果实含糖量高、着色好、抗病性强，也耐长期贮藏。

修剪、整形的主要作用也是调节产量、提高产品质量。合理的整形修剪有这样几种作用。

1. 调节植株与环境间的关系

调整植株个体与群体结构，能更有效地利用空间，改善光照条件，提高光能利用率。

2. 调整植株各部分、各个方向之间的均衡关系

调节地上部分与地下部分之间的矛盾，营养生长与生殖生长之间的矛盾，同类器官的枝条之间、花之间、果之间的矛盾，促使植株与果实更好地生长，增加园艺产品的耐贮藏性。

3. 调节植株的营养状况

通过整形修剪可以调节植株对养分的吸收、制造、积累、消耗、运输、分配等，保证产品的产量和质量。

一些果蔬类和切花类园艺产品在生长过程中也要定期进行打蔓、打杈，及时摘去多余的侧芽，其作用也是调节生长和生殖的关系，集中营养以提高产品的质量和耐贮藏性。

园艺果实套袋可减少外界不利条件对果实的危害，减少农药污染，增加耐贮藏性。

（二）土肥水管理

1. 氮、磷、钾肥的管理

氮、磷、钾肥是作物生长发育最基本的营养元素。

一般认为，施氮肥是增产的要素，但施用氮肥过多，果实含糖量低，色泽不佳，风味平淡，并且结构疏松，呼吸代谢旺盛，采收和运输时极易受到损伤，在贮藏中也易发生生理病害。氮钙比增大易发生水心病、苦痘病。因此，要合理施用氮肥。

磷肥有促进果实成熟和改善品质的作用，适当增施磷肥，并配合氮、钾肥的施用，可增进果实品质和产量，同时还可减少一些生理病害等。

钾肥是保证果树生长和结果的重要化学元素。多施钾肥能产生鲜红颜色和芳香物质，但施用过多时又易产生某些生理病害，如苹果施用钾肥过量降低钙和镁的吸收，导致果实中矿物质平衡受到破坏，加重果实发生苦痘病和果心褐变等生理病害。

钙能影响果实的成熟、耐贮藏性和采后的代谢，果实中钙含量高，呼吸速率低，贮藏寿命较长。钙含量低时，会增加果实中氮的含量，使呼吸率提高，采后代谢失调，表现出各种生理病害，不耐贮藏。例如，苹果缺钙时会发生苦痘病、软木斑点病、水心病、红玉斑点病等。因此，栽培中要适当施用钙肥。

此外，土壤中某些微量元素（如锌、铜、铯、硼、钼）等缺乏或过多都会影响到产品的生长发育，最终影响园艺产品品质和贮藏寿命。

2. 土壤水分供应条件

土壤中的水分含量是影响园艺产品生长发育、产量、品质及耐贮藏性的另一个重要方面。土壤水分过多，果树果实过大，干物质含量低，不耐长期贮藏；水分过低，植株生长受限，果实瘦小。例如，桃在整个生长过程中只要在采收前几星期缺水，果实就难增大，产量低、品质差；而供水太多，又会延长果实的生长期，果实色泽不好、不耐贮藏。

蔬菜、花卉的采前水分管理也对产品品质有着重要影响，但不同的种类要求的水分条件不同，必须按照其需水特点进行管理，生产的产品才可既保证质量，又有良好的保鲜性能。

（三）田间病虫害防治

许多病害是在田间侵染，贮藏期发病，造成园艺产品贮藏中大量腐烂，所以应根据不同的侵染病原选择不同种类和剂量的农药，并科学施用，以控制田间病虫害的发生，提高贮藏质量。

（四）生长调节剂处理

使用植物生长调节剂可对园艺产品采后质量产生重要影响，所以其也可用来作为增强园艺产品耐贮藏性和防治病害的辅助措施之一。

任务2 采后生理与园艺产品贮藏质量的关系

一、呼吸作用

园艺产品于采收后脱离了母体，但仍是一个有生命的有机体，在商品处理、运输、贮藏过程中继续进行着各种生理活动，这些生理活动使园艺产品不断地失去水分并分解在生长过程中所累积的营养物质，随着这些物质的消耗，农产品进入后熟和衰老的过程。呼吸作用是采后园艺产品的一个最基本的生理过程，它与园艺产品的成熟、品质的变化及贮藏寿命有密切的关系。在贮藏过程中，保持园艺产品尽可能低而又正常的呼吸代谢，是新鲜园艺产品贮藏的基本要求。

（一）呼吸作用的概念

呼吸作用是指植物活细胞内的有机物在酶的参与下逐步氧化分解并释放出能量的过程。依据呼吸过程中是否有氧的参与，可将呼吸作用分为有氧呼吸和无氧呼吸两大类型，其产物因呼吸类型的不同而有差异。正常条件下，有氧呼吸占主导地位。

1. 有氧呼吸

有氧呼吸是指活细胞利用分子氧，将某些有机物质彻底氧化分解，形成二氧化碳和水，同时释放出能量的过程。呼吸作用中被氧化的有机物称为呼吸底物，碳水化合物、有机酸、蛋白质、脂肪都可以作为呼吸底物，其中淀粉、葡萄糖、果糖、蔗糖等碳水化合物是最常被利用的呼吸底物。以葡萄糖作为呼吸底物，则有氧呼吸的总反应如下：

$$C_6H_{12}O_6 + 6O_2 + 6H_2O \longrightarrow 6CO_2 + 12H_2O + 2.87 \times 10^6 \text{ J}$$

2. 无氧呼吸

无氧呼吸是指活细胞在无氧条件下，把某些有机物分解成为不彻底的氧化产物，同时释放能量的过程。无氧呼吸可产生酒精，其过程与酒精发酵是相同的，反应式如下：

$$C_6H_{12}O_6 \longrightarrow 2C_2H_5OH + 2CO_2 + 1.00 \times 10^6 \text{ J}$$

马铃薯块茎、甜菜块根、胡萝卜叶子和玉米胚在进行无氧呼吸时产生乳酸。

无氧呼吸所释放的能量远比有氧呼吸少。为了获得等量的能量，就需要消耗更多的呼吸底物来补充，并且无氧呼吸过程中产生的乙醛和酒精对细胞有毒害作用。因此，在园艺产品贮藏中，无氧呼吸对产品是不利的。但是，农产品的某些内层组织，气体交换比较困难，经常处于缺氧的条件下，进行部分的无氧呼吸，这正是植物对环境的适应，只是这种无氧呼吸在整个呼吸中所占的比重不大。在园艺产品贮藏中，不论由何种原因引起的无氧呼吸作用加强，都被看作正常代谢被干扰和破坏，对贮藏都是有害的。

（二）呼吸强度

呼吸强度是衡量园艺产品呼吸作用水平的重要生理指标，又称为呼吸速率，是直接关系到贮藏能力大小的主要生理因素。

呼吸强度是指 1 kg 新鲜园艺产品在 1 h 内放出 CO_2 的质量（mg）或吸入 O_2 的质量（mg），单位是 mg/(kg·h)。

园艺产品的贮藏寿命与呼吸强度呈反比，呼吸强度越大，表明呼吸代谢越旺盛，营养物质消耗越快。呼吸强度大的园艺产品，一般其成熟衰老较快，贮藏寿命也较短。例如，在 20 ~ 21 ℃下，菠菜的呼吸强度是 172 ~ 287 CO_2 mg/(kg·h)，马铃薯的呼吸强度是 8 ~ 16 CO_2 mg/(kg·h)，菠菜的呼吸强度约是马铃薯的 20 倍，因此，菠菜不耐贮藏，更易腐烂变质。

（三）呼吸熵

呼吸熵（RQ）又称呼吸系数，是呼吸作用过程中释放出的 CO_2 与消耗的 O_2 两者容积之比，或者两者物质的量之比。

$$RQ = V_{CO_2}/V_{O_2}$$

呼吸系数常随呼吸基质而变化，根据测出的呼吸系数可以推断其呼吸基质。例如，呼吸系数为 1，可以推断呼吸基质为单糖；呼吸系数为 1.33，呼吸基质可推断为苹果酸。

（四）呼吸温度系数

呼吸温度系数（Q_{10}）是指当环境温度提高 10 ℃时农产品呼吸强度所增加的倍数。不同种类、品种的农产品，其 Q_{10} 的差异较大；同一产品在不同的温度范围内 Q_{10} 也不同；通常是在较低的温度范围内的值大于较高温度范围内的值。

（五）呼吸热

采后园艺产品进行呼吸作用的过程中，氧化有机物并释放出的能量一部分供生命活动之用，另一部分能量以热的形式散发出来，这种释放的热量称为呼吸热。贮藏过程中，园艺产品所释放出来的呼吸热会增加贮藏环境的温度，因此，在园艺产品贮藏期间必须及时散热和降温，以避免贮藏库温度升高，而温度升高又会使呼吸增强，放出更多的热，形成恶性循环，缩短产品的贮藏寿命。

（六）呼吸跃变

一些采后的园艺果实进入完熟期时，呼吸强度急剧上升，达到高峰（呼吸高峰）后又转为下降，直至衰老死亡，这个呼吸强度急剧上升的过程称为呼吸跃变，这类果实称为呼吸跃变型果实，如苹果、梨、桃、柿子、李子、无花果、鳄梨、猕猴桃、杏、番茄、荔枝、番木瓜、西瓜、甜瓜等。一般，呼吸跃变前期是果实品质提高的阶段，到了跃变后期，果实开始衰老，品质变劣，抗性降低。一些果实的呼吸高峰发生在最佳食用品质阶段；而另一些果实的呼吸高峰则发生在最佳食用品质阶段略前一些。现已证实，凡表现出后熟现象的果实都具有呼吸跃变，后熟过程所特有的除呼吸外的一切其他变化都发生在呼吸高峰期内，所以常把呼吸高峰作为后熟和衰老的分界。因此，要延长呼吸跃变型果实的贮藏期就要推迟其呼吸跃变。呼吸跃变型果实无论是长在树上还是采收后，都可以发生呼吸跃变，并完成整个后熟过程，但相比而言，在树上的果实呼吸跃变发生较迟。果实的种类不同，呼吸跃变出现的时间和峰值高度也不同。原产于热带和亚热带的果实跃变顶峰的呼吸强度均比跃变前高 3～9倍，但高峰维持时间很短。而原产于温带的果实的跃变顶峰的呼吸强度比跃变前只增加 2倍，但跃变高峰维持时间较长。

还有一类果实在成熟过程中没有呼吸跃变现象，呼吸强度只表现为缓慢下降，这类果实称为非呼吸跃变型果实。非呼吸跃变型果实包括草莓、柠檬、菠萝、葡萄、柑橘、黄瓜等。绝大多数蔬菜不发生呼吸跃变。

（七）呼吸作用对园艺产品贮藏质量的影响

园艺产品在贮藏期内具有一定的耐贮藏性和抗病性，能抵抗致病微生物的侵害，呼吸作用在此期间的影响表现在两个方面：

（1）积极作用　提供园艺产品生理活动所需的能量是采后园艺产品生命存在的基础；密切影响园艺产品的成熟、衰老、伤口愈合等过程；抗病、抑制病原菌感染；有利于分解、破坏微生物分泌的毒素。

（2）消极作用　分解消耗有机物质，加速衰老；产生呼吸热，使果蔬体温升高，促使呼吸强度增大，同时会提高贮藏环境温度，缩短贮藏寿命；改变贮藏环境气体成分，不断吸收氧气，放出二氧化碳和乙烯等挥发性气体，氧气浓度过低或二氧化碳浓度过高都会使园艺产品生理代谢失调，乙烯等气体能促使成熟和衰老，这些都不利于园艺产品贮藏。

园艺产品贮藏过程中，在保证其正常的呼吸代谢及正常发挥耐贮藏性和抗病性的基础上，应采取一切可能的措施降低呼吸强度，延长园艺产品的贮藏期。

二、蒸腾作用

蒸腾作用是指水分以气体状态，通过植物体的表面，从体内散发到体外的现象。新鲜的园艺产品组织一般含水量较高（85%～95%），细胞汁液充足，细胞膨压大，使组织器官呈现坚挺、饱满的状态，具有光泽和弹性，表现出新鲜健壮的优良品质。采收后的园艺产品失去了母体和土壤所供给的营养和水分补充，而其蒸腾作用仍在持续进行，组织失水又得不到补充。如果贮藏环境不适宜，贮藏器官就成为一个蒸发体，不断地蒸腾失水，细胞膨压降低，组织萎蔫、疲软、皱缩，光泽消退，逐渐失去新鲜度，并产生一系列的不良反应。

（一）蒸腾作用与失重

失重又称自然损耗，是指贮藏器官的蒸腾失水和干物质损耗所造成的重量减少。蒸腾失水主要是由于蒸腾作用所导致的组织水分散失；干物质消耗则是呼吸作用所导致的细胞内贮藏物质的消耗。因此，贮藏器官的失重是由蒸腾作用和呼吸作用共同引起的，并且失水是贮藏器官失重的主要原因。柑橘在贮藏过程中的失重，有 3/4 是由蒸腾作用所导致的，1/4 是由呼吸作用所消耗的。

一般而言，当贮藏失重占贮藏器官总重量的 5% 时，就呈现出明显的萎蔫和皱缩现象，新鲜度下降。通常在温暖、干燥的环境中几小时，大部分园艺产品都会出现萎蔫，有些园艺产品虽然没有达到萎蔫的程度，但失水会影响其口感、脆度、硬度、颜色和风味，同时营养物质含量降低，食用品质和商品价值大大降低。

（二）蒸腾作用引起代谢失调

园艺产品的蒸腾失水会引起其代谢失调。水分是生物体内最重要的物质之一，在代谢过程中发挥着特殊的生理作用，它可以使细胞器、细胞膜和酶得以稳定，细胞的膨压也是靠水和原生质膜的半渗透性来维持的。当园艺产品出现萎蔫时，水解酶活性提高，块根、块茎类蔬菜中的大分子物质加速向小分子转化，呼吸底物的增加会进一步刺激呼吸作用，如风干的甘薯变甜，就是由于脱水引起淀粉水解为糖的原因。严重脱水时，细胞液浓度增加，有些离子如 NH_4^+ 和 H^+ 浓度过高会引起细胞中毒，甚至会破坏原生质的胶体结构。有研究发现，组织过度缺水会引起脱落酸含量增加，并且刺激乙烯的合成，加速器官的衰老。因此，在园艺产品采后贮运过程中，减少组织的蒸腾失重具有十分重要的意义。

（三）蒸腾作用降低耐贮藏性和抗病性

蒸腾作用的失水萎蔫破坏了正常的代谢过程，水解作用加强，细胞膨压下降造成结构特性改变，必然影响园艺产品的耐贮藏性和抗病性。萎蔫程度越高，腐烂率越大。失水严重时，还会破坏原生质胶体结构，干扰正常代谢，产生一些有毒物质。同时，失水使细胞液浓缩，某些物质和离子浓度增加，也能使细胞中毒。

三、低温伤害

低温可以明显抑制采后园艺产品的呼吸作用，抑制微生物的生长，因此，采用低温贮藏园艺产品，对保持其风味、品质，控制成熟、衰老，延长贮藏期是非常有效的。但不适当的低温，却会使采后的园艺产品受到不同程度的伤害，出现各种生理失调现象，严重时会造成细胞和组织死亡，抗病性降低，品质恶化，失去商品价值。

低温对园艺产品的危害，按低温程度和受害情况可分为冷害（零上低温）和冻害（零下低温）两种。

（一）冷害

冷害又称寒害，是指园艺产品在植物组织冰点以上的不适宜的低温下造成的危害。它是一种生理伤害，常常在环境温度远高于植物组织冰点的情况下发生，是新鲜园艺产品采后贮藏中的常见生理病害，多发生于原产于热带、亚热带地区的产品，但温带产品中也有，如桃、油桃、柿子和苹果、梨中的部分品种。受冷害的产品不能正常后熟。冷害症状为内部组织变黑，外部出现凹陷斑纹，有的出现局部组织坏死；皮薄而软的易出现水渍状，有异味，有的组织内出现干化、絮状物，丧失风味，如桃；有的表皮变成褐或黑色，如香蕉；绿熟果不能正常成熟，如柑橘。

（二）冻害

冻害是园艺产品贮藏温度低于冰点温度时，由于结冰而产生的伤害。冻害后组织呈水渍状态，透明或半透明，有些呈灰白色或褐色。产品短时间受冻，细胞膜不至于损伤，缓慢升温还可能恢复正常，长时间受冻则会使细胞膜受损，品质劣变。所以，低温贮藏必须控制温度不要低于冰点温度。

当产品的冻害时间比较长，并且较严重时，解冻后就会有汁液流出，细胞死亡。

不同的产品对冻害的敏感程度也有差异，有的产品在冻结时，原生质及其内部并不造成伤害，解冻后仍可恢复原状，如柿子、菠菜。因此，它们可采用冻藏的方式进行保藏。

大部分的新鲜园艺产品在冻结后都会造成损伤，特别是在遇到震动的情况下，组织内的冰晶体更易聚集变大。因此，当不慎出现冻害且还未造成原生质胶体破坏的情况下，要选择一个适宜的温度让其缓慢解冻（多在4.5~5℃），这样可以使细胞间隙的冰晶溶解，并重新被细胞吸收而使原生质恢复原状，果蔬又会恢复到新鲜饱满的状态（忌搬动）。

如果解冻温度过高，解冻速度过快，融化的水不能为细胞所吸收，就会流出，产品的鲜度就不能完全恢复。

四、成熟和衰老

果实发育过程可分为三个主要阶段，即生长、成熟和衰老。

我们通常将果实达到生理成熟到完熟的过程都叫成熟。

生理成熟是指果实完成了细胞、组织、器官分化发育的最后阶段，充分长成，也称为"绿熟"或"初熟"。此时不一定是最佳食用阶段。

完熟是指果实停止生长后还要进行一系列生物化学变化并逐渐形成本产品固有的色、香、味和质地特征，然后达到最佳的食用阶段。达到食用标准的完熟可以发生在植株上，也可以在采后。

后熟是指果实采后呈现特有的色、香、味的成熟过程。

生产上把植物组织最佳食用阶段以后的品质劣变或组织崩溃阶段称为衰老。

有些生理学家很早就认为果实成熟是衰老的开始。果实在充分成熟之后，进一步发生一系列的劣变，最后才衰亡。所以，完熟可以视为衰老的开始阶段。果实的完熟是指从成熟的最后阶段到开始衰老的初期。

果实的成熟与衰老都是不可逆的变化过程。

五、休眠和发芽

园艺植物在生长发育过程中遇到不良条件时，有的器官会暂时停止生长，这种现象称作休眠。像一些鳞茎、球茎、块茎、根茎类蔬菜，以及花卉、木本植物的种子、坚果类果实（如板栗），这些园艺产品器官在生长过程中体内积累了大量的营养物质，发育成熟后，随即转入休眠状态，新陈代谢明显降低，水分蒸腾减少，呼吸作用减慢，一切生命活动都进入相对静止的状态。园艺植物休眠时物质消耗少，能忍受外界不良环境条件，保持其生活力；一旦外界环境条件对其生长有利时，又能恢复其生长和繁殖能力。因此，休眠被认为是一个积极的过程，是植物在长期进化过程中形成的一种适应逆境生存条件的特性，以度过严寒、酷暑、干旱等不良条件而保存其生命力和繁殖力。对园艺产品贮藏来说，休眠是一种有利的生理现象。

（一）休眠的阶段与类型

生理休眠一般经历以下几个阶段：休眠前期（休眠诱导期）→生理休眠期（深休眠期）→休眠苏醒期（休眠后期）→发芽。

第一个阶段称作休眠前期，此阶段是园艺产品从生长向休眠过渡的阶段。产品刚刚采收，代谢旺盛，呼吸强度大，体内的物质由小分子向大分子转化，同时伴随着伤口的愈合，木栓层形成，表皮和角质层加厚，或者形成膜质鳞片以增强对自身的保护，使水分蒸发减少。

第二个阶段称作生理休眠期,此阶段的园艺产品的生理作用处于相对静止的状态,一切代谢活动已降至最低限度,外层保护组织完全形成,水分蒸发减少。园艺产品在这一时期即使有适宜的条件也暂时不发芽和生长。生理休眠期的长短与产品的种类和品种有关。

第二个阶段为休眠苏醒期,此时园艺产品由休眠向生长过渡,体内的大分子物质又开始向小分子转化,可以利用的营养物质增加,为发芽、生长提供了物质基础。此时,如果环境条件不适,代谢机能恢复受到抑制,会使器官仍然处于休眠状态,然而外界条件一旦适宜,便会打破休眠,开始萌芽生长。

具有典型生理休眠的蔬菜有马铃薯、洋葱、生姜、大蒜等。萝卜、大白菜、花椰菜、莴苣及其他某些二年生蔬菜不具有生理休眠阶段,在贮藏中常因低温等因素抑制而处于强制休眠状态。

(二) 休眠和发芽对园艺产品储藏质量的影响

园艺产品一过休眠期就会发芽,造成其重量减轻,品质下降。例如,马铃薯的休眠期一过,不仅薯块表面皱缩,而且产生一种生物碱——龙葵素,食用时对人体有害;大蒜、生姜和洋葱发芽后肉质会变空、变干,失去食用价值。因此,必须设法控制园艺产品休眠,防止发芽,延长贮藏期。

任务3 影响园艺产品贮藏质量的因素

贮藏环境的温度、湿度、气体成分等因素是影响园艺产品贮藏质量的主要因素,通过调控贮藏环境条件,限制或利用园艺产品采后生理活动、化学成分变化等,可达到延缓衰老、延长休眠期,使园艺产品可长期贮藏的目的。

一、温度

温度是对园艺产品的呼吸作用影响最大的环境因素。同时,低温能抑制乙烯的产生和作用,延缓果蔬的成熟衰老。另外,温度变化对园艺产品水分蒸发影响很大,而且温度是控制休眠的最重要因素,是延长休眠、抑制发芽最安全且有效的措施。

在一定温度范围内 (0~35 ℃),随着温度的升高,呼吸强度增大。温度系数 (Q_{10}) 表示了温度变化与园艺产品呼吸作用的关系。在 0~10 ℃范围内,温度系数往往比其他范围的温度系数值要大,这说明越接近 0 ℃,温度的变化对园艺产品的呼吸强度影响越大。但温度也不能过低,过低反而会引起呼吸强度增大,甚至引起冷害的发生。

温度与空气的饱和湿度成正比。当环境中的绝对湿度不变而温度升高时,空气饱和湿度增大,即空气持水能力增强,导致园艺产品更多地失水;相反,温度下降,空气饱和湿度减小,园艺产品失水变慢、减少。但当温度下降至饱和湿度低于绝对湿度时,会发生结露现象,产品表面出现凝结水,容易促进微生物侵染和园艺产品腐烂变质。在贮藏中,要尽可能防止结露现象的出现,主要原则是设法消除或尽量减小温差。

温度在微生物的生命活动中具有非常重要的影响。降低贮藏温度一般能有效地抑制微生物的繁殖,防止微生物感染引起的园艺产品变质。

总之,温度的影响表现在多方面,当产品处于不适宜的高温条件下时,主要对采后产品的影响如下：

1）加速呼吸及其他代谢活动，物质的降解加快。

2）乙烯合成速率提高，进而刺激衰老，降低抗病性。

3）失水加快，加速失重、失鲜。

4）为微生物的活动、侵染提供有利条件，加速侵染性病害的发生，一些生理性病害在高温下也会受到诱导或加重。

5）芳香物质等有害成分的合成受到促进，反过来刺激和加快成熟衰老进程。

因此，新鲜园艺产品采后成熟、衰老、品质变化控制的手段之一就是降低环境中的温度。每种产品均有它的适温（即可将上述变化进程控制到最低，又不产生冷害的温度范围），而不同的产品之间温度要求差异很大。一般原产于温带的产品能耐受较低的温度，如苹果、梨、大白菜、甘蓝、蒜薹、月季、石竹等，这些产品可在0℃的低温下贮藏比较长的时间，并且保鲜效果好。青椒最适贮藏温度是8~10℃，番茄为10~12℃，黄瓜为10~13℃。

二、湿度

湿度对呼吸强度具有一定的影响。一般来说，园艺产品采收后经轻微干燥比湿润条件下更有利于降低呼吸强度，这种现象在温度较高时表现得更为明显。例如，大白菜采后稍微晾晒，使产品轻微失水，有利于降低呼吸强度。柑橘类果实在较湿润的环境中对其呼吸作用有所促进，而过湿的条件下，果肉部分生理活动旺盛，果汁很快损失，此时果肉的水分和其他成分向果皮转移，果实的外表表现为较饱满、鲜艳、有光泽，但果肉干缩，风味淡薄，食用品质较差，形成所谓的"浮皮"果实，严重者可引起枯水病。此外，湿度过低对香蕉的呼吸作用和完熟也有影响。香蕉在90%以上的相对湿度时，采后出现正常的呼吸跃变，果实正常完熟；当相对湿度在80%以下时，没有出现正常的呼吸跃变，不能正常完熟，即使能勉强完熟，果实也不能正常黄熟，果皮呈黄褐色且无光泽。

园艺产品采后水分蒸发是以水蒸气的状态移动的，与其他气体一样，水蒸气是从高密度处向低密度处移动的。采后的新鲜园艺产品组织内相对湿度在99%以上，因此，当贮藏在一个相对湿度低于99%的环境中时，水蒸气便会从组织内向贮藏环境移动。在相同的贮藏温度下，贮藏环境越干燥，水蒸气的流动速度越快，组织失水也越快。可见，园艺产品的蒸腾失水率与贮藏环境中的湿度呈显著的反相关。

一般来说，果蔬的水分损失超过5%~6%，通常会导致果蔬萎蔫、风味下降、自然抗病性大大降低和过早老化，为了延迟产品由脱水引起的软化萎蔫，除了干果、坚果、洋葱和其他易腐烂品种，一般园艺产品的贮藏相对湿度保持在85%~95%为好。对有些园艺产品来说，过高湿度容易导致病害，而且湿度调控不当会使园艺产品表面产生水分凝结。

三、气体条件

（一）氧气、二氧化碳

正常的空气中，氧气大约占21%，二氧化碳占0.03%，从呼吸作用总反应式可知，环境中氧气和二氧化碳的浓度的变化对呼吸作用有直接的影响。在不干扰组织正常呼吸代谢的前提下，适当降低贮藏环境中氧气的浓度或适当增加二氧化碳的浓度，可有效地降低呼吸强度和延缓呼吸跃变的出现，并且可抑制乙烯的生物合成，延长园艺产品的贮藏寿命，更好地维持产品的品质，这是气调贮藏的基本原理。

氧气对贮藏的影响：

1）低浓度氧（尤其与高浓度二氧化碳配合）可抑制呼吸作用，延缓成熟衰老，减少呼吸消耗，延缓贮藏期间果实品质的下降，也可抑制贮藏病害的发生。

2）过低浓度的氧气易导致园艺产品进行无氧呼吸，降低产品质量。

3）不同的园艺产品的最适氧气浓度不同。

二氧化碳对贮藏的影响：

1）高浓度二氧化碳（尤其与低浓度氧配合）可抑制呼吸作用，干扰乙烯的作用，延缓成熟衰老，减少呼吸消耗，延缓贮藏期间果实品质的下降，也可抑制贮藏病害的发生。

2）过高浓度的二氧化碳易导致园艺产品进行无氧呼吸，降低产品质量，同时易导致相应的生理病害。

3）不同园艺产品对二氧化碳的敏感性不同，贮藏最适二氧化碳浓度也不同，不耐二氧化碳的园艺产品在贮藏时要注意换气或去除二氧化碳。

（二）乙烯

乙烯是促进果实成熟的一种生长激素。对于即将进入呼吸跃变期的果实，只需用很低浓度的乙烯处理，就可诱导呼吸跃变的出现。

果实在成熟过程中随着乙烯的释放，呼吸作用也相应提高。跃变型果实在成熟期间自身能产生较多的乙烯，正常成熟。而非跃变型果实在成熟期间自身不能产生乙烯或产生极微量乙烯，因而果实自身不能启动成熟进程，必须用外源乙烯或其他因素刺激它产生乙烯，才能促进成熟。

对跃变型果实说来，外源乙烯只有在呼吸跃变前期施用才有效果，它可引起呼吸作用加强、内源乙烯的自动催化作用及相应成熟变化的出现。这种反应是不可逆的，一旦反应发生即可自动进行下去，而且在呼吸高峰出现以后，果实就达到完全成熟阶段。非跃变型果实任何时候都可以对外源乙烯发生反应，出现呼吸跃变，但将外源乙烯除去，则由外源乙烯所诱导的各种生理生化反应便停止，呼吸作用又恢复到原来的水平。与跃变型果实不同的是，非跃变型果实的呼吸跃变的出现并不意味着果实已完全成熟。

乙烯不仅能促进果实成熟，而且还有许多其他的生理作用，如可以加速叶绿素的分解，使园艺产品变黄，从而降低品质。此外，乙烯可引起园艺产品的质地发生改变，在 18 ℃下用 5 mg/kg、30 mg/kg、60 mg/kg 的乙烯处理黄瓜三天，可使黄瓜的硬度下降，这主要是由于乙烯加速了果胶酶的活性，同样的影响也发生在猕猴桃果实上。

（三）一氧化碳

一氧化碳对果蔬贮藏质量的影响主要表现在以下几方面：

1）2%～3% 一氧化碳可以防止莴苣等园艺产品气调贮藏时的失色。

2）5%～10% 一氧化碳可减轻贮藏病害。

3）加重过高浓度的二氧化碳导致的生理病害等。

4）具有类似乙烯促进果实成熟的效应，但这种效应在气调条件下对于多数园艺产品并不明显，但对乙烯极为敏感的猕猴桃等例外。

一氧化碳具有潜在的危险性，如对人体的毒害和易燃性。所以，贮藏过程中应引起注意。

四、其他采后处理

(一) 预冷

预冷是指新鲜采摘的园艺产品在运输和贮藏之前适当降低其温度的处理措施。预冷可及时有效地除去产品的田间热，以及采收刺激引起的呼吸作用旺盛所产生的呼吸热。预冷还可以减少由于采后生理、分解代谢带来的损失，也可抑制酶的活性，减少乙烯的产生，抑制各种腐败微生物的生长，从而提高贮藏保鲜效果。

预冷要及时、彻底，并且降温速度愈快愈好。对于易腐烂变质、有呼吸高峰的樱桃、草莓的贮藏，预冷则显得更为重要。

(二) 晾晒

大多数园艺产品采后贮藏时应尽量减少水分损失，以保持新鲜品质，但有些园艺产品贮藏前适当晾晒，反而能够减少贮藏过程中病害的发生，延长贮藏期。例如，柑橘在贮藏前晾晒，使其失重3%～5%，能明显减轻贮藏后期枯水病的发生，果实腐烂率也减少。其他如洋葱、大白菜、大蒜等采收后晾晒，都会相应提高贮藏效果，延长贮藏期。

(三) 机械损伤和病虫害

果实在采收、运输、贮藏过程中由于碰撞、挤压、扎刺等造成的机械损伤，会增强园艺产品的呼吸强度，加快其成熟和衰老，进而缩短贮藏期。其原因是：损伤造成微生物侵染；损伤刺激乙烯生成；损伤破坏细胞结构，增加底物与酶的接触机会，促使反应加速，同时加速组织内外气体交换；损伤和微生物侵染诱发组织内愈伤和修复反应，呼吸作用增强。所以，园艺产品在贮藏时要尽量避免机械损伤和病虫害，这同时也是保证贮藏质量的重要前提。

实训1 园艺产品低温伤害观察

一、实验目的与原理

冷害是园艺产品在不适宜的低温条件下贮藏所出现的生理性病害，多发生于原产热带或夏季成熟的园艺产品。园艺产品遭受冷害后，乙烯释放量增多，出现反常呼吸，表面也随之出现一些病害症状。本实验着重观察园艺产品表面病害症状和风味变化，同时通过观察，识别几种园艺产品的冷害症状。

二、实验材料与用具

材料：青椒、黄瓜、绿番茄、柑橘、桃、杏。
用具：冰箱、温度计。

三、实验步骤

将黄瓜、青椒、绿番茄（每种任选2～3个）分成两组，一组贮藏于冰箱内，温度调节至6℃以下，贮藏10～15天；另一组贮藏于13～16℃温度条件下，贮藏10～15天，比较不同温度条件下贮藏效果及冷害发生的情况。将柑橘、桃、杏（每种任选2～3个）分成两组，一组贮藏于0℃条件下一个月，另一组贮藏于8℃以上条件下一个月，比较不同温度条件下贮藏效果及冷害发生的情况。

四、作业

将观察结果填入表1-1，并比较不同温度条件下贮藏效果及冷害发生的情况。

表1-1 果蔬冷害观察记录表

果蔬名称	贮藏温度/℃	贮藏天数/天	好果		病果		病害症状描述	风味
			数量/个	所占比例（%）	数量/个	所占比例（%）		

实训2 园艺产品呼吸强度的测定

一、实验目的与原理

呼吸作用是园艺产品采收后进行的重要生理活动，是影响贮藏效果的重要因素。测定呼吸强度可衡量呼吸作用的强弱，了解园艺产品采后生理状态，为低温和气调贮藏及呼吸热计算提供必要的数据。因此，在研究或处理园艺产品贮藏问题时，测定呼吸强度是经常采用的手段。

呼吸强度的测定通常采用定量碱液吸收园艺产品在一定时间内呼吸所释放出来二氧化碳，再用酸滴定剩余的碱，即可计算出呼吸所释放出的二氧化碳量，求出其呼吸强度。其单位为每千克园艺产品每小时释放出的二氧化碳的毫克数。

反应如下：

$$2NaOH + CO_2 \longrightarrow Na_2CO_3 + H_2O$$
$$Na_2CO_3 + BaCl_2 \longrightarrow BaCO_3 \downarrow + 2NaCl$$
$$2NaOH + H_2C_2O_4 \longrightarrow Na_2C_2O_4 + 2H_2O$$

测定可分为气流法和静置法两种。气流法设备较复杂，但结果准确。静置法简便，但准确性较差。

二、实验试剂、材料与用具

试剂：碱石灰、20%氢氧化钠溶液、0.4 mol/L 氢氧化钠溶液、0.2 mol/L 草酸溶液、饱和氯化钡溶液、酚酞指示剂、正丁醇、凡士林。

材料：苹果、梨、柑橘、番茄、黄瓜、青菜等。

用具：真空干燥器、大气采样器、吸收管、滴定管架、铁夹、25 mL 滴定管、15 mL 三角瓶、500 mL 烧杯、φ8 cm 培养皿、10 mL 移液量管、洗耳球、100 mL 容量瓶、天平、安全瓶。

三、实验步骤

（一）气流法

气流法的特点是园艺产品处在气流畅通的环境中进行呼吸，比较接近自然状态，因此，可以在恒定的条件下进行较长时间的多次连续测定。测定时，使不含二氧化碳的气流通过园艺产品呼吸室，将园艺产品呼吸时释放的二氧化碳带入吸收管，被管中定量的碱液所吸收，经一定时间的吸收后，取出碱液，用酸滴定，由碱量差值计算出二氧化碳量。

1）按图1-1（暂不连接吸收管）连接好大气采样器，同时检查是否漏气。开动大气采样器中的空气泵，如果在装有20%氢氧化钠溶液的净化瓶中有连续不断的气泡产生，说明整个系统气密性良好，否则应检查各接口是否漏气。

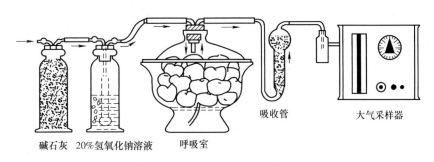

碱石灰　20%氢氧化钠溶液　　呼吸室　　　　吸收管　　　　大气采样器

图1-1 气流法的呼吸室装置

2）用天平称取园艺产品材料1 kg，放入呼吸室，先将呼吸室与安全瓶连接，拨动开关，将空气流量调节在0.4 L/min；将定时钟旋钮逆时针方向转到30 min处，先使呼吸室抽空平衡半小时，然后连接吸收管开始正式测定。

3）空白滴定。用移液管吸取0.4 mol/L的氢氧化钠溶液10 mL，放入一支吸收管中；加一滴正丁醇，稍加摇动后再将其中碱液毫无损失地移到三角瓶中，用煮沸过的蒸馏水冲洗5次，直至显中性为止。加少量饱和的氯化钡溶液5 mL和酚酞指示剂2滴，然后用0.2 mol/L草酸溶液滴定至粉红色消失即为终点。记下滴定量，重复一次，取平均值，即为空白滴定量（V_1）。如果两次滴定相差0.1 mL，必须重滴一次。同时取一支吸收管装好同量碱液和一滴正丁醇。放在大气采样器的管架上备用。

4）当呼吸室抽空半小时后，立即接上吸收管、把定时针重新转到30 min处，调整流量保持0.4 L/min。待样品测定半小时后，取下吸收管，将碱液移入三角瓶中，加饱和氯化钡5 mL和酚酞指示剂2滴，用草酸溶液滴定，操作同空白滴定，记下滴定量（V_2）。

计算公式如下：

$$呼吸强度\ CO_2\ mg/(kg \cdot h) = (V_1 - V_2) \cdot c \times 44 /(W \cdot h)$$

式中　c——草酸浓度，mol/L；

　　　W——样品重量，kg；

　　　h——测定时间，h；

　　　44——二氧化碳的分子量。

（二）静置法

静置法比较简便，不需要特殊设备。测定时将样品置于干燥器中，干燥器底部放入定量碱液，果蔬呼吸释放出的二氧化碳自然下沉而被碱液吸收，静置一定时间后取出碱液，用酸滴定，求出样品的呼吸强度。

用移液管吸取0.4 mol/L氢氧化钠溶液20 mL放入培养皿中，将培养皿放进呼吸室，放置隔板，放入1 kg园艺产品，封盖，测定1 h后取出培养皿并把碱液移入烧杯中（冲洗4～

5 次），加饱和氯化钡溶液 5 mL 和酚酞指示剂 2 滴，用 0.2 mol/L 草酸溶液滴定，用同样方法做空白滴定。计算同气流法。

四、作业

1. 将采用静置法测定的数据填入表 1-2。

表 1-2　静置法测定呼吸强度记录表

样品重量/ kg	测定时间/ h	空气流量/ (L/min)	0.4 mol/L 氢氧化钠 用量/mL	0.2 mol/L 草酸溶液 用量/mL		滴定差 $(V_1 - V_2)$ /mL	呼吸强度/ (CO_2 mg/kg·h)	测定温度/ ℃
				空白 (V_1)	测定 (V_2)			

2. 列出计算式并计算结果。
3. 写出实验报告。

实训 3　园艺产品贮藏中主要生理病害、侵染性病害的观察

一、实验目的

通过实验，使学生观察并识别园艺产品贮藏中的主要生理病害和侵染性病害，分析病害产生的原因，讨论病害的防治途径，同时对产品进行某些处理，以观察园艺产品在贮藏中的发病现象和防治效果。

二、实验用具

放大镜、刀片、挑针、滴瓶、载玻片、盖玻片、培养皿。

三、实验步骤

1. 收集几种主要园艺产品在贮藏中发生生理病害、侵染性病害的样品。

1）生理性病害：苹果的虎皮病、苦痘病、水心病；梨黑心病、柑橘水肿病、枯水病；香蕉冷害；马铃薯黑心病；蒜薹二氧化碳中毒；黄瓜、番茄冻害等标本和挂图。

2）侵染性病害：苹果炭疽病、心腐病、梨黑星病、葡萄灰霉病、柑橘青绿霉病、马铃薯干腐病、番茄细菌性软腐病等标本和挂图及病原菌玻片标本。

2. 观察并记录样品的外观，病症部位、形状、大小、色泽、有无菌丝或孢子等，分清是生理性病害还是侵染性病害。

3. 品评正常园艺果实和病果的气味、味道、质地。

4. 分析造成病害的原因，提出预防措施。

5. 将观察结果进行记录，包括病害名称、症状、原因和预防措施。

学 习 小 结

影响园艺产品贮藏质量的采前因素包括生物因素、生态因素、农业技术因素。适宜的品

种，以及良好的生长环境、科学的农业管理技术，有利于提高园艺产品的贮藏质量。

　　园艺产品的采后生理包括呼吸作用、蒸腾作用、成熟和衰老、休眠和发芽等，这些采后生理与园艺产品贮藏质量关系密切，可以通过调节温度、湿度、气体条件及采取其他处理措施来抑制或利用采后生理对园艺产品的影响，延长贮藏时间，提高贮藏质量。

学 习 方 法

　　本章内容的学习，要联系实际理解记忆，并通过讲座、网络资源、录像资料等各种渠道去掌握。

目 标 检 测

一、问答题

1. 影响园艺产品贮藏质量的采前因素有哪些？
2. 园艺产品采后生理如何影响其贮藏质量？
3. 哪些环境条件会影响园艺产品的贮藏质量？如何影响？

二、名词解释

有氧呼吸　无氧呼吸　呼吸强度　呼吸热　呼吸跃变　蒸腾作用　冷害　冻害　成熟衰老　休眠

项目② 园艺产品贮藏方式

学习目的

通过对贮藏方式、贮藏原理、管理要点等相关内容的学习，为学习园艺产品的贮藏打下基础，也为掌握园艺产品贮藏的条件控制奠定基础

知识要求

掌握常温贮藏、机械冷藏、气调贮藏的原理；熟悉常见贮藏方法的特点和基本设施；了解不同贮藏方式对园艺产品贮藏质量的影响。

【教学目标】

通过本项目的学习，使学生明确园艺产品贮藏质量控制的各种方式，掌握各种贮藏方式的基本结构、性能及贮藏管理措施，并能根据各地的气候条件、经济条件、地形差异、品质资源、贮藏特点和用途来选择适宜的贮藏方式，采取相应的管理措施。

【主要内容】

掌握常温贮藏、机械冷藏、气调贮藏的特点和基本设施，以及常用制冷剂的特点和冷库的冷却方式；掌握机械冷藏、气调贮藏的原理和管理措施；了解各种贮藏设施的类型、构造特点和冷库、气调库建筑设计的要求及贮藏保鲜新技术的发展。

【教学重点】

果蔬贮藏方式的结构、性能和贮藏管理措施。在学习的过程中，应紧密结合当地的生产实际，注意掌握在园艺产品贮藏方面出现的新技术、新方法。

【内容及操作步骤】

果蔬属于易腐性食品，目前主要采用常温贮藏、低温贮藏、气调贮藏等贮藏方法。根据不同果蔬采后的生理特性和其他具体条件，选择不同的贮藏方式和设施，以创造适宜的环境条件，最大限度地延缓果蔬的生命活动，延长其寿命。本项目主要介绍各种贮藏方法的原理及管理技术要点。

任务 1 常温贮藏

一、简易贮藏

简易贮藏是利用自然调温维持贮藏的温度，使果蔬达到自发保藏的目的。简易贮藏的特点是贮藏场所设备结构简单，可因地制宜进行建造。缺点是用自然低温为冷源，受季节与地区等因素的限制。简易贮藏包括堆藏、沟藏、窖藏等基本形式，以及由此衍生的冻藏和假植贮藏。

（一）堆藏

适宜堆藏的果蔬有大白菜、甘蓝、板栗等，但这种方法不适宜贮藏其他叶菜类。

1. 堆藏的特点

将果蔬直接堆码在田间地表或浅坑（地下 20 ~ 25 cm 以内）中，或者堆放在院落、室内或荫棚下的贮藏方法称为堆藏。堆藏的场所要求地势高、平坦且排水良好。堆藏主要受气温、地温的影响，只适用于温暖地区的晚秋贮藏和越冬贮藏，寒冷地区只做秋冬之际的短期贮藏。

2. 形式与管理

一般堆的高度为 1 ~ 2 m，宽 1.5 ~ 2 m，以防中心温度过高引起腐烂。应根据气温变化，在果蔬表面用土壤、秸秆等覆盖，以防受热、受冻和水分过度蒸发。

3. 大白菜堆藏

大白菜在我国南北地区均有栽培，尤其在北方地区栽培面积大，贮藏量多，贮藏时间长，是北方冬季市场上主要蔬菜之一。

大白菜喜冷凉湿润，但在 -0.6 ℃以下时其外叶开始结冻；心叶的冰点较低，为 -12 ℃。长期处于 -0.6 ℃以下就会发生冻害。其贮藏最适温度是 0 ℃左右，相对湿度在 95% 以上为适。在整个贮藏过程中损失极大，一般可达到 30% ~ 50%，其原因主要是脱帮、腐烂及失重（俗称自然损耗）所致。

大白菜的贮藏方式很多，可堆藏、沟藏（即埋藏）、窖藏和冷库贮藏。通过贮藏保鲜，可以达到一季生产、半年按需均衡供应市场。

长江中下游地区、华北南部地区适宜堆藏。在露地或大棚内将大白菜倾斜堆成两行，底部相距 30 cm 左右，向上堆码时逐层缩小距离，最后两行合在一起呈尖顶状，高 1.2 ~ 1.5 m，中间自上而下留有空隙，有利于通风降温。堆码时，每层菜间可交叉放些细架杆，支撑菜垛使之稳固。堆外覆盖苇帘，两端挂草包片。开闭草包片以调控垛内温度和湿度。华北地区初冬时节也采取短期堆藏，一般在阴凉通风处将白菜根对根，叶球朝外，双行排列码垛，两行间留有不足半棵菜的距离。气温高时，夜间将顶层菜（封顶）掀开通风散热；气温下降时，覆盖防寒物。堆藏法需勤倒动菜，一般 3 ~ 4 天倒一次。它的贮期短，费工且损耗大。

（二）沟藏（埋藏）

1. 沟藏的特点

沟藏采取地下封闭式贮藏模式。沟藏是利用土壤的保温、保湿来维持果蔬适宜的温度和湿度，效果优于堆藏。沟藏的构造简单，不需要任何特殊材料。沟藏时，土壤温度变化比较缓慢，温度低而稳定。沟藏具有较高而稳定的相对湿度。沟藏时，在果蔬表面覆盖一定厚度的土壤、秸秆后，可积累一定量的二氧化碳，有利于降低果蔬的呼吸作用，抑制微生物活动，增强果蔬的耐贮藏性。

2. 形式与管理

果蔬放在沟内，上面用土覆盖，利用沟的深度和覆盖土层的厚度调节产品的环境温度。沟藏应选择地势平坦，土质较黏重坚实，交通方便，排水良好，地下水位较低的高燥处。沟以长方形为宜，长度视果蔬贮藏量而定。深度视冻土层的厚度而定。沟的方向在寒冷地区以南北长为宜，减少寒风袭击；暖和地区以东西长为宜，增大迎风面，有利于初期、后期降温。沟的深度一般以 1.2 ~ 1.5 m 为宜，沟的宽度为 1.0 ~ 1.5 m。寒冷地区应在冻土层以下，既能避免果蔬冻害，又能保持低温；暖和地区宜浅，以免果蔬发热腐烂。沟过宽，容量增多，但散热面积相对减小，果蔬降温较慢，贮藏初期和后期温度不易控制；沟过窄，沟内温度受外界气温影响较大而造成温度不均匀。沟的长宽和深浅要根据地形条件、气候条件及果蔬种类和贮藏量而定。

采收后的果蔬通过预贮来除去田间热，降低呼吸热。方法是沿沟长每隔 3 ~ 5 m 埋设直径约 15 cm、高出地面 10 cm 的稻草秸秆，起到初期降温的作用。然后，沿沟底挖一条深、宽各 10 cm 的通风浅沟，两头沟壁直通地面，以便通风换气。在沟内预先埋入测温筒，贮藏一定时间后观察实际温度，以便采取措施。随气温的降低逐渐加厚覆盖层，以果蔬不受冻且不受热为原则。开春后果蔬应出沟，防止腐烂。

3. 沟藏的方法

沟藏方法主要有以下四种：

1）果蔬沟内堆积法，即在沟底铺一层干草或细沙，预先进行消毒处理，将果蔬散堆于沟内，再用土（沙）覆盖。

2）层积法，即每放一层果蔬，撒一层沙，层积到一定高度后，再用土（沙）覆盖。

3）混沙埋藏法，即将果蔬与沙混合后，堆放于沟内，再进行覆盖。

4）将果蔬装筐后入沟埋藏。

沟藏适宜苹果、山楂、板栗、萝卜、洋葱等果蔬。

以白菜为例沟藏：

把已晾晒、整修好的菜根向下直立排列入沟，排满后在菜的上面加一层草或菜叶。以后随气温下降逐渐在上覆土保温，覆土厚度随地区、气温而定，掌握原则是以严寒季节不使覆土冻透为度。此法将覆盖土作为主要的管理手段。又因埋入沟中不易检查，并受地温影响较大，故需注意做到以下几点：第一，埋藏沟应尽早挖好，经充分晾晒后十分干燥；第二，杜绝并清除病、伤残菜入贮；第三，在不受冻的前提下尽量推迟埋藏时间；第四，白菜的包心程度不得超过 70% ~ 80%；第五，开春地温回升以后适时结束贮藏。沟藏法简便易行，但损耗较大。

（三）窖藏

1. 窖藏的特点

窖藏与沟藏相类似，窖内温度常年稳定在 1 ~ 3 ℃，适宜多种蔬菜和含水量少的水果。窖藏利用简单的通风设备来调节和控制窖内的温度和湿度，果蔬可以随时入窖、出窖，管理人员可以自由进出和及时检查贮藏情况。

2. 形式与管理

（1）棚窖 棚窖是一种临时性贮藏场所，适宜较耐贮藏的果蔬，如苹果、梨、大白菜、马铃薯等。窖址应选择在地势高燥、地下水位低、空气流通的地方。窖的方向以南北向为宜。棚窖根据入土深浅有地下式、半地下式两种类型。

较温暖的地区或地下水位较高处多采用半地下式，一般入土 1.0～1.5 m，地上筑墙 1.0～1.5 m，为加强窖内通风换气，可在墙两侧靠近地面处，每隔 2～3 m 设一通风孔，并在顶部设置天窗，天冷时将气孔堵住。地下式棚窖在寒冷地区被广泛采用。地下式棚窖的窖身入土 2～3 m，宽度有 2.5～3 m 和 4～6 m，长度不限，视贮藏量而定。窖顶露出地面，由于其有较好的保温性，大型棚窖常在一侧或两端开设窖门，以便果蔬出入，兼通风作用，并加强贮藏初期的降温，但天冷时应堵死。

（2）井窖 井窖是一种封闭式、深入地下的土窖，窖身在地下，窖口在地上。建造时，先由地面垂直向下挖一直径约为 1 m 的井筒，深度 3～4 m。再向周围挖高 1.8～2.0 m、宽 2～3 m 的窑洞，如图 2-1 所示。井口用石板或水泥板封盖，四周设排水沟，以防积水。

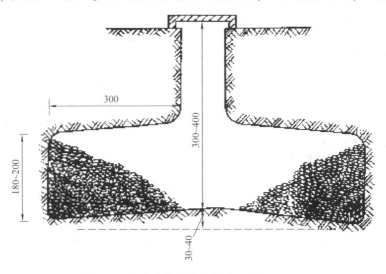

图 2-1　井窖贮藏甘薯示意图（单位：cm）

1）空窖的管理。在果蔬入窖前，要彻底进行消毒杀菌，可采用硫黄熏蒸（1.0×10^2 kg/m³），也可采用甲醛溶液喷洒。消毒时将窖密封，两天后可打开，通风换气后使用。贮藏时所用的篓、筐、箱和垫木等在使用前也要用 0.05%～0.5% 的漂白粉溶液浸泡 0.5 h，然后刷洗干净，晾干后使用。

2）入窖。果蔬入窖时要防止碰撞、挤压。堆码时注意果蔬与窖壁、果蔬与果蔬、果蔬与窖顶之间留有一定的空隙，以便翻动果蔬和空气的流动。

3）窖藏期间管理。入窖初期，由于气温、土温较高，同时果蔬产生的呼吸热也较高，窖内温度很快升高，这时要充分利用昼夜温差，夜间全部打开通气孔，引入冷空气，达到迅速降温的目的，通风换气时间以 3：00—6：00 效果最好。贮藏中期，正值严冬季节，外界气温很低，管理目标主要是防冻，一方面要适当通风，保证窖内合适的温度、湿度和气体成分，另一方面又要选择于中午进行短时间通风，防止过冷空气进入而导致果蔬出现冻害。贮藏后期，窖内温度回升，应选择在温度较低的早晚进行通风换气，同时仔细挑选果蔬，发现腐烂果蔬及时除去，以防交叉感染。果蔬全部出窖后，应立即将窖内打扫干净，同时封闭窖门和通风孔，以便重新使用时保持较低的温度。在管理过程中，要注意防止因密闭时间过长，导致窖内乙醇、二氧化碳、乙烯等物质过多，给贮藏带来不利。贮藏过程中应适时通风换气，减少有害物质的积累。另外，工作人员下窖之前，应充分通风，换入新鲜空气，防止二氧化碳引起人员伤害。

四川南充地区甜橙主要采取井窖贮藏，入窖前井窖应灌水增湿，消毒杀菌。窖底部铺一层薄稻草，将甜橙沿窖壁排成环状，果蒂向上，依次排列放置5~6层，在果实交界处留25~45 cm的空间，以备翻窖时移动果实，窖底部中央留空地，供检查时用。初期，窖口上留空隙，以便窖内降温排湿，当果实表面无水汽后，将窖口封住，以后每隔15~20天检查一次，及时剔除病害腐烂果实。若窖内温度高，应揭开盖板，通风换气，调节温度和湿度，同时注意排除窖内过多的二氧化碳。

(四) 冻藏和假植贮藏

冻藏和假植贮藏是沟藏和窖藏的特殊利用形式。

1. 冻藏　冻藏适宜耐寒性较强的柿子、菠菜、芹菜、芫荽、油菜等果蔬。

冻藏是利用自然低温使蔬菜入沟后能迅速冻结，并在贮藏期间始终保持轻微冻结状态的一种贮藏方式。一般入冬上冻时将收获的蔬菜放在背阴处的浅沟内，稍加覆盖。由于贮藏温度在0℃以下，可以有效地抑制蔬菜的新陈代谢和微生物的活动。但蔬菜仍保持生机，食用前经过缓慢解冻，仍能恢复新鲜状态，并保持其品质。与普通沟藏相比，冻藏沟较浅，覆盖层薄，一般多用背阴处窄沟，避免直射阳光，主要是为了加快蔬菜入沟后的冻结速度，并防止忽冻忽化造成腐烂损失。

2. 假植贮藏　假植贮藏是把蔬菜密集假植在沟内或窖内，使蔬菜处在极其微弱的生长状态。实质上，假植贮藏是一种抑制生长贮藏法。此法适用于贮藏易脱水萎蔫的芹菜、油菜、花椰菜、莴苣等绿叶菜和幼嫩蔬菜。

假植贮藏一般在气温明显下降时将蔬菜连根收获，单株或成簇假植，只假植一层，不能堆积，株行间应保留适当的通风空隙，上盖稀疏覆盖物。假植贮藏可使蔬菜继续吸收一些水分，补充蒸腾的损失，有的还能进行微弱的光合作用，使外叶中的养分向食用部分转移，保持正常的生理状态，延长贮藏期。假植贮藏时，应注意给干燥的土壤及时灌水，以免蔬菜过度失水。

二、土窑洞贮藏

土窑洞贮藏是北方黄土高原地区果蔬保鲜的重要贮藏方式。

土窑洞贮藏是充分利用地形特点，在厚土层中挖洞建窖进行贮藏的一种方式。由于深厚土层的热导性能较差，因此，窖内温度较稳定，再加以自然通风，贮藏效果较好。

(一) 土窑洞的特点

土窑洞也称窑窖，是西北地区普遍用于苹果、梨等果蔬贮藏的方式。窖址应选择在地势高燥、土质紧密的山坡地或平地。窖的结构要便于通风降温和封闭保温，并且应牢固安全。

土窑洞有大平窖型、母子窖型。

1. 大平窖

窖口结构：主体结构由窖门、窖身、通气孔三个部分构成。窖口向北或向东，不受阳光直接照射，温度变化幅度小，冷空气容易进入窖门，降温快。窖门宽 1.2 ~ 2 m，高 3 m 左右。通常设两道门，分别在门道的两侧，外侧门关闭时能阻止空气的对流，防热防冻；内侧门做成栅栏或铁纱窗，在不打开内侧门的情况下可以保持通风，同时具有防鼠的作用。通气孔修建在土窖洞底后壁上，通气孔在贮藏初期起散热作用。

窖身一般宽 2.5 ~ 2.8 m，长 30 ~ 50 m，高 3 m。窖身两侧距地面 1.5 m 以下的窖壁与地面保持垂直，顶部呈圆弧形或半圆拱形，窖底和窖顶保持平行。窖身由外向内缓慢降低，这样有利用窖内外空气对流，加快土窖洞内通风降温的速度。

通气孔内径 1 ~ 1.2 m，高 10 ~ 15 m。通气孔与窖身连接处安装通气窗，可以打开或关闭，控制窖内外空气对流，也可以安装排风扇，增强通气效果。

2. 母子窖（侧窖）

由母窖窖门、母窖窖身、子窖窖门、子窖窖身、母窖通气孔五个部分构成。

母窖窖门通常宽 1.6 ~ 2 m，高约 3.2 m，道长 5 ~ 8 m。

母窖窖身宽 1.6 ~ 2 m，高约 3.2 m，长 50 ~ 80 m。母窖窖身一般不存放果蔬，主要的用途是通风和运输通道。

子窖窖门宽 0.8 ~ 1.2 m，高约 1.5 m。

子窖窖身是果蔬贮藏部位。宽 2.5 ~ 2.8 m，高约 2.8 m，长度一般不超过 10 m，窖身断面呈尖拱形，窖顶与窖底应平行，由外向内缓慢向下。子窖窖顶的最高点应在子窖窖门外侧与母窖相接触。相邻子窖的窖身要保持平行，土层间距要达 5 ~ 6 m，两侧子窖的窖门要相间排列，相互错开，这样可增加母子窖的坚固性。

母窖的通气孔通常设在母窖窖身后背处，子窖可不设通气孔。气孔内径一般为 1.4 ~ 1.6 m，高 15 m 以上。

土窖中加小型制冷设备，改进窖洞保鲜效果。

（二）窖藏的管理

窖藏的管理主要包括温度管理、湿度管理和其他管理，其中温度管理是重点。

1. 温度管理

（1）初期温度管理　科学管理窖洞是果蔬贮藏成败的关键，入窖初期应充分利用外界冷空气降温，方法是打开窖门和通气孔，引入冷空气，将窖内热空气从通气孔排出，当外界温度上升至与窖温相同时，则关闭通气孔和窖门。

（2）冬季温度管理　窖温降至 0 ℃ 至翌年窖温回升至 4 ℃ 的这个阶段，在保证不受冷害和冻害的前提下，尽可能通风降温。

（3）春夏两季温度管理　窖温上升至 4 ℃ 以上至果蔬全部出库为止，这时外界气温高于窖温，窖内土层吸热，窖温逐渐上升，此时温度管理主要是减少外界高温对窖的不利影响，延缓窖温回升速度。通常的做法是：当外界温度高于窖温时，紧闭窖门、通气孔，防止窖内外的冷热空气对流；当外界温度低于窖温时，抓紧机会打开窖门、通气孔，及时降温。

2. 湿度管理

窖内相对湿度一般较高，无需调节，如湿度过低可采用地面喷水来增湿，还可采用贮雪或贮冰的方法提高相对湿度。

货全部出库后应及时进行库内喷水或灌水以提高湿度。

3. 其他管理

果蔬贮藏结束后，要及时清理窑洞内的腐烂果蔬，并消毒。旧窑窖在装果蔬前要进行打扫和消毒，以减少病菌传播的机会。消毒方法主要是物理或化学方法消毒。一般用硫黄熏蒸（$10 \sim 15 \ g/m^3$），或者用1%～2%的福尔马林溶液均匀喷布，或者用3%～5%漂白粉处理。也可在地面撒一层石灰、臭氧进行消毒，密闭两天，再通风使用。

4. 土窑洞贮藏苹果

贮藏特性：适宜温度 –1～0 ℃，相对湿度90%左右。

贮藏方法：苹果预冷温度降至0 ℃时入窑，一般包纸装筐或装箱后在窑内堆垛。筐装最好立垛，筐沿压筐沿；箱装最好采用横直交错的花垛，箱间留出3～5 cm 宽的缝隙。堆高离窑顶70 cm 左右，下面用枕木或石条垫起，离地5～10 cm，以利通风。靠两侧堆垛，中间留出50 cm 的走道。入库初期，一般白天关闭门窗，晚上打开。冬季时，外界温度低于窑温，低于 –6℃时，打开窑门通气孔进行通风；外界温度达 –10～6℃时，关闭窑门打开部分气窗和通气孔进行通风；外界温度降至 –10 ℃以下时，关闭所有通气孔，防止冻害。贮藏期间，每隔半个月检查一次，及时除去烂果以减少病菌传播。

三、通风库贮藏

（一）通风库贮藏的概念和特点

通风库贮藏是利用自然低温空气，通过通风换气控制贮温的贮藏形式。

通风贮藏库是棚窖、窑窖的进一步发展，有较为完善的隔热、隔湿设施和通风设备，造价虽较高，但贮藏量大，操作比较方便，可以长期使用，是目前最主要的果蔬贮藏场所。

通风贮藏库主要利用昼夜温差和库顶与库底温度的差异，通过关启通风窗，调节库内温度、湿度，从而保持较低而稳定的库温。因此，其受气温影响较大，尤其是在贮藏初期和后期，库温较高，难以控制，效果差。为了弥补这一不足，可利用电风扇、鼓风机或机械制冷等辅助设施加速降低库温，以进一步提高贮藏效果，延长贮藏期。

通风贮藏库的基本要求是绝热和通风。绝热就是使贮藏库的库顶、墙壁等建筑材料的热导性降到最低限度，使库温不受外界气温的影响。良好的通风可有效地调节温度与湿度，以满足贮藏果蔬的要求。

（二）通风库的设计和建造

通风贮藏库的设计包括库址的选择、库型的选择、库房的设计、通风系统的设计、隔热结构的设置设计五部分。

1. 库址的选择

库址应选在地势高燥的地方，这样可防止库内积水和春天地面返潮。最高的地下水位应距库底1 m 以上。通风库的选址还应考虑四周开阔、通风良好、空气清新、交通便利、靠近产销地、便于安全保卫和水电畅通。根据当地最低气温和风向确定库址：在北方地区以南北长为宜，这样可以减小冬季寒风的直接侵袭面，避免库温过低造成果蔬受冻；其他季节可减少阳光直射面积，有利于做好保温工作。在南方地区则以东西长为宜，这样可以减少阳光东晒和西晒的照射面，同时有利于冬季北风进入库内以降低库温。在实际生产中结合地形地势灵活掌握。

2. 库型的选择

通风贮藏库按深浅分为地上式、半地下式、地下式三种类型。

1）地上式通风贮藏库一般在地下水位高的低洼地区和大气温度较高的地区采用。全部库身建筑在地面之上，墙壁、库顶、门窗等完全依靠良好的绝缘建筑材料进行隔热，以保持库内的适宜温度。进气口在库底，排气口在库顶，这样有利于通风降温，但库温受环境气温的影响较大。

2）华北地区普遍采用半地下式通风贮藏库。一半库身建在地面以下，利用土壤作为隔热材料，另一半在地面以上。库温既受气温影响，又受土温影响。

3）地下式通风贮藏库宜建在地下水位较低的严寒地区。库身全部建筑在地面以下，仅库顶露出地面，这样有利于防寒保温，又节省建筑材料。地下库可利用通风设备导入库外的自然冷空气，当库外温度上升时，地下库因周围的深厚土层蓄积了大量的冷气，可继续保持较低而稳定的库温。

3. 库房的设计

1）平面设计。通风库通常为长方形，一般宽度为 9~12 m，高在 4 m 以上（地面到顶棚的距离），长度为 30~40 m。库容量视贮藏量而定。

2）库顶设计。通风库的库顶结构有脊形顶、平顶、拱形顶三种。脊形顶适于使用木结构等的建筑材料，但需要在顶下方单独做绝缘，这样就增加了造价。平顶的暴露面最小，绝缘材料省。拱顶的建筑费用低。

4. 通风系统设计

通风贮藏库采用先导入冷空气，使之吸收库内热量，再将其排到库外而降低库温的贮藏方式。库内温度调节一方面利用空气对流，另一方面依靠通风系统调节，再有就是靠隔热结构加以维持。因此，通风系统的设计就显得比较重要。

通风库的降温效果与进排气口的面积、结构、配置是否合理有关。库内外的温差、空气的质量差使空气形成对流，将库外冷空气引入，库内热空气排出，从而实现通风换气。对流速度受外界风速的影响，还与设计的进排气口及进排气口的气压差大小等因素有关。设计进排气口时，要考虑通风库的气流通畅，互不干扰，要使空气形成一定的对流方向和路线，保证进排气口的气压差。增加进排气口的高度差，就增大了气压差，从而增大了对流的速度，因此，进气口设在库墙地基部，排气口设于库顶，并建成烟囱状，这样形成高度差，也就增大了气压差，形成对流。进排气口的面积不应过大，通风总面积确定以后再确定进排气口的数量，气口应分散均匀。一般通气口适宜的大小为 25 cm×25 cm 或 40 cm×40 cm，通气口的间距为 5~6 m，通气口有保温材料，防止结霜阻碍空气运动。通气口还要设置活门，方便调节通风面积。

5. 隔热结构的设置

通风库的保温性能主要受库顶、库墙、地面门窗等部分的保温结构和结合处的严密性综合影响，即库顶和库墙材料的热导系数、库顶和墙体的厚度、暴露面的大小和严密程度。

通风贮藏库的四周墙壁和屋顶都应有良好的隔热性能，以隔绝库外过高或过低的温度，保证库内温度稳定。良好的隔热材料要求具有热导性能差、不易吸水霉烂、不易燃烧、无臭味和取材容易等特点。静止空气、软木板、油毛毡、芦苇等材料绝热性能良好；锯末、炉渣、木料、干土等次之，砖、湿土等绝热性能最差。所以，采用不同的建筑材料，要达到同样的绝热能力，就需要在厚度上进行调整。一般情况下，墙壁和顶棚的隔热能力达到相当于7.6 cm厚的软木板的隔热功效即可。

库墙厚度应根据热阻系数计算，以双层砖墙中加用绝热填充材料的结构较为理想。华北地区尽量采用1/2或2/3半地下式通风贮藏库，地下部分利用土壤保温，可节省大量建筑材料。

材料的隔热性能一般用热阻值（或热导系数）来表示。热导系数是用来说明材料传导热量能力大小的物理指标，指在稳定传热条件下，1 m厚的材料的两侧表面的温差为1 ℃，在1 h内，通过传递的热量，单位为kJ/(m·h·℃)。热阻是热导系数的倒数，热导系数越小，热阻值越大，其隔热性能越强，反之则弱。

库顶采用人字形结构，内部设顶棚，顶棚上铺一定厚度的隔热材料，如干锯末、糠壳等，并铺油毡或塑料薄膜作防潮用。隔热材料上构成静止的空气层。架顶最上层铺一层木板，木板上铺瓦。

国内多采用分列式通风贮藏库，库门在通道内，有良好的气温缓冲地带，开关库门对库温影响较小。单库式通风贮藏库建筑中，库门宜设在库的南面或东西面，应设两道门，间隔2～3 m，中隔宽约1 m的夹道作为空气缓冲间。库门一般多采用双层木板结构，木板之间填充锯末或谷糠等材料，在门的四周钉毛毡等物，以便密闭保温。窗户采用双层玻璃，层间距5 cm，窗外设百叶窗以阻挡直射阳光。

（三）通风库的管理

通风库的管理可以分为入库前管理、入库时管理、入库后管理三个阶段。

1. 入库前管理

果蔬贮藏前，应进行清扫、通风、设备检修和消毒工作。

2. 入库时管理

果蔬采收并经过预冷后，在夜间温度低时入库，入库筐装和箱装的果蔬因受包装容器的保护，可以减少底层果实承受的压力，容器周围要有空隙以利于通风。此外，容器还可层层堆叠，增加贮藏容量。地面应铺垫枕木或隔板，注意平稳，还要留间隙和通道，以利通风和操作管理。入库后应打开门窗，加大通风量使产品温度尽快降下来。

3. 入库后管理

入库后的管理主要是温度和湿度的管理。在库内放置温湿度计，根据库内外温度的变化，灵活掌握通风换气的时间和通风量，以调节库内的温度和湿度条件。春秋季节，利用大气温度最低的夜间进行通风；寒冷季节，通风贮藏以保温为主，只在大气温度较高时进行短时间的换气排湿。为了加速库内空气对流，可在库内设电风扇、抽气机，有冰源的地区还可在进气口放置冰块，这样能更加有效地降低库内温度。当通风量大时，湿度下降，可通过在地面喷水、悬挂湿麻袋、放置潮湿锯末等来提高库内湿度；湿度过大时，库内放置熟石灰（氢氧化钙）来吸收水分。

4. 注意事项

做好常规检查，主要是定时测温、测湿、测呼吸强度及固形物含量，并做好记录，随时调整。

（四）马铃薯通风库贮藏示例

马铃薯在收获后有2～4个月的休眠期。

贮藏条件：鲜食马铃薯的适宜贮藏温度为3～5 ℃。用于制作煎薯片和炸薯条的马铃薯应贮藏在 10 ~ 13 ℃，相对湿度 80% ~ 85%。湿度高易腐烂，湿度低易失水皱缩，同时应避光贮藏，防止发芽。

马铃薯入库后，码垛不超过 1.5 m，薯堆周围留空隙利于通风散热。

常温贮藏方式的注意事项：

1）根据当地的气候、土壤条件、果蔬种类，确定是否能采用常温保藏，并选择适宜的方式。

2）贮藏初期的管理重点是通风降温管理，入冬后要控制通风量（堆藏和沟藏采用的分次分层覆盖方法，以及窖藏、土窑洞和通风库贮藏是利用缩小通风面积和通风量来实现保温目的的）。

3）果蔬常温贮藏应选择优质晚熟的耐藏品种。

4）贮藏期间应该经常检查货品并及时出库。

任务 2　机 械 冷 藏

机械冷藏指的是利用制冷剂的相变特性，通过制冷机械循环运动的作用产生冷量并将其导入有良好隔热效能的库房中，根据不同贮藏商品的要求，控制库房内的温度、湿度条件在合理的水平上，并适当加以通风换气的一种贮藏方式。因此，冷库贮藏首先需要具备很好绝缘隔热设备的永久性建筑库房以及机械制冷装置。根据所贮藏果蔬的种类和品种的不同，进行温度的调节和控制，以达到长期贮藏的目的。机械冷藏可以满足不同果蔬对不同温度的需要，因此可以全年进行贮藏。

机械冷藏要求有坚固耐用的贮藏库，并且库房设置有隔热层和防潮层以满足人工控制温度和湿度贮藏条件的要求。与其他贮藏方式相比，机械冷藏适用的产品对象和使用地域扩大，库房可以周年使用，贮藏效果好。但机械冷藏的贮藏库和制冷机械设备需要较多的资金投入，运行成本较高，并且贮藏库房的运行要求有良好的管理技术。

常见的冷藏库按其使用性质可分为三大类：生产型冷库、分配型冷库和零售型冷库。生产型冷库一般建于货源较集中的产区，供产品集中后的冷冻加工和贮藏之用。这类冷库要求具有较大的制冷能力并有一定的周转库容。分配型冷库一般建在大中型城市里或交通枢纽及人口较集中的工矿区，作为市场供应的中转和贮存货品之用。这种冷库也要求具有较大的制冷能力，并适于多品种的贮藏，故通常间隔成若干个贮藏室，可维持不同的贮藏温度。这类冷库的库内运输要流畅，吞吐要迅速。零售型冷库一般是供零售部门使用的一种冷库。它的库容量较小，贮存期较短，库温可随需要而改变。目前，我国各地的果蔬冷藏库大都属于生产型库和分配型库，并且常常两者兼用。机械冷藏库根据制冷要求的不同分为高温库（0 ℃左右）和低温库（低于 -18 ℃）两类，用于贮藏新鲜园艺产品的冷藏库为前者。冷藏库根据贮藏容量大小划分，虽然具体的规模尚未统一，但大致可分为四类（见表 2-1）。目前，我国贮藏果蔬产品的冷藏库中，大型、大中型库所占的比例较小，中小型、小型库较多。

表 2-1　机械冷藏库的库容分类

规 模 类 型	容量/t	规 模 类 型	容量/t
大型	>10000	中小型	1000 ~ 5000
大中型	5000 ~ 10000	小型	<1000

一、冷藏库的构建

常见的冷藏库都是由围护结构、制冷系统、控制系统和辅助性建筑四大部分组成。有些大型冷藏库还从控制系统中分出电源动力和仪表系统，这样就成了五大部分。有些冷藏库把制冷系统和控制系统合并，就成了三大部分。小型冷库和一些现代化的新型冷藏库（如挂机自动冷库）就无辅助性建筑，只包括围护结构、制冷系统和控制系统三大部分。

保鲜冷藏库的围护结构主要由墙体、屋盖和地坪、保温门等组成。围护结构是冷库的主体结构，作用是给园艺产品保鲜贮藏提供一个结构牢固、温度稳定的空间，其围护结构要求比普通住宅有更好的隔热保温性能，但不需要采光窗口。园艺产品的保鲜库也不需要防冻地坪。

目前，围护结构主要有三种基本形式，即土建式、装配式及土建装配复合式。土建式冷藏库的围护结构是夹层保温形式（早期的冷藏库多是这种形式）。装配式冷藏库的围护结构是由各种复合保温板现场装配而成的，可拆卸后异地重装，又称活动式冷藏库。土建装配复合式冷藏库的承重和支撑结构是土建形式，保温结构是各种保温材料内装配形式，常用的保温材料采用聚苯乙烯泡沫板多层复合贴敷或聚氨酯现场喷涂发泡。

制冷系统是保鲜冷藏库的心脏，该系统是实现人工制冷及按需要向冷间提供冷量的多种机械和电子设备的组合，主要有制冷压缩机、冷凝设备、冷分配设备、辅助性设备、冷却设备、动力和电子设备等。早期的制冷设备均体积庞大，并各自独立。现在一些大型冷藏库，如氨制冷冷藏库仍采取这种形式。现代化冷藏库的制冷系统，将各种制冷设备进行了一定程度的精制和集合。挂机自动冷藏库所用的制冷系统是把制冷压缩机、冷凝器和辅助性设备等集合在一个不大的机箱内，可方便地挂装在墙壁上，可谓是制冷设备各部分高度集合和浓缩的典型代表。

二、机械冷藏库的制冷系统

机械冷藏库达到并维持适宜的温度依赖于制冷系统的工作，通过制冷系统持续不断地运行排除贮藏库房内各种来源的热能（包括新鲜园艺产品进库时带入的田间热、新鲜园艺产品作为活的有机体在贮藏期间产生的呼吸热、通过冷藏库的围护结构而传入的热量、产品贮藏期间库房内外通风换气而带入的热量，以及各种照明、电动机、人工和操作设备而产生的热量等）。制冷系统的制冷量要能满足以上热源的耗冷量（冷负荷）的要求。选择与冷负荷相匹配的制冷系统是机械冷藏库设计和建造时必须认真研究和解决的主要问题之一。

机械冷藏库的制冷系统是指由制冷剂和制冷机械组成的一个密闭循环的制冷系统。制冷机械是由实现制冷循环所需的各种设备和辅助装置组成，制冷剂在这一密闭系统中重复进行着被压缩、冷凝和蒸发的过程。根据贮藏对象的要求，人为地调节制冷剂的供应量和循环的次数，使产生的冷量与需排除的热量相匹配，以满足降温需要，保证冷藏库房内的温度条件在适宜水平。

根据热力学第二定律，热能可以自发地从高温物体传向低温物体，但不可能有自发的反向过程。要想使这种反向过程得以进行，必须给予一个补偿过程。离开蒸发器的气态介质已经吸收了蒸发器周围介质中的热，温度为 T_r，但这个温度比冷凝器中冷却介质的温度低，因此，它不可能直接在冷凝器中将其所携带的热能转递给冷却介质，在其后的循环中再起制冷作用。但经过压缩机的工作后，循环制冷作用就可以进行了，这表明压缩机正是起着提供补偿过程的作用。气态介质经压缩机加压至 P_k 时，温度升至 T_f，高于冷却介质，因此在冷凝器中可顺利地进行热交换而冷却液化。被冷却介质带走的热，包括从蒸发器周围介质中带来的和由压缩机消耗的功所转化的热能。可见提供的补偿作用就是压缩消耗的机械能。在整个制冷系统中，压缩机起着"心脏"的作用，提供补偿；冷凝器和蒸发器是两个热交换器；节流阀是控制液态介质流量的关卡和压力变化的转折点；制冷介质循环往复是热能的载运工具。冷冻机工作原理如图2-2所示。

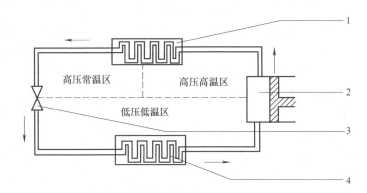

图 2-2　冷冻机工作原理（单级制冷系统）

1—冷凝器　2—压缩机　3—节流阀　4—蒸发器

注：图中箭头方向为制冷剂循环方向。

（一）制冷剂

制冷剂是指在制冷机械循环运动中起着热传导介质作用的物质。理想的制冷剂应符合以下条件：汽化热大、沸点温度低、冷凝压力小、蒸发比容小、不易燃烧、化学性质稳定、安全无毒、价格低廉等。自机械冷藏应用以来，研究和使用过的制冷剂有许多种，目前生产实践中常用的有氨（NH_3）和氟利昂等。氨的最大优点是汽化热达 125.6 kJ/kg，比其他制冷剂大许多，因而氨是大中型冷藏库制冷压缩机的首选制冷剂。氨还具有冷凝压力小、沸点温度低、价格低廉等优点。但氨自身有一定的危险性，泄漏后有刺激性味道，对人体皮肤和黏膜等有伤害。在含氨的环境中，新鲜园艺产品有发生氨中毒的可能。空气中氨含量超过 16% 就有燃烧和爆炸的危险。所以，利用氨制冷时对制冷系统的密闭性要求很严。另外，氨遇水呈碱性，对金属管道等有腐蚀作用，使用时对氨的纯度要求很高。此外，氨的蒸发比容较大，要求制冷设备的体积较大。氟利昂是卤代烃的商品名，简写为 CFCs，最常用的是氟利昂 12（R12）、氟利昂 22（R22）和氟利昂 11（R11）。氟利昂对人和产品安全无毒，不会引起燃烧和爆炸，并且不会腐蚀制冷设备等。但氟利昂汽化热小，制冷能力低，仅适用于中小型制冷机组。另外，氟利昂价格较贵，泄漏不易被发现。研究证明，氟利昂能破坏大气层中的臭氧（O_3），国际上正在逐步禁止使用，并积极研究和寻找替代品。目前，积极开展研究和应用的四氟乙烷和二氯三氟乙烷（R123，CF_3CHCl_2）、溴化锂及乙二醇等取得良好的效果。但这些取代物生产成本高，在生产实践中完全取代氟利昂并被普遍采用还有待进一步研究完善。

（二）制冷机械

制冷机械是由实现循环往复所需要的各种设备和辅助装置所组成，其中起决定作用并缺一不可的部件有压缩机、冷凝器、节流阀（膨胀阀、调节阀）和蒸发器。由此四部件即可构成一个最简单的压缩式制冷装置，所以，它们有制冷机械四大部件之称。除此之外的其他部件是为了保证和改善制冷机械的工作状况，以及提高制冷效果及其工作时的经济性和可行性而设置的，它们在制冷系统中处于辅助地位。这些部件包括贮液器、电磁阀、油分离器、过滤器、空气分离器、相关的阀门、仪表和管道等。

（三）冷藏库房的冷却方式

冷藏库房的冷却方式有间接冷却和直接冷却两种方式。

间接冷却指的是制冷系统的蒸发器安装在冷藏库房外的盐水槽中，先冷却盐水而后再将已降温的盐水泵入库房中吸取热量以降低库温，温度升高后的盐水流回盐水槽被冷却，继续输至盘管进行下一循环过程，从而不断吸热降温。用以配制盐水的多是氯化钠（$NaCl$）和氯化钙（$CaCl_2$）。随盐水浓度的提高其冻结温度逐渐降低，因而可根据冷藏库房的实际需要配制不同浓度的盐水。间接冷却方式的盘管多安置在冷藏库房的顶棚下方或四周墙壁上。制冷系统工作时，盘管周围空气的温度首先降低，降温后的冷空气随之下沉，附近的热空气补充到盘管周围，于是形成库内空气缓慢的自然对流。采用这种冷却方式由于降温需时较长，冷却效益较低，并且库房内温度不均匀，故在新鲜园艺产品冷藏专用库中很少采用。

直接冷却方式指的是将制冷系统的蒸发器安装在冷藏库房内直接冷却库房中的空气而达到降温目的。这一冷却方式有两种情况，即直接蒸发和鼓风冷却。前者有与间接冷却相似的蛇形管盘绕于库内，制冷剂在蛇形盘管中直接蒸发。它的优点是冷却迅速，降温速度快。缺点是蒸发器易结霜影响制冷效果，需不断除霜；温度波动大、分布不均匀且不易控制。这种冷却方式不适合在大中型园艺产品冷藏库房中应用。

鼓风冷却是现代新鲜园艺产品贮藏库普遍采用的方式。这一方式是将蒸发器安装在空气冷却器内，借助鼓风机的吸力将库内的热空气抽吸进入空气冷却器而降温，冷却的空气由鼓风机直接或通过送风管道（沿冷库长边设置于顶棚下）输送至冷库的各部位，形成空气的对流循环。这一方式冷却速度快，库内各部位的温度较为均匀一致，并且通过在冷却器内增设加湿装置而调节空气湿度。这种冷动方式由于空气流速较快，如不注意湿度的调节，会加重新鲜园艺产品的水分损失，导致产品新鲜程度和质量的下降。

三、冷藏库建筑

（一）对冷藏库的要求

对冷藏库建筑的设计和施工应满足如下三项要求：

1）保冷，不得跑冷和漏冷。

2）严防库内外空气因热、湿交换而产生各种破坏作用。

3）严防地下土壤冻结引起地基与地坪冻膨现象。

为了实现上述要求，通常采取如下措施：

1）保冷。冷库的墙壁、地板和库顶都铺设一定厚度的保温隔热层，同时采取减少太阳热辐射的方法。

2）防止空气的热、湿交换和建筑材料的冻融循环，采用隔汽防潮材料，设置空气幕、穿堂和走道，避免"冷桥"等。

3）防冻。冷库的防冻措施主要有通风防冻（包括自然通风、机械通风）、架空式的地面防冻，以及以不冻液为热媒的地面防冻和地面加热。

（二）冷藏库的分类

按冷藏库的用途分类：

（1）生产型冷藏库。生产型冷藏库是指用于园艺产品加工厂的冷藏库，是食品加工生产中必不可少的，具有生产性质，应建在货源比较集中、交通比较方便的地方。

生产型冷藏库的主要任务是食品的冷却和冻结，并做短期性的贮存。因此，要求它的冷却和冻结能力较大。冷藏能力则由其冷却和冻结能力、运输条件等决定。货源情况和食品调配计划确定了冷藏库的建筑规模。

（2）分配型冷藏库。分配型冷藏库用来贮存已经冷冻加工好的食品，为保证国内外市场的需要，库容量较大，一般建在大中型城市、水陆交通枢纽和工矿区。

分配型冷藏库的生产特点是整进零出或整进整出，具有一定的再冻能力，可满足食品必要的复冻需求。零售用、长期贮存用的冷藏库都属于分配型冷藏库，但零售用冷藏库的库容量较小，贮存期短，库温随食品的性质而变化。

四、机械冷藏库的管理

机械冷藏库用于贮藏新鲜园艺产品时效果的好坏受诸多因素的影响，在管理上特别要注意以下方面：

（一）温度

温度是决定新鲜园艺产品贮藏成败的关键。不同的园艺产品贮藏的适宜温度是有差别的，即使同一种类的不同品种也存在差异，甚至成熟度不同也会产生影响。苹果和梨，前者贮藏温度稍低些。苹果的中晚熟品种，如国光、红富士、秦冠等应采用0℃的温度，而早熟品种则应采用3～4℃的温度。选择和设定的温度太高，贮藏效果不理想；太低则易引起冷害，甚至冻害。其次，为了达到理想的贮藏效果和避免田间热的不利影响，绝大多数新鲜园艺产品贮藏初期降温速度越快越好，对于有些园艺产品由于某种原因应采取不同的降温方法，如中国梨中的鸭梨应采取逐步降温方法，避免贮藏中冷害的发生。另外，贮藏的适宜温度易使贮藏环境中的水分过饱和，从而导致结露现象的发生，这增加了湿度管理的难度；另一方面，由于液态水的出现有利于微生物的活动和繁殖，致使产品发生病害、腐烂的概率增加。因此，贮藏过程中温度的波动应尽可能小，最好控制在±0.5℃以内，尤其是相对湿度较高时（0℃的空气相对湿度为95%时，温度下降至-1℃就会出现凝结水）。此外，库房中的温度要均匀一致，这对于长期贮藏的新鲜园艺产品来说尤为重要。因为，微小的温度差异，经长期积累可达到令人难以想象的程度。最后，当冷藏库的温度与外界气温有较大的温差时（通常超过5℃），冷藏的新鲜园艺产品在出库前需经过升温过程，以防止"出汗"现象的发生。升温最好在专用升温间或在冷藏库房穿堂中进行。升温的速度不宜太快，维持气温比品温高3～4℃即可，直至品温比正常气温低4～5℃为止。出库前需催熟的产品可结合催熟进行升温处理。综上所述，冷藏库温度管理的要点是适宜、稳定、均匀及合理的贮藏初期降温和商品出库时升温的速度。

（二）相对湿度

对绝大多数新鲜园艺产品来说，相对湿度应控制在 80% ~ 95%，较高的相对湿度对于控制新鲜园艺产品的水分散失十分重要。水分损失除直接减轻了重量以外，还会使园艺产品的新鲜程度和外观质量下降（出现萎蔫等症状）、食用价值降低（营养含量减少及纤维化等），并且促进产品成熟衰老和导致病害的发生。与温度控制相似的是相对湿度也要保持稳定。要保持相对湿度的稳定，维持温度的恒定是关键。库房建造时，增设能提高或降低库房内相对湿度的湿度调节装置是保证湿度符合规定要求的有效手段。人为调节库房相对湿度的措施有：当相对湿度低时需对库房增湿，如地坪洒水、空气喷雾等；对产品进行包装，创造高湿的小环境，如用塑料薄膜单果套袋或以塑料袋作为内衬等。库房中空气循环及库内外的空气交换可能会造成相对湿度的改变，管理时在这些方面应引起足够的重视。蒸发器除霜时不仅影响库内的温度，也常引起湿度的变化。当相对湿度过高时，可用生石灰、草木灰等吸潮，也可以通过加强通风换气来达到降低湿度的目的。

（三）通风换气

通风换气是机械冷藏库管理中的一个重要环节。新鲜园艺产品由于是有生命的活体，贮藏过程中仍在进行各种活动，需要消耗氧气，产生二氧化碳等气体。其中有些气体对新鲜园艺产品贮藏是有害的，如水果、园艺产品正常生命过程中形成的乙烯、无氧呼吸的乙醇、苹果中释放的 α-法尼烯等，因此需将这些气体从贮藏环境中除去，其中简单易行的办法便是通风换气。通风换气的频率视园艺产品种类和入贮时间而有差异。对于新陈代谢旺盛的对象，通风换气的次数可多些。产品入贮时，可适当缩短通风间隔的时间，如 10 ~ 15 天换气一次。一般到了建立起符合要求、稳定的贮藏条件后，一个月通风换气一次。通风时要求做到充分彻底。通风换气时间的选择要考虑外界环境的温度，理想的是在外界温度和贮温一致时进行，防止库房内外温度不同带入热量或过冷对产品带来不利影响。生产上常在每天温度相对最低的晚上到凌晨这一段时间进行。

（四）库房及用具的清洁卫生和防虫防鼠

贮藏环境中的病、虫、鼠害是引起园艺产品贮藏损失的主要原因之一。园艺产品贮藏前，库房及用具均应进行认真彻底的清洁消毒，做好防虫、防鼠工作。用具（包括垫仓板、贮藏架、周转箱等）用漂白粉水进行认真清洗，并晾干后入库。用具和库房在使用前需进行消毒处理，常用的方法有用硫黄熏蒸、福尔马林熏蒸、过氧乙酸熏蒸、0.3% ~ 0.4% 有效氯漂白粉或 0.5% 高锰酸钾溶液喷洒等。以上处理对虫害也有良好的抑制作用，对鼠类也有驱避作用。

（五）产品的入贮及堆放

新鲜园艺产品入库贮藏时，若已经预冷，可一次性入库后建立适宜贮藏条件贮藏；若未经预冷处理，则应分次、分批进行入库。除第一批外，以后每次的入贮量不应太多，以免引起库温的剧烈波动和影响降温速度。在第一次入贮前可对库房预先制冷并贮藏一定的冷量，以利于产品入库后使品温迅速降低。入贮量第一次以不超过该库总量的 1/5，以后每次以 1/10 ~ 1/8 为好。商品入贮时堆放的科学性对贮藏有明显影响。堆放的总要求是"三离一隙"。"三离"指的是离墙、离地坪、离顶棚。一般产品堆放距墙 20 ~ 30 cm。离地坪指的是产品不能直接堆放在地面上，用垫仓板架空可以使空气在垛下形成循环，保持库房各部位温度均匀一致。应控制堆的高度不要离顶棚太近，一般原则是离顶棚 0.5 ~ 0.8 m，或者低于冷风管道送风口 30~40 cm。"一隙"是指垛与垛之间及垛内要留有一定的空隙，以保证冷空气进入垛间和垛内，排除热量。留空隙的多少与垛的大小、堆码的方式有密切相关。"三离一隙"的目的是为了使库房内的空气循环畅通，避免死角的发生，及时排除田间热和呼吸热，保证各部分温度的稳定均匀。商品堆放时要防止倒塌情况的发生（底部容器不能承受上部重力），可搭架或堆码到一定高度时（如1.5 m）用垫仓板衬一层再堆放的方式解决。新鲜园艺产品堆放时，要做到分等、分级、分批次存放，尽可能避免混贮情况的发生。不同种类的产品其贮藏条件是有差异的，即使同一种类，但品种、等级、成熟度不同及栽培技术措施不一样等，均可能对贮藏条件选择和管理产生影响。混贮对产品是不利的，尤其对于需长期贮藏的产品，或者相互间有明显影响的，如串味、对乙烯敏感性强的产品等，更是如此。

（六）冷藏库检查

新鲜园艺产品在贮藏过程中，不仅要注意对贮藏条件（温度、相对湿度）的检查、核对和控制，并根据实际需要记录、绘图和调整等，还要组织对贮藏库房中的商品进行定期检查，了解园艺产品的质量状况和变化。

五、机械冷藏库的围护结构

机械冷藏库投资费用大、使用年限长，并且要求达到较高的控制温度、湿度指标的要求，因而其围护结构至关重要。在建造冷藏库时除必须保证坚固外，围护结构还需要具备良好的隔热性能，最大限度地隔绝库体内外热量的传递和交换（通常是外界热量侵入和库内冷量向外损失），维持库房内稳定而又适宜的贮藏温度、湿度条件。由于一般建筑材料阻止热量传递的能力都较弱，隔热要求的满足通常是采用在建筑结构内铺设一层隔热材料而达到的。隔热层设置是冷藏库建筑中一项十分重要的工作，不仅冷库的外墙、屋面和地面应设置隔热层，而且有温差存在的相邻库房的隔墙、楼面也要做隔热处理。

用于隔热层的隔热材料应具有如下的特征和要求：导热系数小（或热阻值要大），不易吸水或不吸水，质量轻，不易变形和下沉，不易燃烧，不易腐烂、被虫蛀和被鼠咬，对人和产品安全且价廉易得。隔热材料常不能完全满足以上要求，必须根据实际需要加以综合评定，选择合适的材料。

任 务 3 气 调 贮 藏

气调贮藏技术的科学研究起源于 19 世纪的法国。到 1916 年，英国人在前人成果的基础上系统地研究了环境空气成分中氧和二氧化碳浓度对果蔬新陈代谢的影响，为商用气调技术奠定了基础，并于 1928 年应用于商业，20 世纪 50 年代初得到迅速发展，20 世纪 70 年代后得到普通应用。在 Kidd 和 West 研究基础上而发展起来的气调贮藏被认为是当代贮藏新鲜园艺产品效果最好的贮藏方式。气调贮藏于 20 世纪四五十年代就在美英等国家开始商业运行，现已在许多发达国家的多种园艺产品，尤其是苹果、猕猴桃等果品的长期贮藏中得到了广泛应用，并且气调贮藏的量达到了很高比例（大于 50%）。我国的气调贮藏开始于 20 世纪 70 年代，经过多年的不断研究探索，气调贮藏技术得到迅速发展，现已具备了自行设计、建设各种规格气调库的能力，并且近年来全国各地兴建了一大批规模不等的气调库，气调贮藏新鲜园艺产品的量不断增加，同时取得了良好效果。我国气调贮藏技术与发达国家相比较落后，还需要进一步完善和提高。

一、气调贮藏的概念和原理

气调贮藏是调节气体成分贮藏的简称，指的是改变新鲜园艺产品贮藏环境中的气体成分（通常是增加二氧化碳的浓度和降低氧气的浓度及根据需求调节其气体成分浓度）来贮藏产品的一种方法。

正常空气中氧气和二氧化碳所占比例大约分别为 21% 和 0.03%，其余的则为氮气（N_2）等。在氧气浓度降低或二氧化碳浓度增加、从而改变了气体浓度组成的环境中，新鲜园艺产品的呼吸作用受到抑制，降低了呼吸强度，推迟了呼吸峰出现的时间，延缓了新陈代谢速度，推迟了成熟衰老，减少了各营养成分和其他物质的降低和消耗，从而有利于园艺产品新鲜质量的保持。同时，较低的氧气浓度和较高的二氧化碳浓度能抑制乙烯的生物合成、削弱乙烯的生理作用，有利于新鲜园艺产品贮藏寿命的延长。适宜的低氧气和高二氧化碳浓度具有抑制某些生理性病害和病理性病害发生发展的作用，减少产品贮藏过程中的腐烂损失。以低氧气浓度和高二氧化碳浓度的效果在低温下更显著，因此，气调贮藏应用于新鲜园艺产品贮藏时通过延缓产品的成熟衰老、抑制乙烯生成和作用及防止病害的发生能更好地保持产品原有的色、香、味、质地特性和营养价值，有效地延长园艺产品的贮藏和货架寿命。有报道指出，对气调反应良好的新鲜园艺产品运用气调技术贮藏时，其寿命可比机械冷藏增加一倍甚至更多。正因为如此，近年来气调贮藏发展迅速，贮藏规模不断增加。

二、气调贮藏的特点

与通用的常规贮藏和冷藏相比，气调贮藏具有以下特点：

（一）鲜藏效果好

园艺产品贮藏保鲜效果好坏的主要表征是能否很好地保持新鲜园艺产品的原有品质，即原有的形态、质地、色泽、风味、营养等是否得以很好的保存或改善。气调贮藏由于强烈地抑制了园艺产品采后的衰老进程而使产品得以很好的保存。不少水果经长期气调贮藏（如 6~8 个月）之后，仍然色泽艳丽、果柄青绿、风味纯正、外观丰满，与刚采收时相差无几。以陕西苹果为例，气调贮藏之后的果肉硬度明显高于冷藏，充分显示了气调贮藏的优点。在其他园艺产品上，如新疆库尔勒香梨、河南的猕猴桃、山东的苹果、河北的白菜等皆表现出了同样的效果。

（二）贮藏时间长

由于低温气调环境强烈抑制了园艺产品采后的新陈代谢，致使贮藏时间得以延长。据陕西苹果气调研究中心观察，一般认为气调贮藏 5 个月的苹果质量相当于冷藏 3 个月左右的苹果质量。用目前的气调贮藏技术处理优质苹果，已完全可以达到周年供应鲜果的目的。

（三）减少贮藏损失

气调贮藏有效地抑制了园艺产品的呼吸作用、蒸腾作用和微生物的危害，因而也就明显地降低了贮藏期间的损耗。据河南生物研究所对猕猴桃的观察证实，在贮藏时间相同的条件下，普通冷藏的损耗高达 15%~20%，而气调贮藏的总损耗不足 4%。

（四）延长了货架期

货架期是指园艺产品结束贮藏状态后在商店货架上摆放的时间。货架期对经营者来说是一个很重要的指标，没有足够货架期的商品是一种经营难度极大的商品。气调贮藏由于长期受到低浓度氧和高浓度二氧化碳的作用，当解除气调贮藏状态后，园艺产品仍有一段很长时间的"滞后效应"，这就为延长货架期提供了理论依据。根据对陕西苹果做的试验表明，在保持相同质量的前提下，气调贮藏的货架期是冷藏的 2~3 倍。

（五）有利于开发无污染的绿色食品

在园艺产品气调贮藏过程中，不用任何化学药物处理，园艺产品所能接触到的氧气、氮气、二氧化碳、水分和低温等因子都是人们日常生活中所不可缺少的因子，因而也就不会造成任何形式的污染，完全符合绿色食品标准。

（六）利于长途运输和外销

以气调贮藏技术处理后的新鲜园艺产品，由于贮后质量得到明显改善而为外销和远销创造了条件。气调运输技术的出现又使远距离大吨位易腐商品的运价比空运降低 4~8 倍，无论对商家还是对消费者都极具吸引力。

（七）具有良好的社会效益和经济效益

气调贮藏由于具有贮藏时间长和贮藏效果好等多种优点，因而可使多种园艺产品几乎可以达到季产年销和周年供应，在很大程度上解决了我国新鲜园艺产品"旺季烂、淡季断"的矛盾，既满足了广大消费者的需求，长期为人们提供高质量的营养源，又改善了水果的生产经营，给生产者和经营者以巨大的经济回报。据了解，近年来我国北方不少优质苹果产区由于采用先进的气调技术贮藏，在鲜销中"优质优价"更为明显，一般每千克可净增利润 1.4~2.0 元，在劣质苹果大量积压和滞销的情况下，甚至出现了气调果供不应求的局面。我国加入世贸组织后，面对的竞争对手是大量国外的"洋果"，气调贮藏和采后处理技术更具有优越性。我国出台的"中国园艺产品绿色行动"中，明确地提出大力发展气调贮藏的指示，这使我国的采后处理技术有了长足的发展。

应当特别指出的是，气调贮藏并非简单地改变贮藏环境的气体成分，而是包括温控、增湿、气密、通风、脱除有害气体和遥测遥控在内的多项技术的有机体，它们互相配合、互相补充、缺一不可，这样才能达到各种参数的最佳控制指标和最佳贮藏效果。气调贮藏并非万能，它只能创造一个人为的环境尽量保持园艺产品的原有品质，而不可能将劣果变优。由于气调贮藏技术的科技含量高、贮藏效果好，因而它的贮藏成本也比普通冷藏高，所以采用气调贮藏园艺产品时，对产品质量的要求也就更加严格，劣质品或某些不适于气调贮藏的品种，即使经过气调贮藏技术的处理，也不能达到优质的目的，更不会出现优价。气调贮藏技术是一种高投入、高产出、高回报的高新技术，同时它对园艺产品的采前管理和产品质量也提出了更高的要求。

三、气调库及其主要设备

（一）气调库的建设

长期贮藏的商业性园艺产品气调库，一般应建在优质园艺产品的主产区，同时还应有较强的技术力量、便利的交通和可靠的水电供应能力及排水能力。库址必须远离污染源，以避免环境对贮藏的负效应。

1. 建筑组成

气调库一般应是一个小型建筑群体，主要包括气调库、包装挑选间、化验室、冷冻机房、气调机房、泵房、循环水池、备用发电机房及卫生间、月台、停车场。

（1）气调库　根据需要，一般应由若干个贮藏库组成，每个库内应装有冷却、加湿、通风、监测、压力平衡、各种管道等设施，同时还应有气密门、取样孔等，以利人与货物的出入和观测。

（2）包装挑选间　包装挑选间是园艺产品出入库时进行挑选、分级、分装、称重的场所，也可临时用来堆果和散热。此挑选间应采光和通风良好、地面便于清洗，它内连贮藏库，外接月台和停车场，是一个重要的缓冲场和操作间。

（3）冷冻机房　冷冻机房内装若干台制冷机组，所有贮藏库的制冷、冲霜、通风等皆由该房控制。

（4）气调机房　气调机房是整个气调库的控制中心，所有库房的电气、管道、监测等皆设于此室内，主要设备有配电柜、制氮机、二氧化碳脱除器、乙烯脱除器、氧气和二氧化碳监测仪、加湿控制器、温湿度巡检仪、果温测定器等。

（5）其他建筑　办公室、泵房、循环水池、月台、卫生间等皆为气调库的配套附属建筑。

2. 建筑结构

（1）建筑要求　气调库作为一组特殊的建筑物，其结构既不同于一般民用和工业建筑，也不同于一般果品冷藏库，应有严格的气密性、安全性和防腐隔热性。其结构应能承受得住雨、雪及本身的设备、管道、水果包装、机械、建筑物自重等所产生的静力和动力作用，同时还应能克服由于内外温差和冬夏温差所造成的温度应力和由此而产生的构件变形等，保证整体结构在当地各种气候条件下都能够安全正常运转。隐蔽工程主要是指地基、基础和从外部无法用视力所能观察到的设施，首先在选址时必先弄清楚有关地基的情况，如地耐力、土壤种类、土层分布、地下墓坑、暗道、废井、溶洞等隐患，严把地基质量关，以保证处理后的地基达到要求。气调库的基础应具备良好的抗挤压、弯曲、倾覆、移动能力，保证库体在遇到水、大风等自然灾害时的稳定性和耐久性。除此之外，还必须处理好其他隐蔽设施，如墙内加固和地坪的防渗处理等。

（2）围护结构　气调库的围护结构主要由墙壁、地坪、顶棚组成。气调库要具有良好的气密温变、抗压和防震功能。其中，墙壁应具有良好的保温隔湿和气密性。地坪除具有保温隔湿和气密功能外，还应具有较大的承载能力，它由气密层、防水层、隔热层、钢层等组成。顶棚的结构与地坪相似。

（3）特殊设施　气调库的特殊设施主要由气密门、取样孔、压力平衡器、缓冲囊等部分组成。气密门为一具有弹性密封材料的推拉门，可以自由开闭，气密良好。门的中下部孔又称观察窗，窗门之间由手轮式扣紧件连接，弹性材料密封，中间为中空玻璃，可观察或取样，也可供操作人员进出或小批量出货。压力平衡器是一个安全装置，内外接大气，中间用水封隔开，当库内压力升高时，气体可通过此装置自动外泄，反之则气体内窜，以平衡内外压力，确保库体安全。缓冲囊是另一个气调库的安全装置，由一个大型塑料袋通过管道与库体相连，用来平衡库内气体的压力，又名人工肺。

（4）隔热　气调库能够迅速降温并使库内温度保持相对稳定，气调库的围护结构必须具有良好的隔热性。为使墙体保持良好的整体性和克服温变效应，在施工时应采用特殊的新墙体与地坪和顶棚之间连成一体，以避免"冷桥"的产生。

（5）气密层　气密层是气调库的一种特有建筑结构层，也是气调库建设中的一大难题，先后选用铝合金、增强塑料、塑胶薄膜等多种材料作为气密介质，但多因成本、结构、温变不能很好解决而放弃。经试验，选用专用密封材料（如密封胶）进行现场施工，可达到良好的密封效果。

（6）压力平衡　缓冲气囊是一个具有伸缩功能的塑胶袋，库内压力波通过此囊的膨胀或收缩进行调节，使库内压力相对保持平衡。当库内外压差较大时（如大于 ±10 mmH$_2$O 柱），压力平衡器的水封即可自动鼓泡泄气，以保持库内外的压差在允许范围内，使气调库得以安全运转。

（二）气调系统

1. 氧气分压的控制

根据园艺产品的生理特点，一般库内氧气分压要求控制在 1% ~ 4% 之间，误差不超过 ±0.3%。为达到此目的，可选用快速降氧气方式，即通过制氮机快速降氧气，开机 2 ~ 4 天即可将库内氧气降至预定指标，然后在水果耗氧气和人工补氧气之间建立起一个相对稳定的平衡系统，达到控制库内氧气含量的目的。

制氮机（也叫降氧机、保鲜机）的发展大体上经历了一个催化燃烧——碳分子筛吸附——纤维膜分离的发展过程。20 世纪 70 年代以前，国内外气调设施的制氮机多选用催化燃烧式机型。我国最早由中国科学院山西煤炭化学研究所研制成功，之后在浙江建德和山西榆次等地生产。它的基本原理是以铂为催化剂燃烧丙烷，不断引入空气以消耗氧气，得到比较纯净的氮气，送入气调库中用以降氧气。该机燃烧温度高达 500 ℃，所获得的氮气必须经冰水降温后方可送入气调库，需要消耗大量水和燃料，操作也不太方便，目前已很少使用。

20 世纪 70 年代末，由长春石油化工研究所首先开发成功焦炭分子筛制氮机。它的基本原理是用表面积极大的焦炭分子筛将氧气吸附并排出高浓度的氮气。由吉林农业大学和中国农业大学等单位先后成功地进行了园艺产品气调保鲜试验，以后很快推广到全国各地。通过引进、吸收、消化、改进，该机更加完善，在保鲜界得到广泛认可和应用。研究结果证明，焦炭分子筛制氮机确实比燃烧式制氮机有许多优点，它无需燃烧和降温处理，操作也相对简单。但其机体庞大和需要更换焦炭分子筛等则是它的不足之处。

20 世纪 80 年代，随着科学技术的发展和工业加工水平的提高，又出现了新一代制氮设备，即膜分离制氮机。它首先由美国 Monsanto 公司和 Dow 化学公司研制成功。这种制氮机的心脏是一组极细的中空膜纤维组件。将洁净的压缩空气通过膜纤维组件将氧气和氮气分开。这种制氮机所产的氮气比催化燃烧式更纯净，其机械结构比焦炭分子筛制氮机更加简单，也更易于自动控制和操作，但目前在价格上仍稍高于焦炭分子筛制氮机。这是迄今为止被认为是制氮设备中最先进的一种机型。我国陕西苹果气调贮藏研究中心和河南省科学院生物研究所猕猴桃气调库所用制氮机皆为此种机型，经运转数年表明，其性能相当可靠。

2. 二氧化碳的调控

根据贮藏工艺的要求，库内二氧化碳必须控制在一定范围之内，否则将会影响贮藏效果或导致二氧化碳中毒。库内二氧化碳的调控首先是提高二氧化碳含量，即通过园艺产品的呼吸作用将库内的二氧化碳浓度从 0.03% 提高到上限，然后通过二氧化碳脱除器将库内的多余二氧化碳脱掉，如此往复循坏，使二氧化碳浓度维持在所需的范围之内。

在气调贮藏过程中，因园艺产品呼吸而放出的二氧化碳将使库内二氧化碳浓度逐渐升高，当二氧化碳浓度提高到一定数值时，将会导致二氧化碳伤害，并产生一系列不良症状，最终使之腐烂变质。因此，二氧化碳脱除器（又叫二氧化碳洗涤器）在气调贮藏中是不可缺少的。

最初，人们曾试用过多种简易的二氧化碳脱除办法，如水洗、用各种碱液或盐液吸收、熟石灰吸收等，其中用得最多的是熟石灰吸收法。熟石灰又叫消石灰，其主要化学成分是氢氧化钙，当熟石灰与二氧化碳接触时，即发生化学反应，生成碳酸钙（$CaCO_3$），这样就能够去掉多余的二氧化碳。

（三）气体组成和配比

（1）双指标，总和约 21%　普通空气中含氧气约 21%，二氧化碳含量极少，约 0.03%。一般的植物器官在正常生活中主要以糖为底物进行有氧呼吸，呼吸熵约等于 1。所以，将园艺产品贮藏在密闭容器内，呼吸消耗掉的氧气约与释放的二氧化碳体积相等，即氧气和二氧化碳体积之和仍近于 21%。如果把气体组成定为两者之和等于 21%，如氧气占 10%、二氧化碳占 11%，或者氧气占 6%、二氧化碳占 15%，管理上就很方便。只要把园艺产品封闭后经过一定时间，当氧气分压降至要求指标时，二氧化碳分压也就上升达到了要求的指标。此后，定期或连续地从封闭器内排出一定体积的气体，同时充入等体积的新鲜空气，就可稳定地维持这个配合比例。这是气调贮藏法初期常应用的气体指标。它的缺点是：如果氧气含量较高（大于 10%），二氧化碳就会太低，不能充分发挥气调贮藏的优越性；如果氧气含量较低（小于 10%），又可能因二氧化碳含量过高而招致生理损伤。将氧气和二氧化碳控制于相近的指标（两者各约 10%，有时二氧化碳含量稍高于氧气含量，简称高氧气高二氧化碳指标），这种配合可以应用于一些园艺产品，主要是耐二氧化碳的园艺产品，但其效果终究不如低浓度氧气低浓度二氧化碳指标好。不过，这种指标因其设备和管理简单，在条件受限制的地方仍是值得应用的。

（2）双指标，总和低于 21%　氧气和二氧化碳的含量都比较低，两者之和不到 21%。这是当前国内外广泛应用的配合方式，效果要比上一种方式好得多。目前，我国习惯上把气体含量为 2%~5% 的称低指标，5%~8% 的称中指标。比较地说，大多数园艺产品都以低浓度氧气低浓度二氧化碳指标较适宜。但这种配合操作管理较麻烦，所需设备也较复杂。

（3）氧气单指标　上面两种双指标配合都是同时控制氧气和二氧化碳于指定含量。有时为了简化管理手续，或者有的作物对二氧化碳很敏感，则可采用氧气单指标，即只控制氧气的含量，二氧化碳用吸收剂全部吸收掉。氧气单指标必然是一个低指标，因为当无二氧化碳存在时氧气影响植物呼吸的阈值大约为 7%，只有低于这个水平，才能有效地抑制呼吸强度。对多数园艺产品来说，这种方式的效果不如上述第二种方式好，但比第一种方式可能要优越些，操作上也比较简便，在我国当前的生产条件下比较容易推广普及。

上面是气调贮藏通用的三种气体指标。MA（气调包装）贮藏不规定具体指标，只凭封闭薄膜的透气性同产品的呼吸作用达到自然平衡。可以想象用这种方法封闭容器，容器内二氧化碳的浓度较高，氧气的浓度较低。所以，MA 贮藏一般只适用于较耐高浓度二氧化碳和低浓度氧气的作物，并限用于较短期的贮运，除非另有简便的调气措施。

气调贮藏容器内的气体成分，从刚封闭时的正常空气成分转变到所规定的气体成分指标，这之间有一个降氧气浓度和升二氧化碳浓度的过渡期，简称为降氧期。降低氧气浓度之后，则是使氧气和二氧化碳稳定在规定的指标范围内的稳定期。降氧期的长短和降氧气浓度的方法，以及稳定期的气体管理方法，既关系到园艺产品的贮藏效果，也涉及所需的设备器材，主要有下列几种方式：

（1）自然降氧法（缓慢降氧法）　封闭后依靠产品自身的呼吸作用使氧气浓度逐渐下降并积累二氧化碳。这类方式又可分为：

1）放风法。每隔一定时间，当氧气浓度降至规定的低限或二氧化碳浓度升至规定的高限时，启开封闭容器，部分或全部换入新鲜空气，再重新封闭。

2）调气法。双指标总和21%的管理方法已如上述。双指标总和低于21%及氧气单指标两种方式，在降氧期用吸收剂吸除超过指标的二氧化碳，待氧气浓度降至规定指标后，定期或连续输入适量新鲜空气，同时继续使用二氧化碳吸收剂，使两种气体稳定在规定的指标范围以内。

自然降氧法的降氧速度缓慢。绿熟番茄在 10～13 ℃、封闭容器内自由空隙占60%～70%的情况下（这是番茄较适宜的贮藏条件），封闭后需 2～3 天氧气浓度才能降到 5%。在这两三天的降氧期内，番茄一直处在氧含量较高的气体中，呼吸和完熟过程得不到最有效的抑制，呼吸强度较低的园艺产品，或者贮藏温度较低的情况下，降氧期还要延长。不过对洋葱、大蒜之类的产品，只要在结束休眠之前完成降氧过程，则降氧期虽较长，但实际上并无影响。

两种气体的平均含量还是比较接近的，对于像蒜薹这种抗性较强的作物，这种调气法仍然优于常规冷藏法。

3）充二氧化碳自然降氧法。封闭后当即人工充入适量二氧化碳（10%～20%），而仍使氧气浓度自然下降。在降氧期不断用吸收剂吸除部分二氧化碳，使其含量大致与氧气相接近。也就是说，在降氧期使氧气和二氧化碳同时平行下降，直到两者都到达规定的指标。稳定期的管理方法同调气法。这种方法是凭借氧气和二氧化碳的拮抗作用，用高浓度的二氧化碳来克服高浓度氧气的不良影响，又不使二氧化碳浓度过高造成毒害。据上海园艺产品公司的经验，此法优于其他自然降氧法，有可能接近人工法。

（2）人工降氧法（快速降氧法）　人为地使封闭容器内的氧气浓度迅速降低，二氧化碳浓度升高，实际上免除了降氧期，封闭后立即（几分钟至几小时内）就进入稳定期。快速降氧法有以下几种方式：

1）充氮法。封闭后抽出容器内的大部分空气，充入氮气，由氮气稀释剩余空气中的氧气，使之达到所规定的指标。有时还要同时充入适量的二氧化碳，使之也立即达到要求的浓度。以后的管理同上述的调气法。另一个办法是封闭容器并同降氧机连成闭路循环来降低氧气浓度。

2）气流法。把预先由人工按要求的指标配制好的气体输入封闭容器，以替代其中的全部空气。在以后的整个贮藏期间，始终连续不断地排出内部气体和充入人工配制的气体。

3）气压袋。气调贮藏库内常常会发生气压的变化，正压、负压都有可能出现。例如，吸除二氧化碳时，库内就会出现负压。为保证库房的气密性，可设置气压袋。气压袋常做成一个软质不透气的聚乙烯袋子，体积约为贮藏室容积的 1%～2%，设在贮藏室的外面，用管子与室内相连通。室内气压发生变化时，袋子就会膨胀或收缩，因而可以始终保持室内外气压平衡。但这种设备体积大、占地多，现多改用水封栓，保持 10 mm 厚的水封层，库内外气压差超过98 Pa时便起自动调节作用。

（四）薄膜封闭气调法

薄膜封闭容器可安放在普通的机械冷藏库或通风贮藏库内，使用方便，成本较低，还可在运输中应用，这是气调贮藏法的一个革新。

目前，国内主要采用垛封和袋封两种方式。国外有一种集装袋封闭法，与垛封法相似。另外，还有紧缩薄膜包装及开孔薄膜包装贮藏法。

1. 垛封法

贮藏产品用漏空通气的容器装盛，码成垛。先垫衬底薄膜，其上放垫木，使盛菜容器垫空。每一容器的四周都酌情留通气孔隙。码好的垛用塑料帐子罩住，帐子和垫底薄膜的四边互相重叠卷起并埋入垛四周的沟中，或者用土、砖等物压紧。可用活动菜架装菜，整架封闭。密封帐都是由0.1~0.2 mm厚的聚乙烯或聚氯乙烯做成的。封闭垛多码成长方形，每垛贮藏量一般为500~1000 kg，也有到5000 kg以上的，视园艺产品种类、贮期长短及中途是否需要开垛挑选产品而定。中途要开垛检查者容量不宜过大，应迅速检查完毕并立即重新封闭，不在空气中长久暴露。塑料密封帐的两端设置袖形袋（也用薄膜制成），供充气及垛内气体循环时插入管道之用，并可从袖形袋取样检查，平时将袋口扎住不得漏气。帐子上还设有抽取分析气样和充入气体消毒剂用的管子，平时也把管口塞住。为防止帐顶和四壁薄膜上的凝结水浸润贮藏产品，应使封闭帐悬空，不要贴紧菜垛，也可在菜垛顶部与帐顶之间加衬一层吸水物。

通常用熟石灰作为二氧化碳吸收剂。如果是控制氧气单指标，可以直接把熟石灰撒在垛内底部，在一段时间内则可使垛内的二氧化碳维持在1%以下；待熟石灰将失效时，二氧化碳浓度上升，这时便添加新鲜熟石灰。如果是控制总和低于21%的双指标，则应每天向垛内撒入少量的熟石灰，使其正好吸收掉一天内产品呼吸释放的二氧化碳，这样才能使垛内的二氧化碳含量稳定在一定的指标范围内。也可以用充入氮气的方法来稀释二氧化碳。

2. 袋封法

袋封法是指将产品装在塑料薄膜袋内（多数为0.02~0.08 mm厚的聚乙烯），扎紧袋口或热合密封的一种简易气调贮藏方法，在果蔬贮藏上应用较为普遍。袋的规格、容量不一，大的袋可盛装30 kg产品，小的一般小于10 kg，而在柑橘等水果上盛行单果包装。

3. 自发性气调贮藏——硅橡胶窗气调贮藏

由于塑料薄膜越薄，透气性就越好，但容易破膜，为了提高薄膜强度，通常加厚，但又使透气性降低。因此，塑料薄膜在使用上受到一定限制，而硅橡胶窗气调贮藏则弥补了这一缺陷。

硅橡胶窗气调贮藏是指将园艺产品贮藏在镶有硅橡胶窗的聚乙烯薄膜袋内，利用硅橡胶膜特有的透气性能自动调节气体成分的一种气调贮藏方法。硅橡胶薄膜的透气性比一般塑料高100~400倍，而且具有较大的二氧化碳和氧气的透气比，二氧化碳∶氧气∶氮气 = 1∶6∶（8~12）。因此，利用硅橡胶膜特有的透气性能，可使密封袋（帐）中过量的二氧化碳由硅橡胶窗透出去，园艺产品呼吸过程中所需的氧气可从硅橡胶窗中缓慢透入，这样就可以保持适宜的氧气和氮气浓度，创造有利的气调贮藏条件。

硅橡胶窗塑料袋的大小可根据需要而定，但硅橡胶窗面积却是一个非常重要的条件，因为从理论上讲，一定面积的硅橡胶窗经过一定的时间后，就能调节和维持一定的气体组成，即不同园艺产品有各自的贮藏气体组成，有各自相适宜的硅橡胶窗面积。硅橡胶窗的面积具体决定于园艺产品的种类、成熟度、贮藏数量和贮藏温度等。

总之，应用硅橡胶窗进行气调贮藏，需要在贮藏温度、产品数量、膜的性质和厚度及硅橡胶窗面积等多方面进行综合选择，才能获得理想的效果。对一般果蔬而言，将氧气和二氧化碳的组成分别控制在 2% ~3% 和 5%，有利于减缓果蔬的氧化过程，减少果胶和叶绿素等的分解，延长果蔬的贮藏寿命。

四、气调贮藏条件

应用气调技术贮藏新鲜园艺产品时，在条件掌握上除气体成分外，其他方面与机械冷藏大同小异。就贮藏温度来说，气调贮藏适宜的温度略高于机械冷藏，幅度约为 0.5 ℃。新鲜园艺产品气调贮藏时的相对湿度要求与机械冷藏相同。

新鲜园艺产品气调贮藏时选择适宜的氧气、二氧化碳和其他气体的浓度及配比是气调贮藏成功的关键。新鲜园艺产品要求气体配比的差异主要取决于产品自身的生物学特性。根据对气调反应的不同，新鲜园艺产品可分为三类：①优良的产品，代表种类有苹果、猕猴桃、香蕉、草莓、蒜薹、绿叶菜类等；②对气调反应不明显的产品，如葡萄、柑橘、土豆、萝卜等；③介于两者之间，即气调反应一般的产品，如核果类等。只有对气调反应优良和一般的新鲜园艺产品才有进行气调贮藏的必要和潜力。相同种类的不同品种间的气体配比也有差异。此外，栽培管理技术、生长发育的成熟度、生态条件等的不同也会对气调贮藏的条件（温度、气体配比）产生一定影响。当采用多指标气调贮藏时，还应将其他需调节的气体浓度考虑进去，如低乙烯气调贮藏时乙烯的浓度应低于规定的界限值，气调贮藏会对产品造成低氧气浓度和高二氧化碳浓度伤害，这在决定气体组分配比时应引起重视。

气调贮藏不仅要分别考虑温度、湿度和气体成分，还应综合考虑三者间的配合。三者的相互作用可概括为：①一个条件的有利影响可因结合另外有利条件作用进一步加强；反之，一个不适条件的危害影响可因结合另外的不适条件而变得更为严重；②一个条件处于不适状态可以使另外有利条件的作用减弱或不能表出其有利影响；与此相反，一个不适条件的不利影响可因改变另一个条件而使之减轻或消失。因此，生产实践中必须寻找三者之间的最佳配合，当一个条件发生改变后，其他的条件也应随之改变，才能仍然维持一个较适宜的综合环境。双维气调是基于此原理而研究出来的气调新技术。

五、气调贮藏的管理

气调贮藏的管理与操作在许多方面与机械冷藏相似，包括库房的消毒、商品入库后的堆码方式及温度、相对湿度的调节和控制等，但也存在一些不同。

1. 新鲜园艺产品的原始质量

气调贮藏对新鲜园艺产品的质量要求很高。没有入贮前的优质，就不可能获得气调贮藏的高效。贮藏用的产品最好在专用基地生产，加强采前的管理。另外，要严格把握采收的成熟度，并注意采后商品化处理技术措施的配套综合应用，以利于气调效果的充分发挥。

2. 产品入库和出库

新鲜园艺产品入库贮藏时要尽可能做到依种类、品种、成熟度、产地、贮藏时间要求等的不同分库贮藏，不要混贮，以避免相互间的影响和确保提供最适宜的气调条件。气调条件解除后，产品应在尽可能短的时间内一次出清。

3. 温度

气调贮藏的新鲜园艺产品采收后有条件的应立即预冷，排除田间热后入库贮藏。经过预冷可使产品一次入库，缩短装库时间及有利于尽早建立气调条件。另外，在封库后建立气调条件期间可避免因温差太大导致内部压力急剧下降，增大库房内外的压力差而对库体造成伤害。贮藏期间温度管理的要点与机械冷藏相同。

4. 相对湿度

气调贮藏过程中由于能保持库房处于密闭状态，并且一般不通风换气，故能保持库房内较高的相对湿度，降低了湿度管理的难度，有利于产品新鲜状态的保持。气调贮藏期间可能会出现短时间的高湿情况，一旦发生这种现象即需除湿（如用氧化钙吸收等）。部分果蔬气调贮藏的条件见表2-2。

表 2-2　部分果蔬气调贮藏的条件

产品种类	氧气（%）	二氧化碳（%）	温度/℃	备　注
元帅苹果	2 ~ 3	1 ~ 2	-1 ~ 0	德国
元帅苹果	5.0	2.5	0	澳大利亚
金冠苹果	2 ~ 3	1 ~ 2	-1 ~ 0	美国
金冠苹果	2 ~ 3	3 ~ 5	3	法国
巴梨	4 ~ 5	7 ~ 8	0	日本
巴梨	0.5 ~ 1	5	0	美国
柿	2	8	0	日本
桃	3 ~ 5	7 ~ 9	0 ~ 2	日本
香蕉	5 ~ 10	5 ~ 10	12 ~ 14	日本
蜜柑	10	0 ~ 2	3	日本
草莓	10	5 ~ 10	0	日本
番茄（绿）	2 ~ 4	0 ~ 5	10 ~ 13	北京
番茄（绿）	2 ~ 4	5 ~ 6	12 ~ 15	新疆
番茄（半红）	2 ~ 7	< 3	6 ~ 8	新疆
甜椒	3 ~ 6	3 ~ 6	7 ~ 9	沈阳
甜椒	2 ~ 5	2 ~ 8	10 ~ 12	新疆
洋葱	3 ~ 6	10 ~ 15	常温	沈阳
洋葱	3 ~ 6	8	常温	上海
花椰菜	15 ~ 20	3 ~ 4	0	北京
蒜薹	2 ~ 3	0 ~ 3	0	沈阳
蒜薹	2 ~ 5	2 ~ 5	0	北京
蒜薹	1 ~ 5	0 ~ 5	0	美国

5. 空气洗涤

气调条件下贮藏产品挥发出的有害气体和异味物质逐渐积累，甚至达到有害水平，气调贮藏期间这些物质不能通过周期性的库房内外气体交换等方法被排走，故需要增加空气洗涤设备（如乙烯脱除装置、二氧化碳洗涤器等）定期工作来达到使空气清新的目的。

6. 气体调节

气调贮藏的核心是气体成分的调节。根据新鲜园艺产品的生物学特性、温度与湿度的要求决定气调的气体组分后，采用相应的方法进行调节，使气体指标在尽可能短的时间内达到规定的要求，并且于整个贮藏过程中维持在合理的范围内。

7. 安全性

新鲜园艺产品对低浓度氧气和高浓度二氧化碳等气体的耐受力是有限度的，产品长时间贮藏在超过规定限度的气体条件下会受到伤害，导致损失。因此，气调贮藏时要注意对气体成分的调节和控制，并做好记录，以防止意外情况的发生，并且有助于意外发生后原因的查明和责任的确认。另外，气调贮藏期间应坚持定期通过观察窗和取样孔加强对产品质量的检查。

贮藏的产品之间应留有适度的通风空隙，并且保持密封帐内温度恒定。另外，由于密封帐的透气性不足，贮藏时间过长时则有可能造成帐内氧气浓度过低，或者二氧化碳浓度过高而影响贮藏效果。通常是在密封帐内底部撒上熟石灰或木炭以吸收过多的二氧化碳，或者采用通风换气的办法以防止时间过长所引起的气体伤害。

六、气调库技术及发展前景

我国是果品、蔬菜的生产大国，在种植面积和绝对产量上均居世界首位。我国又是一个果蔬保鲜贮运能力严重落后的国家，每年因果蔬变质造成的损失高达总产量的 35% 左右，另有一大批产品由于贮藏条件不良而降低了商品的价值，由此每年给国家和农民带来了高达数百亿元的经济损失。大力发展高水平、高质量的果蔬保鲜贮藏技术是一个亟待解决的大问题。

（一）气调冷藏库的优势

1. 各种果蔬保鲜贮藏方法的比较

果蔬保鲜贮藏方法有两个范畴，即死体贮藏法与活体贮藏法。前者以速冻技术和真空冷冻干燥技术为代表。速冻法是将贮藏物在短时间内迅速降温至 $-24 \sim -38$ ℃，冻结成冷冻食品后在低于 -18 ℃ 的条件下长期贮藏。由于其降温迅速，贮藏物组织内结冻的冰晶细小均匀，细胞组织未被破坏，因此其营养成分损失少，能基本维持原有的品质，但解冻后必须立即食用，不可再复冻。真空冷冻干燥是一种低温脱水技术，即将新鲜果蔬先加工成速冻食品后，再在真空容器中使物品中冻结的水分，实现升华而脱水，这种食品可基本维持冻结物的外形和品质不变，食用时用水浸泡，使其吸水复原，其品质要大大优于风干、烘干或晒干的食品。在活体保鲜贮藏范畴内，除古老传统的堆藏、窖藏、冰藏、埋藏、假植、通风库等一些方法外（这些方法因贮量少、贮期短、适应品种少、贮藏质量差、技术落后、商业效益差而逐渐被淘汰），尚有如下几种方法：

（1）化学（药物）贮藏法　用消毒灭菌剂、生长抑制剂及保鲜剂三类化学药剂喷洒在贮藏物上，以达到消毒杀菌、抑止后熟和保持其鲜艳色泽的目的。使用化学药物时需要谨慎。此种方法针对性强、保鲜期短，应用上有很大的局限性。

（2）辐射贮藏法　用适当剂量的放射性同位素（常用钴 60）对大蒜、洋葱及马铃薯等进行照射，可抑制其发芽。此种方法操作技术复杂，用途极窄。

（3）涂膜保鲜法　将酶性糊精保鲜剂、液态膜保鲜剂、紫胶水果保鲜剂等保鲜涂料，用喷淋机、涂液机、喷雾器或涂蜡机等涂膜设备，在贮藏物表面涂上一层保护膜，以抑制贮藏物的呼吸作用，延缓其代谢和后熟过程及水分蒸发。此种方法保鲜期不长，大都作为辅助性保鲜措施使用。

（4）减压贮藏法　减压贮藏法又称真空冷却法或真空预冷法，它是将采收后的果蔬置于密闭容器内，降低容器内的压力，使水的沸点降低，贮藏物因水分从表面蒸发而迅速均匀地冷却，特别适用于蒸发表面大的果蔬。这是以牺牲贮藏物的水分为代价来换取温度降低的方法。温度每降 5 ℃，就有贮藏物质量 1% 的水分被蒸发。此法不能用于长期保鲜贮藏。

（5）人工控温贮藏法　用机械制冷来实现人工控制贮藏环境的温度，使贮藏物的呼吸强度降低，以减少果蔬组织的内耗，从而达到较长期的保鲜贮藏效果。这是一种贮藏品种面较宽，贮存量较大，贮藏质量较好且较先进的贮藏方法，即通称的高温库（又称恒温库）。

（6）气调贮藏法（自然气调）　人为或利用贮藏物本身呼吸的吐故纳新作用，来相应地调节贮藏空间空气中氧和二氧化碳的成分，用低氧浓度和高二氧化碳浓度来抑制贮藏物的代谢作用和微生物的活动，以及抑制乙烯的产生和乙烯的生理作用，从而达到阻滞贮藏物的衰败及保鲜贮藏的效果。常见的气调贮藏方法有塑料包装定期换气、塑料大棚加硅窗、用人工降氧和洗涤二氧化碳的方法来调节塑料大棚内的空气成分等。

（7）气调冷藏法　在高温库的基础上，对库体进行气密性处理后，再配置气调系统和加湿系统，就构成了当今世界流行的，也是最先进的果蔬保鲜贮藏设施——气调冷藏库。它贮藏量大、贮藏期长、贮藏品种多且贮藏质量好，代表着当今果蔬贮藏设施的发展方向和主流。

（8）空气中离子保鲜法　把果蔬贮藏环境中的空气在电晕放电下电离，使之产生离子和臭氧。这样，离子和臭氧同时作用到果蔬上，能抑制果蔬的呼吸作用，氧化果蔬代谢过程中产生的有害物，延缓其生命过程，并对贮藏环境和果蔬表面进行杀菌，从而达到保鲜效果。

（9）湿冷保鲜法　湿冷保鲜法通过采用湿冷系统达到保鲜的目的。系统内包括制冷剂、载冷剂和湿空气的三种循环，通过机械制冷、水箱蓄积冷量的方法获得冰水混合液，再在混合换热器中进行气和水的热质交换，使库内的空气在迅速冷却的同时还获得很高的相对湿度（95% ~100%），然后经过通风与库内的果蔬进行热质交换，使其在短时间内得以冷却，并且抑制其水分蒸发，保持新鲜的外观和良好的风味。

（10）冰温保鲜法　果蔬低温冻结时，冰晶先在细胞外产生，细胞内的水分仍为液体。因液态水的蒸汽压大于冰的蒸汽压，水从细胞内渗到细胞外，这样冰晶都在细胞外，则缓慢解冻后果蔬能保持原有鲜度。

2. 控制果蔬保鲜的三要素

气调冷藏库可根据贮藏物的生化特点选择最佳的气调冷藏工艺参数（温度、空气成分、相对湿度），并通过制冷系统、气调系统和加湿系统的精确运作，有效地抑制贮藏物的生理变化，减弱其物理变化（水分蒸发）和化学变化（有机酸、淀粉、葡萄糖的减少，果胶质的分解，维生素的损失），抑制细菌的活性和繁殖，达到长期保鲜贮藏的目的。

（1）控制温度　果蔬的呼吸强度与环境温度有密切关系，一般温度每升高 1 ℃，果蔬的呼吸强度就增强 2 ~3 倍。新鲜的果蔬在常温下放 1 天，等于冷藏库内 20 天的失鲜度。因此，采收后的果蔬应尽快入库。

降低温度可以最直接地减少果蔬的呼吸强度，有效地保证果蔬质量和延长贮藏期。酵素是引起采收后果蔬腐烂的主要因素，它对温度十分敏感。在 25 ℃时，腐烂病菌繁殖最快，当温度降低，病菌的繁殖也会变慢，甚至停止活性。

理论上的果蔬贮藏最低温度的界限是 −2 ~0 ℃，这个温度是果蔬细胞组织的凝固点。

理想的贮藏温度是稍高于贮藏物的凝固点，使贮藏物的呼吸和代谢活动降至最小值，而且还不结冻。果蔬的生化特点多种多样，它们都有各自的理想贮藏温度。因此，气调冷藏库内的温度和降温速度需根据贮藏物的特性、大小、形状、结构（叶厚、皮厚等）、组织成分（水分、可溶性物质）、包装形式及码垛方式来确定。

（2）控制相对湿度　果蔬组织内水约占总质量的90%。果蔬在采收后就得不到水分补充。新鲜果蔬走向败坏的原因之一，就是由于蒸发使果蔬表面失去水分，导致皱缩和萎蔫，鲜度下降，硬度降低，质量和维生素都有损失，如果质量减少5% ~ 10%，许多果蔬就会失去商业价值。

一般的果蔬保鲜贮藏要求环境的相对湿度在90%以上，个别品种可高达95% ~ 98%，以防止贮藏物表面水分的散失。如果库内的相对湿度达不到要求，就要想办法增加空气的湿度，如往地上泼水或采用加湿系统来完成。

也有一些贮藏物害怕高湿度的环境，如种子、种球、花粉等在环境相对湿度超过60%时就会出现霉变，这就要安置除湿机，将空气中多余的水分除掉。

（3）控制空气成分　第一，调节库房中空气的含氧量。氧是维持活体果蔬生命所必需的，又是使贮藏物产生内耗的主要因素。降低库房空气中的含氧量，无疑可抑制贮藏物的呼吸、后熟和衰老。正常空气中的氧含量是21%，要使果蔬明显地降低呼吸强度，减少内耗，氧的浓度必须降至10%以下，降氧极限为3% ~ 5%，若低于1%，厌氧类细菌会大量繁殖，对贮藏物造成损害。低氧环境还能抑制病菌的活性、减慢叶绿素的破坏速度、抑制乙烯的产生，当含氧量在3%以下时，乙烯的催熟作用就不能发挥。

第二，调节库房中空气的二氧化碳含量。二氧化碳在果蔬贮藏中能起到抑制果胶质衰败的作用，从而使果蔬能长期保持组织的坚实和原有的香味，使果蔬保绿、保脆。因此，适当提高库房中空气中的二氧化碳含量是十分必要的。空气中二氧化碳的含量约为0.03%，果蔬对二氧化碳浓度的适应由于品种的不同而差别很大。例如，适应1%或更低浓度的有梨等；适应20%或更高浓度的有樱桃等；有些苹果在二氧化碳浓度达到2%时就会受到伤害，而大部分蔬菜在低氧浓度低二氧化碳浓度或无二氧化碳的空气中能贮存很好。在库房内适当提高二氧化碳浓度的另一好处是可以抵消乙烯的催熟作用。

3. 气调冷藏库是先进的果蔬保鲜藏设施

气调冷藏库比较先进的高温库具有如下优点：①保鲜贮藏期要比高温库长0.5 ~ 1倍；②保鲜贮藏的质量好，贮藏物的养分损失极少，出库时贮藏物的各项指标与入库时出入不大，可保持贮藏物原有的色、香、味；③气调贮藏的果蔬出库后，有一个从"休眠"状态向正常状态过渡的"复苏期"，可在2 ~ 4周内保持其质量和外观不变；④气调库的低温、低氧环境可极大地抑制病虫害的发生，使这方面的损失在贮藏期间降到最低；⑤能很好地保鲜贮藏一批在高温库中不能贮藏的品种，如猕猴桃、杧果、荔枝、葡萄等，此外贮存鲜花、苗木也能收到良好的保鲜效果；⑥给气调库配置除湿系统后，可使一些喜欢低温、低氧和较干燥环境的贮藏物，如花粉、种子、种球、药材等得以长期保鲜贮藏。

（二）我国与先进国家的差距

1. 技术对比

我国在20世纪70年代末引进极少的气调库，开始接触这项新技术。1984年，大连市机电研究所研制成功了我国第一座现代化的气调冷藏库，之后又成功研制了气调库的关键配套设备——催化燃烧降氧机和洗涤二氧化碳机合成一体的组合式气调机和超声波加湿器、离心式加湿机，完成了我国气调库全部国产化的任务，使气调库被国家列为替代进口产品。现在建造的钢结构骨架、夹心绝热库板组成的"洋库"，除电控系统的自动化程度稍差外，其他各部分均已达到或接近当代国际先进水平，而且还结合我国国情在库体结构和气调库的功能与用途方面有所突破和创新，开发生产出中空纤维气调机和分子筛气调机。总体上说，我国气调库的建库技术水平与世界先进水平相比差距不大。

2. 数量对比

我国气调库的推广普及程度和果蔬的气调保鲜贮藏量与先进国家相差悬殊。20世纪六七十年代，发达国家的鲜果保鲜贮藏量已占水果总产量的40%～50%，其中，用气调库贮藏的鲜果占鲜果总贮量的60%～70%，即水果总产量的30%左右。而在我国，用各种办法贮存的水果约1320万t，占水果总产量的22%，其中有制冷能力的占五六成，而气调库的贮存量仅占水果总产量的0.3%。

3. 制约我国气调保鲜产业发展的主要因素

制约我国推广普及气调库的主要因素：一是人们的消费水平有限，对高品质的水果缺乏追求意识，对气调贮藏尚不认识，我国的气调果品消费市场还未培育起来；二是建造气调库的一次性投资较大，而目前我国的果品生产与销售是以家庭承包为主体的，现代化产销联营的体制尚未建立；第三是对这项新技术的宣传工作几乎没做。

（三）我国在发展气调冷藏库技术方面的贡献

尽管我国在推广普及气调冷藏库方面严重落后，但我国在研究、掌握这项新技术方面却不断创新。大连市机电研究所是我国最早也是专门从事气调冷藏库技术开发的科研单位。在全国各地已经建成不同库体结构形式、不同功能、用途、可贮藏不同品种（水果、蔬菜、花卉、花粉、种子等）和风格各异的气调冷藏库60余座。

1. 四种不同结构的库体

（1）钢结构、夹心绝热库板组合式　钢结构、夹心绝热库板组合式库体的结构性能、外观与国外新型气调库完全一样（通称"洋库"），其特点是建库周期短、施工方便、性能优异、维护方便，但造价稍高。

（2）砖混结构外壳、内喷聚氨酯式　砖混结构外壳、内喷聚氨酯式库体造价比"洋库"低30%，但库体内壁没有"洋库"平整美观，因表面无彩色钢板保护，易受机械损伤，在维护和消毒清洗方面也不方便，并且其气密性处理技术较复杂。

（3）砖混结构外壳、内贴单面夹心绝热库板式　砖混结构外壳、内贴单面夹心绝热库板式库体的内贴单面夹心绝热库板方式有两种：一种是装嵌组合式，它是将单面库板按预理的装配螺栓，一张一张装嵌上去，然后再用密封胶涂抹接缝；另一种是先将单面库板组合成片，然后再在库板和砖墙之间灌充聚氨酯现场发泡使之牢固结合。这种结构的库体造价比"洋库"低20%。其内壁与"洋库"一样。

（4）半地下砖混结构库体外壳、内喷聚氨酯绝热层式　半地下砖混结构库体外壳、内喷聚氨酯绝热层式是一种节能型库体结构，大都建在北方低温地区，以减少制冷系统的工作时间，节约用电，并可节省建库费用，但由于是半埋式，在施工和维护时较麻烦。

2. 四种不同功能、用途的气调冷藏库

（1）纯气调库型　全部库间都有气调功能，造价稍高。

（2）气调与高温混合型　主要考虑到贮藏物中有一部分只做短期贮藏，只需要控制温度，湿度不需要调节。因此，将库内的部分库间建成高温间，可节省一部分建库资金。

（3）综合型　库内既有气调间，又有高温间，还有冻结间和低温间，便于用户进行多种经营。

（4）特殊型　根据用户的特殊要求，气调库配置除湿系统后，可对需要较干燥环境的贮藏物进行保鲜贮藏，还可为用户配置臭氧消毒系统，方便用户进行库间消毒杀菌。

3. 气密保温两用门

原气调库库间门洞的保温和气密问题，由保温门再加气密帘来解决，气密帘由拉链启闭，底部要伸入密封水槽内，使用寿命很短，需经常更换，后来用气密门替代气密帘，虽然解决了使用寿命短和气密性不易保证的问题，但安装气密门需在库间门洞后立支撑框架，并在地坪上设置密封水槽，不仅费工费料，而且开闭十分麻烦。现由大连市机电研究所研制成功的气密保温两用门，只需要一个门体，兼具保温和气密双重任务，开闭方便、性能可靠，是较理想的气调库门。

4. 气调机

气调机是气调库中的设备。大连市机电研究所开发生产了燃烧式、中空纤维和分子筛气调机，目前销售量最大的是分子筛气调机，它是在一般制氮机基础上改进和发展起来的，既能降氧，又能脱除二氧化碳，并可将乙烯控制在1mg/kg以下。

5. 加湿机

果蔬贮藏需要一定的湿度，陈旧的方法是在库内设水池或泼水。大连市机电研究所从1985年开始研制超声波加湿机和离心加湿机，通过反复实验和使用，大多气调库的水质和环境不适合使用超声波加湿机；而离心式加湿机经10多年的不断改进已被用户广泛认可。

对于适合改造的高温库、人防工程、旧建筑物和窑洞，经必要的绝热和气密性处理，配置制冷、气调、加湿和电控系统后改造成气调库，可节省不少建库资金。这是目前在我国推广气调保鲜贮藏技术的一条新途径。

（四）发展前景预测

1. 市场牵引力

推动我国果蔬气调保鲜贮藏业发展的动力是消费市场对气调贮藏品需求的牵引力。自改革开放以来，我国水果种植、销售快速发展，产地、产量、流通渠道得到全面提升。至2014年，我国水果总产量已达26142.2万t，已成为世界第一大水果生产国，约占世界水果总产量的30%。我国居民水果消费量也变化巨大，从人均不到6kg发展到46kg。但是，这仍远低于世界平均水平70kg。消费的增长及出口的需要都将会极大地牵引气调贮藏的发展。

2. 经济体制改革的催生作用

我国经济体制改革的不断深化必将推动我国果品业的体制和运行机制的深刻变革。我国要建立现代果品业，必然要将现在各自分散的、小农经济式的果树种植业、采后处理与贮藏加工业、营销体系和相关的科技服务业有机地结合起来，形成合力和规模经济，最终实现果品产后的多次增值，逐步走向产、工、贸一体化和果品产业集团化，为普及推广果蔬气调保鲜贮藏新技术铺平道路。

3. 消费观念与需要的变革

随着人们生活水平的提高，人们对水果的质量也会逐渐讲究起来，高质量的气调贮藏果品必将成为人们需求的商品。

4. 气调库推广前景预测

世界上果蔬保鲜贮藏设施的发展可划分为三个阶段。第一阶段，即初始阶段。人们利用各种天然低温条件来贮藏果蔬，以延长其保鲜贮存期，如地窖、冰窖、窑洞、半埋式通风库等简易方法。第二阶段是在果蔬贮藏设施中引进了机械制冷技术，可以人工地控制贮藏温度，使得果蔬保鲜贮藏的期限和质量有了跃进式的提高。由此诞生了各种不同结构形式（砖混结构库体、夹芯绝热库板加钢结构组合式库体等）的高温库。同时，人们配合塑料大棚加硅窗的应用，开始探索自然气调技术的应用。第三阶段是根据不同果蔬的生化特点制订相应的气调冷藏工艺，最大限度地延长果蔬的保鲜期。据此将高温库进行严格的气密性处理后，再配置人工气调系统，就能成为目前世界上流行的最先进的果蔬保鲜贮藏技术装备——气调库。

我国的果蔬保鲜贮藏技术现在正处于第二阶段向第三阶段的过渡时期。到2050年，我国水果的总贮量将达到30%（发达国家为40%～50%），其中通过气调库贮藏的水果量为总贮量的30%（发达国家为60%～70%），即总产量的15%（发达国家为30%）。而现在我国的果品气调贮藏为总产量的0.3%。预测到2020年需要建造或改造5000座千吨级的气调冷藏库。除新建一大批气调冷藏库外，估计将有相当数量的高温库要改造成气调库。这一数字不包括用于蔬菜、鲜花、种子、药材等需要进行气调贮藏的气调库。

气调冷藏库是果蔬保鲜贮藏技术装备发展的方向和主流。但就我国目前的经济发展水平而言，存在着一定的超前期。目前，我国正处于技术准备和创造条件阶段。预计我国的气调保鲜贮藏事业将迎来自己的春天，进入迅速发展期，气调库贮藏量在果蔬总贮量的比例将以每年1%的速度递增，气调冷藏库将得到大面积的普及推广。

任务4 减压贮藏

减压贮藏又称低压贮藏，指的是在冷藏基础上将密闭环境中的气体压力由正常的大气状态降低至负压，造成一定的真空度后来贮藏新鲜园艺产品的一种贮藏方法。减压贮藏作为新鲜园艺产品贮藏的一个技术创新，可视为气调贮藏的进一步发展。减压的程度依不同产品而有所不同，一般为正常大气压的1/10左右（10.1325 kPa），如用1/10大气压贮藏苹果，1/15大气压贮藏桃、樱桃，1/7～1/6大气压贮藏番茄等。

减压下贮藏的新鲜园艺产品其效果比常规冷藏和气调贮藏优越，贮藏寿命得以延长。一般的机械冷藏和气调贮藏中不进行经常性的通风换气，因而新鲜园艺产品代谢过程中产生的二氧化碳、乙烯、乙醇、乙醛等有害气体逐渐积累可至有害水平。而减压及其后低压的维持过程中，气体交换加速，有利于有害气体的排除。同时，减压处理促使新鲜园艺产品组织内的气体成分向外扩散，并且扩散速度与该气体在组织内外的分压差及扩散系数成正比。另外，减压使空气中的各种气体组分的分压都相应降低，如气压降至10.1325 kPa时，空气中的各种气体分压也降至原来的1/10。虽然这时空气中各组分的相对比例与原来一样，但它的绝对含量却只有原来的1/10，如氧气由原来的21%降至2.1%，这样就获得了气调贮藏的低氧条件，起到了气调贮藏的效果。因此，减压贮藏能显著减慢新鲜园艺产品的成熟衰老过程，保持产品原有的颜色和新鲜状态，防止组织软化，减轻冷害和生理失调，并且减压程度越大，作用越明显。

　　减压贮藏要求达到稳定的低压状态，这对库体的设计和建筑提出了比气调贮藏库更严格的要求，主要表现在气密程度和库房结构强度上。气密性不够，设计的真空度难以实现，无法达到预期的贮藏效果；气密性不够还会增加维持低压状态的运行成本，加速机械设备的磨损。减压贮藏由于需要较高的真空度才会产生明显的效果，库房要承受比气调贮藏库大得多的内外压力差，库房建造时所用材料必须达到足够的机械强度，库体结构合理且牢固，因而减压贮藏库建造费用大。此外，减压贮藏对设备有一定的特殊要求。减压贮藏中需重点解决的一个问题是：在减压条件下，新鲜园艺产品中的水分极易散失，导致重量的减轻。为防止这一情况的发生，必须保证贮藏环境的相对湿度很高，通常应维持在 95% 以上。要达到如此高的相对湿度，减压贮藏库中必须安装高性能的增湿装置。

　　一个完整的减压贮藏系统包括四个方面的内容：降温、减压、增湿和通风。新鲜园艺产品置入气密性状良好的减压贮藏专用库房并密闭后，用真空泵连续进行抽气来达到所要求的低压。当所要求的真空压力满足后，保持从流量调节器和真空调节器并增湿后进入贮藏库的新鲜空气补充的量与被抽走的空气的量达到平衡，以维持稳定的低压状态。由于增湿器内安装的电热丝能使水加热而略高于空气湿度，这样使进入冷藏库房的气体较易达到 95% 的相对湿度，并且进入房库的新鲜高湿气体在减压条件下迅速扩散至库房各部位，从而使整个贮藏空间保持均匀一致的温度、湿度和气体成分。由于真空泵连续不断地抽吸库房中的气体，新鲜园艺产品新陈代谢过程中产生并释放出来的各种有害气体可迅速地随同气流经气阀被排出库外。减压过程中所需的真空调节器和气阀主要起调控贮藏内所需的减压程度及库内气体流动量的作用。

　　气调和负压（减压）保鲜是目前最先进的两种保鲜技术。其中，气调保鲜技术已在发达国家普遍应用，负压保鲜技术仍处在试验阶段，少见商业应用。

一、负压气调库的概念和基本原理

　　负压气调库又可称为减压气调库，其密封体内的气体成分组成比例按气调规范能任意调节，库内的压力能维持在一定的负压范围内。

　　气调保鲜是基于混合气中相对于空气的低氧和高二氧化碳比例，对鲜活产品和病原微生物的生命活动进行有限度的控制。负压保鲜则基于空气中各组分含量的绝对量减小，对保鲜起主要作用的限量供应和有害气体的不断排除。负压气调则是将气调和负压两种方法相互补充，综合两种效应，即按气调保鲜的方法将密封库内的气体成分维持在要求范围内，然后通过特定装置使密封库内的气压维持在一定的负压状态。这样，密封库体内的气体组分与一般空气不同，对保鲜品有一定的气调效应。同时，密封体内保持负压状态与常规气调库也不同，使保鲜品和病原微生物的生命活动受到双重控制，从而增强保鲜效果。尤其适用于对低浓度氧气和高浓度二氧化碳的敏感的产品，负压贮藏可使产品组织内部的二氧化碳分压远低于正常空气中的水平，因而在保鲜过程中，产品可免受低浓度氧气和高浓度二氧化碳的伤害，在维持负压过程中，产品内部和密封体内的有害气体不断被排除，更有利于提高保鲜效果。

二、负压气调库的基本构造

　　负压气调库由围护结构、制冷系统、气密和负压结构、气调和负压调节系统、控制系统五大部分组成。其中，负压结构和负压调节系统是负压气调库的特有部分，其余部分与冷库、气调库基本相同。

（一）负压气调库的围护结构

负压气调库的围护结构与一般冷库的围护结构基本相同，包括各种形式的隔热保温墙体、屋盖和地坪、保温门等。负压气调库与常规气调库的区别是围护结构不包含气密层，保温门也不需特制的气密结构。该种库的围护结构形式有多种，如土建夹心墙式、装配式和土建装配复合式等，其中以土建装配复合式最为经济实用，一般冷库、气调库的围护结构均可作为负压气调库的围护结构使用。

（二）负压气调库的制冷系统

负压气调库的制冷系统与常规冷库和气调库的制冷系统基本相同，以先进、高效、精制作单元组合式为首选。负压气调库运行过程中要求制冷系统比一般冷库有更好的安全运行性能。设计选用 F6QW 系列风冷高效室外壁挂式全封闭制冷机组，其压缩机的特点是低噪声，每个冷风机由单独的电动机直接驱动，从而实现单元独立制冷。

（三）负压气调库的气密和负压结构

负压气调库的气密和负压结构是该种库的特有结构，它与柔性气调库的结构相近，但要有较好的耐压支撑骨架和负压保持装置。气密结构由柔性密封材料构成，其设计要求是：密封性能好，柔软可塑性强，低温条件下稳定，不变硬不易脆，有一定的机械强度，易热合加工等，材料可选用符合要求的塑料、橡胶和新型防水卷材等，最好选用两种或多种材料复合制成的气密结构。用透明或半透明材料作为整体或部分结构可方便观察密封体内的保鲜品。

负压气调库的气密和负压结构是一个四周六面的内支撑全封闭系统。以柔性密封材料构成密封体，以内支撑骨架承受负压而保持密封空间的完整。柔性密封体四周各面与底面和顶面采取焊接和板筋加固形式，保持一定的抗撕裂机械强度。密封体一面设有一个宽 8 m、高 1.5 m 的进出口（柔性封闭方式），四周对向通道的面设置数个柔性观察口，以利于观察保鲜品和取样。柔性密封体内的支撑用防锈钢管和高强度的工程塑材制成，采用焊接与紧固件加固结合的方式，不需要加厚型的钢质结构，制作工艺大为简化，成本大幅降低。

在负压气调库的密封体内，设置制冷系统的吊顶冷风机、加湿系统的加湿件、气调和负压系统的各种管道及控制系统的各种传感器等。

（四）负压气调库的气调和负压系统

气调和负压系统是该种库型的关键结构。负压系统是特有的结构，有两种形式结合使用：一是抽空装置；二是气调压力效应和进出气差量控制。通过计算和设计，二者配合操作，维持负压气调库内的负压状态。抽空装置采用低噪声、低真空度、高湿型设备配合气调系统自动运行。

气调设备设计配置有：氮气供应源、氮气调理器、二氧化碳清理器、杂气清理器、仪器仪表控制系统和加湿设备等。其中，氮气供应源有两种形式可供选择：一种是钢瓶高压商品氮气；另一种是制氮机随机制氮。二者能方便地进行对换或交替使用。

（五）负压气调库的控制系统

负压气调库的控制系统有制冷控制、气调控制和负压控制三项内容。三部分各自独立，并没有互动、联动装置。制冷控制系统的主要参数是温度。其采用高精度组合仪表、三级保护，库温与霜温分别即时显示，按温度和压力指示自动降温和自动化霜。气调控制主要是气体压力、库内湿度及与负压系统的联动装置。库内的氧气、二氧化碳组分变化，通过取样泵正压进样及数显仪表显示和控制。利用低温型、高精度相对湿度传感器配套数显控制仪表控制库内的相对湿度。负压控制系统主要控制进出库内的气流量和压力，有两种控制方式：一种是气流量和压力远传仪表数显自控；另一种是单片微机编程控制，通过设计运算负压气调库内的气体进出量和压力进行定量综合控制，维持库内的负压水平。控制系统设计有温度、压力、相对湿度、氧气和二氧化碳气体、气体流量、液体等多项的采集处理系统。通过制冷、气调和负压控制单元的信号输出相接口，连接微机数据处理中心，并对数据进行采集记录、分析存储和控制。该种控制系统的设计特点是：制冷、气调和负压三个单元既可独立控制，又能联动操作数据处理中心，可以进行精密分析和智能控制。

三、负压气调库的使用与保鲜技术

负压气调库的操作和使用比一般冷库和气调库都较复杂，因制冷系统可以独立控制，一般设定好温度的上限、下限和化霜温度，制冷系统即可安全自动运行负压气调库的调气程序。首先根据既定的气调指标，通过氧气、二氧化碳监控仪表进行充氮降氧操作，直至符合气体组成的要求为止。注意清理器内的交换液应及时更换。负压气调库的负压程序也有两个过程：第一个是气调充氮气降氧气过程，即通过进出气量的控制，使库内的压力保持一个负压状态；第二个过程是调气程序完成后进入负压限定和维持阶段，主要是通过真空装置扣除库内的部分混合气体，使库内达到要求的负压指标。另外，清理二氧化碳也能造成库内负压的轻微变化。

负压气调库内的湿度控制是通过相对湿度监控装置、保湿装置和加湿装置完成的。对含水量高的鲜活产品来说，负压气调库内的相对湿度往往低于要求指标，仅靠加湿达不到高湿要求。而加湿又往往增加了冷风机的结霜量和冷负荷，还会降低抽空机的效率和使用寿命。因此，负压气调库保鲜品的高湿要与一般气调库一样，主要在于保湿而不是加湿，加湿只是保湿的辅助性措施。所以，负压气调库的正常操作要尽量减少直接加湿。一般情况下，通过气体调理器和清理器的操作，进入库内的气体都接近水饱和状态，只要加强保鲜品的保湿措施（如运用气调效应的保鲜包装及防蒸发覆盖等），都可达到保鲜品的高湿要求。

负压气调库的保鲜技术是一个综合性技术体系。

首先要对产品的气调效应有初步了解，以便确定其气调指标。原则上，负压气调库的气调指标比常规气调库的氧气指标要稍低，其他指标相同或稍高，尤其对于低浓度氧气和高浓度二氧化碳敏感的产品，范围可以更大些。

应用负压气调库保鲜可增加一些辅助措施，如果实上光打蜡、杀菌防腐保鲜剂处理和电子灭菌技术等。尤其是负压条件下，库内应用杀菌剂效果比常规冷库、气调库更好。因负压气调库兼有气调和负压综合效应，因此，保鲜参数有更大的灵活性，结合温度、湿度、气体成分和负压环境、无有害气体积累等因素，适宜配藏保鲜的产品种类更多，保鲜效果优于常规冷藏、气调和负压保鲜。

任务5　物理贮藏

近代物理技术的发展导致贮藏领域内出现了一类崭新的应用技术，即电离辐射、电场处理和磁场处理，统称为物理贮藏。其中，电离辐射和电场处理的不同之处在于能量来源不同，前者利用原子能，后者利用电能；作用方式和途径也不同。其共同点在于使物质电离和激发，产生强的自由基和离子作用于生物体上。由于它们在作用机理和生物学效应方面也有许多相似之处，故常将电离辐射和电场处理合称为电离保藏。

一、辐照保藏

1896 年，在发现 X 射线的第二年，Minck（明克）指出，X 射线具有杀菌作用。第二次世界大战以后，辐射保藏食品进入了实质性的发展阶段，为了安全地保藏食品，解决公众的食品安全问题和满足某些特殊需要，从 1953 年开始，美国许多研究单位、学校、军事科学研究机构及相关政府部门，分别组织实施了多项食品辐射研究项目，涉及蔬菜、水果、肉类、鱼类及其制品数十种，在确切的研究成果基础上，美国陆军总部宣称，辐射保藏食品将造福人类。

与此同时，荷兰、加拿大、法国、日本、德国等许多国家也积极开展了多种食品的辐射保藏研究。从 1965 年开始，各国纷纷兴建现代化食品辐射工厂，使食品辐照迈进了实用化和商业化阶段。

全世界高度关注食品辐照事业，联合国粮食与农业组织（FAO）、世界卫生组织（WHO）、国际原子能机构（IAEA）等国际权威组织筹划、支持、组织了多方面的国际合作研究，定期召开国际学术会议，尤其对辐照食品的卫生安全性进行了极其严肃的科学评价。1976 年，FAO、WHO、IAEA 联合专家委员会向世界宣布：经 10 kGy 以下辐照剂量处理的食品对人体是安全的。自此以后，食品的辐照保藏在全球得到更快发展，辐照保藏技术的应用日益广泛，政府批准可进行辐照处理的食品越来越多。辐照保藏作为一种不损伤食品品质的"冷杀菌"技术，越来越显示其重要的应用价值。

（一）辐照保藏技术

利用照射源发出的高能射线照射园艺产品，照射后提供适宜的环境。一方面，射线能量影响到园艺产品内部的生理机制，使其代谢强度降低，从而有利于保持品质和延长贮藏期；另一方面，利用射线的杀菌灭虫效力消灭食品附带或潜藏其中的病原菌、腐败菌和有害昆虫，防止污染，减少园艺产品的采后损失。

（二）辐照保藏原理

1. 各种射线的特点

辐射保藏的效应是射线引起的，有必要对射线的特点进行了解。射线是高速运动的粒子流或电磁波。放射性同位素核衰变时释放出 α 射线、β 射线和 γ 射线，电子加速器可大量产生电子射线，高速电子冲击靶后会产生 X 射线，不同射线在电荷、能量、射程和穿透力方面各不相同。

α 射线是带正电的高速粒子流，但易被空气吸收，射程短。β 射线是带负电的高速电子流，但其穿透力弱。γ 射线不带电，是光子流，能量高、射程长、穿透力强。电子射线辐射功率大，方向性强且能量利用率高，但穿透力较弱。X 射线不带电，是光子流，能量高、穿透力强，但使用成本高，实际应用受到限制。紫外线是一种短波辐照，对物质的原子和分子产生激发作用，引起生物大分子的光化学反应，但能量低、穿透力弱。基于上述特点，凡穿透力弱者只能对食品产生表面效应，所以适合用于食品辐照的只有 γ 射线和电子射线。射线照射时，可使被照射物的分子和原子产生离子化作用，所以又称为电离射线。常用的 γ 射线源是钴 60。

2. 辐射保藏原理

当农产品被照射时，自身携带的微生物、昆虫就会吸收射线的能量，使内在的物质结构和反应机制发生变化，出现不同程度的生理异常，最终导致多种异常的生物学症状，甚至死亡。这一过程被称为辐射生物学效应，是一个递进、发展的过程，具体说来：首先发生辐射物理过程，此期是分子和原子的离子化，产生激发分子；接着是辐射化学过程，此期是生物大分子蛋白质、酶、脂质结构的变化及 DNA 损伤；然后出现生物化学过程，生物大分子修复损伤或损伤扩大而引起代谢异常；最后是生物学过程，产生代谢或生长异常，细胞组织死亡，直至个体死亡。

生长发育正常和旺盛的微生物对射线非常敏感，最易产生上述的辐射效应，其生物大分子结构发生微小变化，就会导致代谢紊乱，酶失活和生命活动受阻，从而加速死亡。

各种微生物对射线的耐受力不同。研究表明，引起农产品腐败的常见病原菌在较低的辐照剂量下就可被杀死。而果蔬等鲜活产品具有自身的生活机能，较低的剂量下，射线引发的生理损伤可经过一段时间的修复而走向正常，同时射线对生物酶活性可能产生适度的抑制，由此带来的抑制新陈代谢的效应正好符合延缓后熟衰老的需要。而谷物等干燥籽粒对射线的敏感性已很低，辐射的作用主要体现在杀虫灭菌上。

（三）园艺产品辐照生物学效应的表现

1. 抑制新陈代谢，延缓后熟衰老

γ 射线进入有机体时，大量的水最易成为其作用目标，其次才是生物大分子。受作用的靶分子经电离生成自由基和离子，它们可引发各种放射化学反应，对有机体的代谢产生影响和干扰。国外曾报道，香蕉辐照后，戊糖磷酸途径加强，游离果糖蓄积，使与成熟相关的合成过程所需能量的形成受阻；Romani（瑞曼尼）等从低剂量辐射后的西洋梨中提取线粒体，发现其呼吸代谢中的苹果酸和 α-酮戊二酸的氧化均有下降，但随着时间的延长又逐渐恢复，甚至变得比未经辐照的还高。樱桃辐照后，线粒体的数目明显减少，其后又缓慢增加，最后与对照持平。由此可知，在射线作用后，生物体会调动自身生理活动机制进行修复，在一定的损伤效应范围内，经一定时间的逐步修复，能够恢复或接近正常，这一过程表现为后熟衰老的延缓。

2. 抑制发芽和生长发育

生产实践中以低剂量辐照处理，能够有效防止洋葱、大蒜、马铃薯等在休眠期发芽，这是非常成功的措施，已经得到广泛应用。

休眠器官存在着尚未活动的分生组织，一旦分生组织中核酸积累就会导致发芽。射线易引起核酸降解和结构变化，导致核蛋白变性及分生组织破坏；同时与发芽关系密切的生长素合成系统也对射线敏感。马铃薯辐照后，生长素合成酶逐渐失活，内芽中 RNA 和 DNA 含量低于未经辐照的产品。研究表明，辐照抑芽应把握时机，一般认为，收获干燥后，内芽尚未活动时及早处理是恰当的。

3. 杀灭微生物和昆虫

各类食品都存在微生物污染并引起食品严重的腐败损失。含水量高、营养丰富的食品则更易腐败。在农产品范围内，粮食的生虫与发霉是贮藏期中的主要危害。世界上许多国家都采用电离辐射处理粮食，除了防霉以外对粮食主要害虫，如米象、谷盗、拟谷盗、小扁甲等及其虫卵能有效杀灭。

（四）影响辐照保藏效果的因素

1. 射线种类

基于γ射线的特点，其在食品辐照上长期以来获得最广泛的应用，对采用了密度高的包装材料的产品及大容积包装的食品直接照射是最适合的。

2. 辐照时机的把握

根据园艺产品采后生理变化的特点及微生物的生长规律，原则上收获后要尽早辐照，这一原则也适合其他各类食品。

3. 照射剂量与剂量率

（1）计量单位　射线的能量单位是电子伏特（eV），1 eV 指一个电子通过电位差为 1 V 的电场时所获得的能量。实际处理时应根据保藏目的，保藏条件和食品的特点确定最适照射剂量。一般而言，0.05～0.15 kGy 是抑制发芽的照射剂量；0.1～1.5 kGy 是杀死害虫的照射剂量；1～5 kGy 是抑制部分微生物的照射剂量；3～7 kGy 是适用于脱水蔬菜的照射剂量；15～60 kGy 是完全灭菌的照射剂量。

（2）剂量率　单位时间内照射的剂量即为照射剂量率。事实证明，在一定范围内照射相同剂量，以高剂量率照射，所需时间短且效果好；以低剂量率照射，所需时间长且效果较差。但剂量率与辐射装置和安全性有关，一般不能大幅提高。

4. 果蔬产品的性质

在抑制新陈代谢方面，产品的种类、品种、成熟度、生长发育阶段对辐射效果影响极大。高峰型果实只有在呼吸高峰前照射才有效果；对于未成熟产品，辐照可能降低其抗病性。如果辐照处理旨在控制腐烂，成熟的果蔬辐照后作用明显。

此外，果蔬产品自身质量的好坏、是否受到机械损伤、原始污染的种类和程度、包装材料的密度等都对辐射保藏的效果有重要的影响。

5. 辐照后的贮运条件

辐照处理不是万能的，更不可能使品质差的产品品质变好。辐照效果与贮运条件关系非常密切。例如，以 0.01 kGy 剂量照射洋葱，其后贮于 1～6 ℃的低温下，抑制发芽的效果优异，但如果直接放置于室温下，抑制发芽的时间大大缩短。

6. 辐照与其他方式的配合

基于生物性食品的复杂性，要达到预期的保藏效果，单靠辐照难以实现，有时还可能带来不利影响。适当地结合其他方式往往可产生协同效应。例如，为了使杧果保鲜，先用 45～50 ℃热水处理，再采用低剂量辐射，此方法在杀灭象鼻虫、防止杧果腐烂和延长保鲜期上取得了明显效果；再如用较高浓度的二氧化碳短时间处理草莓后再进行低剂量照射，也有利于保持草莓品质和延长货架期。

（五）辐照保藏食品的安全性和该项技术在食品上的应用价值

1. 辐照保藏食品的安全性

通过世界各国有关机构和国际权威组织历经数年对辐照食品安全性的全面研究、调查、评审，在充分确凿的数据支持下，辐照食品的安全性已澄清。接受不大于 10 kGy 平均剂量处理的食品不会有毒理学方面的危险，因此没有必要再进行毒理学试验。我国政府于 1984 年正式颁布了马铃薯、洋葱、大蒜、大米、香肠、蘑菇、花生七种辐照食品的卫生标准，并批准上市销售。1996年颁布了《辐照食品卫生管理办法》（现已废止），进一步鼓励对进口食品、原料及六大类食品进行辐照处理。1997年公布了香辛料类、干果果脯类、熟禽肉类、新鲜水果、蔬菜类、冷冻包装畜禽肉、豆类、谷类及其制品的辐照卫生标准。在世界各地和发达的国际贸易中，辐照食品只要在标签上注明，就可与一般食品一样销售。

2. 辐照技术在食品上的应用价值

1）食品辐照是食品的"冷杀菌技术"，辐照后的食品基本无温升，可保持营养和感官品质。

2）可处理各种食品与包装，也可包装完毕再处理，防止二次污染。

3）在不拆包装和不解冻的情况下杀灭深藏于食品内部的病虫害，对粮食害虫的防治特别经济有效，从而免除了化学防治带来的抗药性问题和环境污染。

4）可以改善某些食品原料和食品的工艺性质。

5）节能，处理后无残留，不污染环境。

6）技术上尚待解决的问题：①较高剂量下的安全性问题；②辐照异味产生的放射化学机理尚未完全阐明；③生物性食品的辐照工艺学研究尚待深入，很多产品上的商业性应用技术规范均远未完善；④辐照后部分营养素有所损失；⑤辐照后部分酶活性尚存，对其应采取的技术措施还需要完善。

二、电磁处理

电磁处理是近年来应用于果蔬贮藏的一门新技术。实际上，很多学者早就开始从物理学的角度来认识生物体。地球上一切生物体都始终处在电场、磁场及带电粒子的作用之下。在地球高空的电离层，气体分子会因宇宙射线的作用而电离，产生一些带电粒子。这些带电粒子在地球电场的作用下，沿着电场强度方向运动，形成离子流，经过动植物和建筑物流入地下。有学者建议，就某种意义而言，地球上一切生物体都可以看成是一种生物蓄电池，因此，生物的进化、繁衍乃至生长发育过程都必然会受到周围的电场、磁场及带电粒子的影响。所以，人为地改变生物周围的电场、磁场和带电粒子的情况，必然会对生物体的代谢过程产生某种影响，此为电磁处理技术的依据。

（一）磁场处理

果蔬产品在一个电磁线圈内通过，控制磁场强度和产品运动的速度，或者产品静止而磁场不断改变方向，可使产品受到一定剂量磁力线的切割作用。据国外资料报道，水果在磁场中运动，其组织生理上总会产生某些变化，就同导体在电场中运动要产生电流一样。这种磁化效应虽然很小，但应用电磁测量的办法，可以在果实组织内测量出电磁反应的发生。据资料介绍，水分较多的水果（如蜜柑、苹果等）经磁场处理，可以提高生活力，增强抵抗病变的能力。Boe和Salunkle（1963）曾试验，将番茄放在强度很大的永久磁铁的磁极间，发现果实的后熟加速，并且靠近南极的比北极的后熟更快。他们认为其机制可能是：①磁场有类似于植物激素的特性或具有活化激素的功能，从而起催熟作用；②激活或促进酶系统而加强呼吸作用；③形成自由基加速呼吸而促进后熟。

（二）高压电场处理

将产品放在针板电极的高压电场中，接受连续的或间歇的或一次性的电场处理。在高压电场中，游离的离子将受到方向相反的作用力，做加速运动并与周围的原子或分子发生碰撞，产生新的离子，新离子既具有较高的动能，又可碰撞其他的原子或分子使之电离。由于针板电场的不均匀性，电离首先发生在曲率半径最小的针尖处、电场强度最大的地方。此时，气体分子就会出现电子跃迁，从低能级跳到高能级，当它们从不稳定的高能级退回到低能级时，则释出能量而成形晕光，称为"电晕"。由于针极为负极，故空气中的正离子被负电极吸引，集中在电晕套内层针尖附近。负离子则集中在电晕套外围，并有相当数量的负离子向对面的正极板运动，这个负离子流正好流经产品并与之发生作用。不仅如此，电晕放电中还有一部分氧分子形成臭氧分子，因此，高压电场处理不只是电场的单独作用，还包括负离子和臭氧的作用。负离子和臭氧有以下几方面的生理效应：

1. 延缓衰老

把果蔬看成一种生物蓄电池，采后的一系列生理生化变化及衰老过程的实质是电荷不断积累和工作的过程（主要是正电荷）。通过空气中的负离子干扰果蔬的电荷平衡，即中和果蔬所带的正电荷，使其生理活动减缓和减弱，即可延缓其衰老过程。

2. 减少乙烯的致熟作用

臭氧具有极强的氧化能力，可使果蔬释放的乙烯被氧化破坏。

3. 灭菌

负离子和臭氧对各种病原菌产生强烈的抑制作用和致死效应。

（三）负离子和臭氧处理

当只需要负离子或臭氧的作用而不要电场的作用时，产品不放在电场内，而是采用负离子发生器。在负离子发生器中通过电晕放电使空气中气体分子电离，借助风扇将离子空气吹向产品，使产品在电场之外受到负离子或臭氧的作用。

实训 4 园艺产品贮藏环境中氧气和二氧化碳的测定

一、实验目的

通过实训使学生掌握贮藏环境中的氧气和二氧化碳的测定方法。在气调贮藏时，氧气和二氧化碳的含量直接影响果蔬的呼吸作用，二者比例不适宜时，就会破坏园艺产品正常的生理代谢，缩短贮藏寿命，所以要随时掌握贮藏环境中的氧气和二氧化碳浓度的变化，使二者比例适宜，延长贮藏寿命。

测定园艺产品贮藏环境中氧气和二氧化碳的方法有化学吸收法和物理测定法，本实训应用的是氧气和二氧化碳物理测定法。

二、实验用具

便携式数字测氧仪（CY-12C）和便携式二氧化碳数字测量仪（GXH-3010）。

三、实验步骤

（一）氧气浓度的测定

使用便携式数字测氧仪（CY-12C）测定园艺产品贮藏环境中氧气的浓度。

1. 原理

本仪器采用电化学极谱法隔膜式电极为传感器，铂作为阴极，银-氯化银作为阳极，氯化钾作为电解液。隔膜的材料为聚全氟乙丙烯膜，此膜选择性透过氧。通过电极反应产生电极电流，此电流正比于气体中的氧含量，经模数转换和译码驱动，通过液晶屏显示出氧的百分含量。

2. 使用方法

将附件连接好，氧电极接嘴的一头接过滤器皮管，另一头接吸气球皮管。如果在正压力条件下使用，将吸气球取下。

（1）定标　以新鲜空气定标，精度一般，将开关旋转到50档位置，稳定3 min左右（刚开机时数字由大到小下降，下降是电极的平衡过程，属正常现象）。捏动吸气球2～3次，吸入新鲜空气，调21%旋钮，使液晶屏显示21%。

（2）标准气法　将标气流量调整在200～500 L/min，通入氧电极，3 min后调整21%旋钮，使显示器至标气的测定值，测量氧气浓度大于50%时，需要用纯氧定标99.6%。

当仪器定标完成后，可进行现场检测，把取样装置一头与被测气体出口连接，另一头连接吸气球，捏动吸气球3～4次，待读数稳定后即可得到被测气体中的氧含量。根据范围选择适当的档位。检测结束后，将开关旋至"OFF"位置。

（二）二氧化碳浓度的测定

使用便携式二氧化碳数字测量仪（GXH - 3010），测定园艺产品贮藏环境中二氧化碳的浓度。

1. 原理

本仪器是根据比尔定律和气体对红外线的选择性吸收原理而制成的。采用时间双光束系统，气体滤波，InSb半导体检测器，泵吸主动式采样方式。

本仪器是用于测量环境中的二氧化碳浓度的专用仪器，仪器为线性化输出，直接读浓度值，液晶显示，保证三位有效数字，精度为二级。

2. 使用方法

（1）启动　交流供电时，将稳压电源的插头插在仪器侧面板"外接"插孔处，按下"POWER"（电源）开关，红色指示灯亮，将"TEST"（检查）开关向上扳动，仪器表头指示为电源供电。外接电源时，电压要大于6 V。电池工作时，电压要大于5.8 V，否则要给仪器充电。如果电源检查正常，则将"TEST"开关扳下，预热5～10 min。

（2）校零点　将仪器侧面板上的圆形切换旋钮沿顺时针方向拧到"零点"位置，打开"PUMP"开关，黄色指示灯亮，并可听到泵在工作，大约15 s，若表头指示值不是零，转动前面板"零点"电位点，将指示值调为"0"。

（3）终点　仪器随机带有一小瓶低压铝合金瓶瓶装标气，使用时，需将泵开关关闭，并且将切换旋钮逆时针旋转到"测量"位置，然后将铝合金小气瓶嘴对准仪器"IN"，轻轻一顶气瓶底部，可听到"嘶"的一声，时间为0.5～1 s。约20 s后，指示稳定，如标称浓度为小瓶标气的数值，可不必调整。差异较大时，用随机附带的螺钉旋具调整"SPAN"电位器，将指示值调整在标气有效范围之内即可。

（4）测量　将取样器接在仪器入口，打开泵开关，便可将被测环境的气体充入仪器内，从显示器上直接读出被测样品的二氧化碳浓度值。测量下一个数据时，不必回零，将取样器读杆指向被测处，即可读出被测值。一般情况下，工作1 h后，应检查零点。

四、作业

每4人一组进行实验，并将实验过程和结果进行总结，写出实验报告，要求有操作要点。

实训5 当地园艺产品贮藏主要情况调查

一、实验目的

通过参观访问、调查研究，了解当地主要园艺产品贮藏库的种类及结构性能、贮藏方法及特点、贮藏品种、贮藏条件、管理技术和贮藏效果，以及贮藏中出现的问题，以增加对果蔬贮藏的认识与理解。

二、实验原理

贮藏设施是园艺产品采摘后延续生命的场所，能提供园艺产品贮藏保鲜所需的条件，是影响果蔬采后减损、保值、增值的基础和前提条件。新鲜园艺产品贮藏时，应根据产品生物学特性，提供有利于产品贮藏所需的适宜环境条件，并且降低导致新鲜园艺产品质量下降的各种生理生化及物质转变的速度，抑制水分的散失，延缓成熟衰老和生理失调的发生，控制微生物的活动及由病原微生物引起的病害，达到延长新鲜园艺产品的贮藏寿命、市场供应期和减少产品损失的目的。园艺产品贮藏方式包括常温贮藏、机械冷藏、气调贮藏和新技术在贮藏中的应用。不同的种类和品种采用不同的贮藏方法。通过对当地主要贮藏设施性能指标的调查，了解当地贮藏设施性能及水平情况。

三、实验用具与资料

卷尺、温度计、当地气候条件数据统计，以及当地园艺贮藏品种和规模。

四、实验步骤

1. 确定贮藏设施性能指标

1）贮藏冷库的建筑材料、隔热材料（库顶、地面、四周墙）的性质和厚度。

2）防潮隔气层的处理（材料、处理方法和部位）。

3）控温性能：能提供的温度范围和控制温度条件的方式。

4）控湿性能：能提供的湿度范围和控制湿度条件的方式。

5）气体调节性能：能提供的气体成分范围和控制气体成分的方式。

6）保温性能：保持温度的能力、保温材料的使用、保温方式。

7）通风性能：通风换气的能力，通风门、窗、进气孔、出气孔等的结构、排列、面积、分布情况。

8）气密性能：保持气密性的能力、气密材料的使用、气密方式。

9）库容积：贮存产品的能力。

10）辅助性能：照明、防火、避雷、防鼠、贮藏架、包装、称量等设施。

2. 实地调查

1）对当地主要贮藏设施进行普查摸底，确定重点调查对象。调查对象要呈典型性分布，力求涵盖尽可能多的贮藏设施类型。

2）通过实地考察、询问等对贮藏设施性能进行调查，并做详细记录。

3）了解贮藏设施的使用情况、贮藏要求及效果、管理措施、贮藏及贮藏辅助技术的应用情况。

五、作业

1. 对当地主要贮藏设施性能进行调查，并做详细记录，完成调查报告。
2. 试对当地贮藏设施水平及其使用水平进行评价。

学习小结

园艺产品的采后贮藏是根据园艺采后的生理特性，创造适宜的贮藏环境条件，维持园艺产品正常的新陈代谢，减少采后各种病害的发生和营养损耗，保持园艺产品的新鲜状态，延长园艺产品的供应时间。

园艺产品的贮藏方式很多，根据贮藏温度的控制方式分为自然降温和人工降温贮藏。前者常用的有堆藏、窖藏、通风库贮藏等，一般设施简单、费用低，但贮藏时间短。后者主要有机械冷藏、气调贮藏等，特点是贮藏量大、投入成本高、贮藏时间长、效果好。

各种贮藏方式均有各自不同的特点，在生产中应根据园艺产品的采后生理特性和对园艺产品品质的要求，结合各地的实际情况，选择适宜的贮藏方式，达到既能实现贮藏保鲜，满足园艺产品的市场供应需求，又能减少损耗，提高经济效益，延长园艺产品生产的目的。

学习方法

1. 园艺产品的贮藏方式比较多，学习过程中要对各种方式进行比较，抓住主要特点。要深刻领会不同贮藏方式的特点，灵活学习。无论是传统方式还是贮藏的新方式，都要根据当地的具体情况，因地制宜地采用成本低、效益高的贮藏方式。

2. 从常温贮藏、机械冷藏、气调贮藏、减压贮藏的原理、方式、特点去掌握各种贮藏方式之间的区别，也要与当地生产中所采取的方式相结合，加强记忆。

3. 关于低压贮藏、辐射贮藏、物理保鲜技术、生物保鲜技术的相关知识，要通过讲座、网络资源、录像资料等各种渠道去掌握。

目标检测

1. 常温贮藏的方式有哪些？特点是什么？
2. 机械制冷的原理是什么？有哪几种冷却方式？各有什么优缺点？
3. 气调贮藏的原理是什么？气调贮藏的方式有哪些？如何管理？
4. 比较各种贮藏方式的结构性能、方法、类型、管理的异同点。

项目③ 常见园艺产品贮藏技术

学习目的

通过对贮藏方式、贮藏原理、管理要点等相关内容的学习，为学习园艺产品的贮藏打下基础，也为掌握园艺产品贮藏的条件控制奠定基础。

知识要求

掌握仁果类、浆果类、干果类、柑橘类等果品的贮藏特性、贮藏方式及贮藏技术要点；掌握根菜类、茎菜类、果菜类、叶菜类等蔬菜的贮藏特性、贮藏方式及贮藏技术要点；掌握月季、百合、香石竹、菊花、唐菖蒲、郁金香的贮藏特性。

【教学目标】

使学生了解果品、蔬菜、花卉主要品种的贮藏特性、适宜的贮藏方式、贮藏条件、贮藏病害及其控制措施；重点掌握当地主要果品、蔬菜、花卉的贮藏技术，并能应用于生产实践。

【主要内容】

掌握常见果品、蔬菜、花卉的贮藏特性、最适宜的贮藏方式；了解采用不同的贮藏方式贮藏这些园艺产品的效果，同时掌握园艺产品贮藏保鲜的新技术。

【教学重点】

果品中仁果类、核果类、浆果类，蔬菜中根菜类、茎菜类、果菜类、叶菜类，以及花卉中月季、百合、香石竹、菊花等的贮藏保鲜技术。

【内容及操作步骤】

任务1 常见果品的贮藏

果品种类繁多，生长发育特性各异，其中很多特性都与采后成熟衰老变化密切相关，因而对贮藏产生一定的影响。良好的贮藏对于保证果品的周年供应有重要意义。

影响果品贮藏期长短的因素很多，其中最主要的是果品本身的呼吸作用及其相关因素。采收后的果品仍是活着的有机体，在贮藏期间继续进行着复杂的代谢活动。其中，呼吸作用造成果品体内营养物质被消耗，导致果品品质下降，抗病性减弱，微生物生长繁殖，以至果品腐败变质。

果品贮藏的基本原理就在于有效地调节影响呼吸强度的因素，从而达到控制果品呼吸的目的。

为了做好果品的贮藏保鲜工作，首先要选择优良的品种，给予适宜的栽培条件，以获得优质、耐贮藏的产品。其次是做好采收、运输、商品化处理等各项工作，创造适宜的贮藏条件，这样才能取得延缓衰老、降低损耗、保持质量的效果。

一、仁果类产品的贮藏

仁果类的果实中心有薄壁构成的若干种子室，室内含有种仁。可食部分为果皮、果肉。仁果类包括苹果、梨、山楂、枇杷等。下面以苹果、梨的贮藏为例介绍仁果类产品的贮藏技术。

（一）贮藏特性

1. 苹果

苹果品种很多，目前全国有几十个栽培品种，其中主栽品种有十几个。苹果按成熟期可分为早熟、中熟、晚熟品种。各品种由于遗传性所决定的贮藏性和商品性状存在着明显差异。

早熟品种成熟期在 6 月至 7 月初，主要品种有黄魁、红魁、特早红、早金冠等。由于其生长期短，采后呼吸旺盛，内源乙烯发生量大，一般耐贮藏性差，采后应立即上市。

中熟品种成熟期在 8 月至 9 月初，主要有红玉、红星、首红、金冠、华冠、元帅、鸡冠等。因生育期适中，这些品种较耐贮藏。冷藏条件下，可贮藏至第二年的 3 ～ 4 月。

晚熟品种成熟期在 10 月至 11 月初，如国光、印度、青香蕉、富士、秦冠、向阳红、胜利等。这些品种果实糖分积累多、组织紧实、耐贮藏性好，采用冷藏或气调贮藏，贮期可达 8 ～ 9 个月。

苹果品种不同，贮藏中发生的病害也不同。例如，元帅、红星贮藏后果肉易发绵，青香蕉、印度、元帅等易生虎皮病，红玉则易生斑点病和发生果肉褐变等。

2. 梨

我国栽培梨的种类和品种很多，根据其产地、果皮颜色等分为秋子梨、白梨、砂梨、西洋梨四大系统，各系统及其品种的商品发送和耐贮藏性有很大差异。根据果实成熟后的肉质硬度，可将梨分为硬质梨和软质梨两大类，白梨和砂梨系统属硬质肉梨，秋子梨和西洋梨系统属软肉梨。

西洋梨系统的巴梨、康德梨等，采后因肉质易软化而不耐藏。

秋子梨和砂梨系统中除南果梨、京白梨、今村秋梨较耐贮藏外，多数品种也不耐贮藏。白梨系统的果肉脆嫩多汁，耐贮藏性较好，可以贮至次年 3 ～ 7 月。一些梨采收时酸涩粗糙，必须经过长期贮藏，待品质改进后方能食用，如河北的安梨和辽宁的红霄梨，都极耐贮藏。

（二）贮藏的适宜条件

1. 温度

苹果、梨在贮藏中，其生理活动、水分蒸发、病害发生都与温度有关。因此，保持适宜的贮藏温度，是保证贮藏质量和贮藏寿命的关键因素。

一般苹果汁液的结冰点平均为 -1.4 ～ -2.78 ℃，大多数苹果品种的贮藏适温为 -1 ～ 0 ℃，适宜的低温可使苹果病害的发病率减轻。贮温过低，则易引起果实冷害或冻害，如旭、玉霞等品种，适宜的贮藏温度是 2 ～ 4 ℃。同一品种，不同地区和年份生产的果实，对低温的敏感性不同，贮藏温度应有所差异。

梨汁液的平均结冰点为2.1 ℃，其贮藏温度为 –1~1.5 ℃。中国梨是脆肉品种，贮藏期不宜冻结，即使轻微冻结，解冻后果肉脆度会很快降低。因此，鸭梨、雪花梨、酥梨等适宜贮藏的温度为0 ℃，大多数西洋梨品种为 –1 ℃。

采用梯度降温，可以避免低温对苹果、梨产生的伤害。但缓慢降温对延缓果实衰老和控制后期黑心病的发生不利。

2. 相对湿度

苹果贮藏的相对湿度以85%~95%为宜。贮藏湿度过大，同样加速苹果衰老和腐烂，也增加了真菌病害的发生，使腐烂损失加重。

梨贮藏的适宜相对湿度为90%~95%。

3. 气体成分

对于苹果气调贮藏的适宜条件，不同品种对温度、气体成分要求不同，必须通过试验和生产实践来确定。

低浓度氧气高浓度二氧化碳对保持梨的色泽、硬度及品质风味有较好的效果。但梨对二氧化碳极敏感，贮藏时应严格控制二氧化碳含量。此外，梨对二氧化硫、氯气也较敏感，贮梨的库房在消毒后应及时通风换气。

（三）采收期与贮藏寿命

过早采收，果实风味及色泽差，自然损耗大；过晚采收，则易发生果肉发绵、衰老褐变等微生物引起的病害，耐贮藏性较差。

应根据品种、贮藏期、运输距离及该品种易发生的主要病害来决定果实采收期。例如，苹果和梨的早熟品种，采后应立即上市，也可适当晚采；而对贮期较长或进行气调贮藏的晚熟品种，可提早几天采收。

白梨系统品种确定采收期的标准为：果面呈现本品种固有色泽，肉质由硬变脆，种子颜色变为褐色，果皮颜色黄中带绿，果肉硬度达到55.5 kg/cm²，可溶性固形物含量在10%以上。当80%的果实达到上述采收标准时，即为适时采收期。而对西洋梨品种，可用碘-碘化钾方法来确定采收期。梨接近成熟时，淀粉含量逐渐降低，当大部分梨的60%剖面均变为蓝色时，即为适宜采收期。

（四）预冷、贮藏方式与管理措施

1. 预冷

刚采收的苹果和梨呼吸旺盛，呼吸热释放较多，加之果实带有田间热，使果温高于气温，必须采取措施使果实迅速冷却，生产上称为预冷。

苹果和梨预冷的方法各地做法不同。山东烟台地区采用露天预冷，陕西关中地区则采取凉棚预冷。

2. 贮藏方式与管理措施

（1）沟藏 沟藏广泛用于晚熟苹果的贮藏。在果园地势高燥、背阴、地下水位在1 m以下的地方，沿东西向挖沟。贮藏前，将沟底整平，并铺上细沙，可洒水增湿。地沟应充分预冷。果实分段堆放。随气温下降，分次加厚覆盖层。

近年来，人们将采后果实经预冷后装入聚氯乙烯薄膜袋后放入地沟贮藏。

（2）窖窖贮藏 窖窖贮藏从一般土窑洞发展成隔热层砖墙加固窑洞，由自然通风发展为机械强制通风和机械制冷。

苹果采收后经预冷，用箱装、筐装，也可进行简易气调贮藏。

窖藏苹果以早晨入窖为好。果实入贮后，当外界温度低于洞内温度，即打开窖门和通风口让外界冷空气进入洞内使库内温度降低；而当外界温度高于内部温度时，封闭窖门和通风孔。

冬天，在洞内贮果部分的最前部下方应设测温点，只要控制温度高于 −3 ℃即可。下雪后，可在洞内堆雪，蓄冷增湿。

贮藏鸭梨常用棚窖，果实入窖初期，门窗敞开，利用早晚较低气温通风换气。当窖温降至 0 ℃时将门窗关闭，并随气温的降低，窖顶分次加厚覆土，最后达 30 cm 左右。

（3）通风库贮藏　通风库是苹果产地和销地应用较广泛的贮藏场所。苹果采收后应进行预冷，待库温降至 10 ℃时，挑选无伤果装箱、装筐后入库。

在通风库顶或侧墙上安装排风扇，可加快降温速度。果筐（箱）在库内的堆码方式以花垛形式为好。垛底垫枕木或木板，果垛之间、垛与墙壁之间应留间隙和通道，以利通风和操作管理。通风库的管理主要是调节库内的温度和湿度。

（4）机械冷库贮藏　苹果、梨采收后，应尽快（1～2 天）进入冷库，3～5 天内将果温冷却到 −1～0 ℃。码垛时，不同种类、品种、等级、产地的苹果和梨应标明，分别码放。垛底应用枕木垫起 20 cm，箱、筐间要留适当空隙，垛顶距库顶留 60～70 cm 的空隙，以利通风。靠近蒸发器处及垛顶应加盖覆盖物，以免冻伤果子。

冷藏库的温湿度管理应由专人负责。

冷库内可用淋湿吹风，库内采用喷雾、洒水或安装加湿器等方式提高湿度。梨对二氧化碳极敏感，应特别注意库内通风换气，以减少二氧化碳、乙烯等有害气体的积累。冷藏苹果、梨出库前几日应停止制冷，使果温逐渐上升，以免骤然升温致使果实表面产生水珠，导致腐烂，缩短货架寿命。

（5）气调贮藏　气调贮藏具体内容如下：

1）塑料薄膜袋（小包装）贮藏。在果箱或果筐中衬 0.04～0.06 mm 聚乙烯或聚氯乙烯塑料薄膜袋，装入苹果后扎紧袋口，入库贮藏。

在开始的 30 天中，袋内气体成分变化较大，应每天检测袋内气体成分；待稳定后，每 7 天测一次；12 月以后，每 15 天检测一次。袋内气体组成因贮藏物的品种而异：国光类品种为 3% 氧气和 12% 二氧化碳；红星类品种为 2% 氧气和 14% 二氧化碳。当袋内氧气低于规定指标时，应及时开袋放风。贮藏期间，在库房内选取代表袋，定期抽样检查果实质量。

2）塑料薄膜帐贮藏。在冷藏库、土窑洞或通风库内，用塑料薄膜帐将果垛封闭起来进行的贮藏称为塑料薄膜帐贮藏。也可在大帐上黏合上一定面积硅橡胶薄膜扩散窗，自发调节帐内的气体成分。塑料大帐贮藏常出现帐壁凝水现象，降低帐内湿度的关键是稳定帐内温度。

3）气调库贮藏。气调贮藏苹果，以晚熟品种为主，贮期为 6～12 个月。

果实可适当早采，经挑选、快速预冷（最好 24 h 内）后装入大木箱（300～400 kg/箱）中。

码垛时层间加隔板，木箱采用叉车移取、码放，尽快将库装满，迅速调节贮藏参数达到设计指标。贮藏期间，由计算机自动调控温度、湿度、二氧化碳、氧气等，专人定期抽查果品质量。

苹果气调贮藏，贮温可比一般冷藏高 0.5～1 ℃，低浓度氧气和高浓度二氧化碳，可保持较高的果实硬度。

（五）贮藏技术要点

1. 选择品种

苹果和梨都要选择商品性状好、耐贮藏的中、晚熟品种。梨中的鸭梨、酥梨、雪花梨、秋白梨、苹果梨等都是贮藏性好、经济价值高的品种，可进行长期贮藏，京白梨、苍溪梨、巴梨等的品质也较优良，在适宜条件下可贮藏 3～4 个月。

2. 适时采收

苹果是呼吸跃变型果品，所以要根据品种特性、贮藏条件、预计的贮藏期长短而确定适宜的采收期。常温贮藏或计划贮藏期较长时，应适当早采；低温气调贮藏、计划贮藏期较短的，可适当晚采。采收时尽量避免机械损伤，并严格剔除有病虫、冰雹、日灼等伤果。

梨的采收期要根据梨的种类、品种特性、成熟程度、食用方法及市场供应情况而定。过早或过迟采收的梨均不耐贮藏。

3. 产品处理

产品处理主要包括分组和包装等。严格按照市场要求的质量标准进行分级，出口苹果必须按照国际化标准或协议标准分组。包装采用定量的小木箱、塑料箱、瓦楞纸箱，每箱装 10 kg 左右。机械化程度较高的仓库，可用容量大约为 300 kg 的大木箱包装，出库时再用纸箱分装。不论使用哪种包装容器，堆垛时都要注意做到堆码稳固整齐，并留有一定的通风散热空隙。梨生产上的外包装都用纸箱包装，每箱 15～20 kg，纸箱要求科学、坚固、经济、防潮、精美、轻便。内包装是用包装物（如保鲜纸、保鲜袋等）对果实进行包装。

4. 贮藏管理

在各种贮藏方式中，都应首先做好温度和湿度的管理，使二者尽可能达到或接近贮藏要求的适宜水平。对于 CA（人工气调贮藏）和 MA（自发气调贮藏），除了调控温度和湿度条件外，还应根据品种特性，控制适宜的氧气和二氧化碳浓度。根据品种特性和贮藏条件，控制适当的贮藏期也很重要，千万不要因等待商机或滞销等原因而使苹果的贮藏期不适当延长，以免造成严重变质或腐烂损失。

梨在贮藏中，一些对低温较敏感的品种（如鸭梨、京白梨等）开始降温时不能太快，应采用缓慢降温，即果实入库后将温度迅速降到 12 ℃，1 周后每天降低 1 ℃，至 0 ℃ 左右时贮藏，降温过程总共约 1 个月。目前，长期贮藏的梨大多数为白梨系统，它们对二氧化碳比较敏感，易发生果心褐变，故气调贮藏时必须严格控制二氧化碳浓度，使其小于 2%，普通冷库或常温库贮藏期间也应定期通风换气。

5. 产地选择

无论是苹果还是梨的贮藏，产地的生态条件、田间农业技术措施及树龄和树势等都是不可忽视的采前因素。选择优生区域、田间栽培管理水平高、盛果期果园的苹果是提高贮藏效果的重要条件。我国山东、陕西、山西、河南、辽宁、甘肃等苹果主产省中，各地都有苹果的适生区域，贮藏时根据苹果产地可就近选择贮藏地。就全国而言，西北黄土高原地区具有适宜苹果生长发育的光、热、水、气资源，是我国乃至世界的苹果优生区域，可为内销外贸提供大量的鲜食苹果货源。

二、核果类产品的贮藏

核果是肉质果的一种，由一至多心皮组成，种子常为 1 粒，内果皮坚硬，包于种子之外，构成果核。

桃、李、杏、樱桃都属于核果类果实。这类果实色鲜味美，成熟期早，对调节晚春和伏夏市场供应起到了重要作用。这类果实成熟期正值一年中气温较高的季节，果实采后呼吸十分旺盛，很快进入完熟衰老阶段。因此，此类产品一般只做短期贮藏。

（一）桃、李的耐藏性

桃、李果实中都含有硬核，在果实发育及采后生理方面有着共同的特点，并且也都是呼吸跃变型果实，因此，它们有着基本相似的贮运保鲜技术措施。

一般晚熟品种比早、中熟品种耐贮藏。

水蜜桃一般不耐贮藏，而硬肉桃中的晚熟品种，如山东青州蜜桃、肥城桃、中华寿桃、陕西冬桃、河北的晚熟桃，以及李中的黑龙江牛心李及河北冰糖李的耐藏性均较好。桃、李属呼吸跃变型果实。桃采后具双呼吸高峰和乙烯释放高峰，呼吸强度高，乙烯释放量大，组织中果胶酶、纤维素酶、淀粉酶活性很高，果实变软败坏迅速。这是桃、李不耐贮藏的重要生理原因。

桃、李适宜的贮藏温度为 0～1 ℃，相对湿度为 90%～95%。桃又对低温特别敏感，0 ℃ 贮藏 3～4 周后易发生冷害。若湿度过大，冷害症状更严重。桃采后在裸露条件下失水十分迅速，故桃贮藏应保持较高的相对湿度。桃在氧气浓度达 1%～3% 和二氧化碳浓度达 4%～5% 的气调条件下，贮期可达 6～9 周。氧气浓度达 3%～5% 和二氧化碳浓度达 5% 为李的适宜气调条件。李对二氧化碳较敏感，长期高浓度二氧化碳易引起果顶开裂。

（二）采收与包装

用于贮运的桃应在果实充分肥大，呈现固有色泽，略具香气且肉质尚紧密，八成熟时采收。李应在果皮由绿转为该品种特有颜色，表面有一薄层果粉，果肉仍较硬时采收为宜。采后果实可用木箱内衬包装纸或塑料盘，也可用纸箱包装，每果用纸包装，整齐紧密地放入纸箱，每层中间加隔板。

（三）预冷、贮藏技术与管理措施

1. 预冷

在果实采集 2～3 h，最迟 24 h 内冷却到 5 ℃ 以下。预冷方法有冷风预冷和 0.5～1 ℃ 冷水冷却，后者效果更佳。

2. 贮藏技术与管理措施

桃在 0～3 ℃ 且相对湿度达 90% 条件下，可贮藏 2～4 周。

国外推荐采用 0 ℃，11% 氧气 +5% 二氧化碳贮藏油桃，贮藏期可达 45 天。

国内桃贮藏多采用桃专用保鲜袋进行简易气调贮藏。

李在温度 0～1 ℃ 且相对湿度达 85%～90% 条件下，用 0.025 mm 的聚乙烯薄膜袋包装，贮藏期可达 20～30 天，果实商品性不降低。李在 −0.5 ℃、1% 氧气及间歇升温情况下，贮藏期可得到延长。

（四）贮藏病害及防治

1. 侵染性病害

桃、李贮藏期间侵染性病害有褐腐病和软腐病。常采取以下防治措施：

1）加强采前田间病害防治及用具消毒。采前用 1000 mg/L 多菌灵、65% 代森锌 500 ~ 600 倍液、70% 的托布津 800 ~ 1000 倍液等药剂喷果处理。

2）尽量减少机械伤的发生。

3）快速预冷。采后快速降温有利于控制侵染性病害的发生。

4）钙处理。用 0.2% ~ 1.5% 的氯化钙溶液浸泡 2 min 或真空浸泡数分钟，沥干液体，裸放于室内，对中、晚熟品种可提高耐贮性和抗病性。

5）杀菌剂浸果。采后用 50% 扑海因 1000 ~ 2000 倍液、900 ~ 1200 mg/L 氯硝胺、1000 mg/L 特克多浸果，可有效防治褐腐病、软腐病的发生。

6）热处理。用 52 ℃ 恒温水浸果 2 min，或者用 54 ℃ 蒸气保温 15 min，可杀死病原菌，防止腐烂。

2. 生理病害

桃、李对温度较敏感。桃在 0 ℃ 下冷藏时，在 3 周内一般发病较少。当延长贮藏期后，在低温下，桃果皮色泽无异常，但自冷库移至室温下几天即表现出病害症状。果肉褐变，组织发糠，并有异味，此种现象在 4.5 ℃ 贮藏比 0 ℃ 时发病更快，常常 7 ~ 10 天出现。一般未成熟果易发病，温度在 2.2 ~ 7.2 ℃ 时，特别有利于该病的发生。

控制桃、李低温冷害的措施：选择成熟果贮藏；在低温下不宜长期贮藏；冷藏中定期升温、低温气调结合间隙升温处理、两种温度贮藏。

桃、李果实对二氧化碳很敏感，在贮藏过程中要注意保持适宜的气体指标。

三、浆果类产品的贮藏

浆果是由子房或连合其他花器发育成柔软多汁的肉质果，果皮的三层区分不明显，果皮外面的几层细胞为薄壁细胞，其余部分均为肉质且多汁，内含种子，如香蕉、葡萄、番茄、柿子、草莓等。

（一）香蕉

1. 贮藏特性

香蕉是典型的呼吸跃变型果实，跃变开始，果实呼吸强度在 1 ~ 2 天突然上升 3 ~ 5 倍，需氧量急剧增加，乙烯释放量也同步上升，水分蒸发量几乎成直线增加，同时果实内部也发生了一系列的化学变化。香蕉呼吸高峰一旦到来，贮藏寿命便宣告结束。

香蕉对乙烯非常敏感，只要环境中存在微量乙烯（1×10^{-7} ~ 1×10^{-6} μL/L），足以引发呼吸高峰，启动香蕉的后熟。故抑制乙烯生成或排除环境中的乙烯，延缓果实呼吸跃变的到来，是香蕉保鲜的关键。

影响香蕉耐运的因素有果实品种、成熟度、生长季节、机械伤等。例如，广东的高把蕉比矮把蕉耐贮藏，冬蕉比夏蕉耐贮藏。

2. 香蕉贮运流程

采收→去轴落梳（果穗倒挂，不着地）→选果（减少机械伤，去除蕉乳、残果，剔除伤果、残次果）→防腐处理（噻菌灵、苯菌灵或异菌脲，0.1%）→包装（称重，15 ~ 16 kg/箱或 25 kg/箩，内衬塑料薄膜）→运输（13 ~ 15 ℃ 或常温）→催熟（熏香或乙烯、乙烯剂）→销售。

（1）采收　香蕉在生长成熟期主要积累淀粉，单宁含量也较高，不仅不甜、不香，还有涩味，经过后熟或催熟，淀粉水解为糖，颜色由绿转黄，果实变软，涩味消失，香气浓郁，方宜食用。生产上判断香蕉成熟度的方法主要依据棱角的饱满度或断蕾后的天数。当果面棱角明显突出时，成熟度在七成以下；当果面接近平满时，成熟度约为八成；当果面圆满无棱时，成熟度在九成以上。用于长途运输的香蕉应在七、八成熟时采收。也可根据蕉果的生长天数判断成熟度。例如，5~6月断蕾的蕉果应65~80天后采收，而7~8月断蕾的则应90~100天后采收。

采收时需要两人合作，一人托果穗，一人砍倒果轴，使果穗直接落到肩上，然后放在衬垫有柔软物的地方。

（2）去轴落梳　由于蕉轴含有较高的水分和营养物质，而且结构疏松，易被微生物侵染而导致腐烂，而且蕉轴约占香蕉总重的9%~12%，带蕉轴的香蕉运输、包装均不方便，因此，香蕉采后一般要进行去轴落梳，去轴后可节省包装。

去轴落梳时，可将香蕉吊起或竖起，用半弧形落梳刀分割，刀口必须平整；也可直接在水池中落梳，以减少机械伤。

（3）防腐保鲜　国内外处理香蕉的杀菌剂有多菌灵、托布津、特克多、苯莱特、戴唑霉和扑海因。将整理好的梳蕉放入药液中浸约30 s，晾干后进行包装贮运，可有效减少果实病害。

1）生理病害

①冷害。香蕉贮运过程中遇低温（<11 ℃）所引起的伤害称为冷害。在贮运香蕉时，应严格控制贮运温度，尤其冬季运往北方的蕉果，应特别注意保暖防冻。受低温伤害较轻的果实，应立即催熟、出库销售。②二氧化碳伤害。香蕉常温贮运时（尤其温度达35~38 ℃），呼吸作用成倍增长，导致二氧化碳大量产生，易引起果实伤害，此类称为二氧化碳伤害。蕉果采后应立即冷却以除去以田间热，加强贮运环境的通风。

2）侵染性病害

① 香蕉轴腐烂。去轴落梳可从根本上解决香蕉轴腐烂的问题。也可用0.1%的多菌灵或托布津进行防腐处理。

② 果柄腐烂。减少果柄机械伤是防治果柄腐烂的关键。用0.1%的噻苯咪唑或苯来特处理，效果较好。

③ 蕉果炭疽病。蕉果上的炭疽病大致可分潜伏型和非潜伏型。贮运中，应重点防治香蕉非潜伏型炭疽病。在采后处理中，应尽量减少机械伤的产生。采后用噻苯咪唑、多菌灵、苯来特、抑霉唑、托布津液浸洗蕉果，浓度为0.1%，也可用5×10^{-4}扑海因和5×10^{-4}特克多混合液处理，均可达到较好的防治效果。

（4）包装　通常采用瓦楞纸箱、木箱或竹箩，内衬0.03~0.05 mm薄膜进行香蕉包装。国外多用套盖式瓦楞纸箱（10~15 kg/箱）包装。包装内可放一定量的乙烯吸收剂，以防蕉果后熟变黄。在袋内加蕉果重的0.8%熟石灰吸收过量的二氧化碳，以避免发生二氧化碳伤害，延长香蕉的绿熟期。

（5）贮运　香蕉适宜的贮运温度为11~13 ℃，相对湿度为85%~95%，适当提高环境中的二氧化碳含量（5%~7%），以及降低氧气和乙烯浓度，均有利于延长香蕉贮运寿命。

3. 催熟

（1）乙烯利催熟　用乙烯利溶液浸果或喷果，放于催熟房中待熟。通常浸果和喷果使用的乙烯利浓度为 500 ~ 1000 mg/L。乙烯利浓度太高，蕉果成熟快，容易脱梳。该方法是国内常用的催熟方法。

（2）乙烯催熟　在密闭的催熟房，用乙烯气体进行催熟，乙烯的浓度为 200 ~ 500 mg/L。乙烯可由碳化钙（乙炔石、电石）加水反应产生，也可由乙烯发生器用乙烯利或酒精产生。这是国外大型催熟房采用的方法。

（二）葡萄

葡萄属呼吸非跃变型果实，采后没有后熟过程，在气候条件允许的情况下，采收期应尽可能延迟。越晚采收的葡萄，含糖量越高、果皮越厚、韧性越强、着色越好、果粉形成越充分，果实越耐贮藏。要进行贮藏的葡萄采前 7 ~ 10 天必须停止灌水，使葡萄中的含糖量增加。采前大量灌水或遇阴天连雨，葡萄容易腐烂，不利于贮藏。葡萄宜在天气晴朗、气温较低的清晨和傍晚采摘。小心剪下果穗，剔除果穗上的病虫果及劣果，装入衬 3 ~ 4 层包装纸的箱或筐等容器中，装满装紧，以防晃动，上覆几层纸后加盖封包。若就地贮藏，则将葡萄先码放在阴凉处进行预冷，尽量散去田间热，使葡萄随着气温的下降而冷却，直到露地出现轻微霜冻时，才将葡萄下窖贮藏，在箱或筐上铺 3 ~ 4 层纸再封盖。

1. 葡萄品种与耐藏性

我国葡萄品种很多，果皮厚、肉质较硬、含糖量高、果面有蜡质和粉质覆盖的中晚熟品种耐贮藏，如龙眼、紫玫瑰香等。河北宣化的李子香、黑龙江的美洲红和红香水（卡托巴）等品种耐贮藏性好；黑贝蒂和巨峰、夕阳红、黑奥林等品种耐贮藏性中等；白色葡萄在搬运和贮藏过程中容易受伤而褐变，如无核白、耐格拉葡萄等品种，果粒极易脱落或果柄易断裂，是较难贮藏的品种。

2. 贮藏方法与管理措施

葡萄的贮藏温度以 −1 ~ 0 ℃为宜。含糖量越高，结冰点越低，大部分葡萄品种在 −2 ℃时不会结冰，甚至在轻微结冰之后，葡萄仍能恢复新鲜状态。葡萄需要较高的相对湿度，高湿条件可以避免葡萄失水，使葡萄保持新鲜外观。

葡萄贮藏在产区常在窖（或窑洞）或室内贮藏，一般可以贮至春节；机械冷库贮藏葡萄可以贮到次年 5 月，甚至能延长到 7 月。

（1）冷库贮藏　葡萄采后要及时运往预冷库，迅速降温并保持 −1 ~ 0 ℃，库内的相对湿度应保持在 90% 以上。葡萄在贮藏中容易发生的主要问题是枯梗、掉粒和霉烂。当相对湿度较低时，果粒不易霉烂，但易失水皱缩，穗梗干枯，极易掉粒。而湿度太高，又容易引起真菌生长，造成腐烂。因此，在维持较高相对湿度的同时要采取防腐措施，控制微生物生长，减少果实腐烂。二氧化硫气体对葡萄灰霉菌等有强烈的抑制作用。

（2）窖藏　将采下来的葡萄装入衬有 3 ~ 4 层纸的筐或箱内，放在阴凉处，自然降温，散去田间热。筐（箱）下要垫枕木或砖头以利通风散热，筐上要加苇席遮阳，等外界气温下降出现霜冻后，将葡萄搬入窖内。利用外界自然低温降低贮藏窖内温度，窖温尽可能维持在 −1 ~ 0 ℃。应经常在地面上洒水，使相对湿度维持在 90% 左右。只要管理得当，一般能将葡萄贮藏到春节以后。有些葡萄产区采用在普通室内搭架贮藏的方法，即用木料搭成双层架，每层铺苇席，将葡萄一穗穗码在架上，厚度为 30 ~ 40cm，最上面要覆纸防尘。

3. 二氧化硫处理方法

用二氧化硫处理的具体方法是：将筐装或箱装的葡萄入库后码成垛，罩上塑料帐，以每立方米容积用硫黄 2 ~ 3 g 的剂量，使之充分燃烧成二氧化硫，熏 20 ~ 30 min，然后揭开塑料帐通风，10 ~ 15 天后再熏一次，以后每隔 1 ~ 2 个月熏 1 次。除了使用硫黄熏蒸以外，也可将钢瓶二氧化硫减压后充入塑料帐内，按二氧化硫占帐容积 0.5% 的比例（0 ℃下每千克二氧化硫汽化后体积约为 0.35 m³）熏 20 ~ 30 min，之后二氧化硫熏蒸剂量可降到 0.2% 或 0.1%。为了保证二氧化硫扩散均匀，码垛时箱间要留有空隙。

用二氧化硫处理的另一个方法是利用亚硫酸盐，如亚硫酸氢钠、亚硫酸氢钾或焦亚硫酸钠等，使其缓慢释放二氧化硫气体。目前，市场上出售的葡萄保鲜剂的主要成分就是这种能够缓慢释放二氧化硫的物质，使用时可按用量加放在包装箱内，不要直接与葡萄接触，可用纸隔开。亚硫酸氢钠吸水后会释放出二氧化硫，起到防腐作用。应该注意的是，葡萄因品种、成熟度的不同，忍受二氧化硫的浓度也不同。一般熏硫时，葡萄中二氧化硫的浓度在 10 ~ 20 mg/L 比较安全，浓度过低达不到防腐目的，浓度过高易使果粒褪色漂白。此外，二氧化硫易溶于水生成亚硫酸，对铁、锌、铅等金属有强烈的腐蚀作用，因此，冷库中的机械设备应涂抗酸漆保护，每年在葡萄出库后应检查清洗。二氧化硫对呼吸道和眼睛等有强烈的刺激作用，工作人员操作时应有防护面具，以保证安全生产。

四、柑橘类产品的贮藏

柑橘是橘、柑、橙、金柑、柚、枳等的总称。柑橘资源丰富，优良品种繁多，有 4000 多年的栽培历史，我国是柑橘的重要原产地之一。柑橘果实营养丰富，色、香、味兼优，即可鲜食，又可加工成以果汁为主的各种加工制品。柑橘类水果包括柑橘、柠檬、橘子、橙子、柚子等。

（一）贮藏特性

一般情况下，柠檬、柚耐贮藏性最强，其次为橙类，再次为柑类，橘类最不耐贮藏。同一种类的不同品种间的耐藏性不同，晚熟品种最强，其次是中熟品种，早熟品种最不耐贮藏；无核品种不如有核品种耐贮藏。

晚熟、果皮致密且油胞含油丰富，囊瓣中糖、酸含量高，以及果心维管束小是柑橘耐贮藏品种的特征。在适宜贮藏条件下，柠檬可贮 7 ~ 8 个月，甜橙为 6 个月，温州蜜柑为 3 ~ 4 个月，而橘仅可贮 1 ~ 2 个月。

（二）贮藏的适宜条件

1. 温度

柑橘贮藏的适宜温度因种类、品种、栽培条件及成熟度的不同而差异很大，生产上确定柑橘的贮藏温度需综合考虑各种因素，经试验后确定。

2. 相对湿度

大多数柑橘品种贮藏的适宜相对湿度为 80% ~ 90%，甜橙可稍高，为 90% ~ 95%。确定湿度时还应考虑环境温度，温度高时湿度宜低些，而温度低时湿度则可相应提高。日本贮藏柑橘的经验是：当贮温为 3 ~ 6 ℃时，相对湿度为 80% ~ 85% 对贮藏有利；当温度降低时，可保持相对湿度为 90%。

3. 气体成分

国内推荐的几种柑橘贮藏的气体条件是：甜橙：氧气含量为 10% ~ 15%，二氧化碳含量应低于 3%；温州蜜柑：氧气含量为 5% ~ 10%，二氧化碳含量应低于 1%，若环境中二氧化碳含量高于 1% 时，果实易发生水肿病，腐烂变质加快。

（三）采收时期及技术

柑橘果实应达适宜成熟度后再采收。短期贮藏的锦橙果实，采收指标应为色泽达 5 级（果皮色泽按统一的比色板级别分为 7 级），固酸比值为 9 : 1；若长期贮藏，则应在果面有 2/3 转黄，色泽达到 3 级，固酸比为 8 : 1 时采收。橘类以固酸比达（12 ~ 13）: 1 时采收为宜。美国得克萨斯州的甜橙固酸比达（9 ~ 10）: 1 时方可采收。采收时最好在无露的早晨、阴天或傍晚进行。果实成熟度不一致时，应采黄留青、从上到下、由外向内。采果人员必须修指甲、戴手套，用圆头果剪和采果袋。采摘时，第一剪距果蒂 1 cm，再齐果蒂剪第二剪，使果蒂平整、萼片完整。装果容器应加衬垫，采收后剔除病虫果、畸形果和伤果，并进行初步分果。

（四）果实贮前处理

1. 防腐处理

柑橘贮藏期的腐烂主要是由于果园感病或带菌引起的，采后进行防腐处理是柑橘贮藏前的必要措施。

美国佛罗里达州官方推荐的柑橘采后杀菌剂为苯菌灵、噻苯咪唑、邻苯酚类（邻苯酚及其钠盐）、山梨酸钾、仲丁胺、联苯。目前，生产上常用杀菌剂和 2,4-D（100 ~ 250 mg/L）混合液处理果实，具有护蒂、防腐、保鲜作用。药物处理应在果实采后 3 天内进行，以当天处理效果最佳。

2. 预冷

预冷具有散热、愈伤、发汗、减少柑橘枯水病的作用。方法是将采后果实置于干燥、阴凉、通风的场所，时间为 3 ~ 5 天。一般橙类预冷 2 ~ 3 天，失水约 3% 即可；厚皮柑橘类则以预冷 3 ~ 5 天，失水 3% ~ 5% 为好。

3. 塑料薄膜单果包装

用 0.015 ~ 0.002 mm 的塑料薄膜袋包装，拧紧袋口。

近年来，国外柑橘生产国已将此法改为机械塑料包封，即将柑橘果实装入热缩性塑料薄膜袋中（20 ~ 40 μm 聚乙烯膜），在 150 ~ 170 ℃高温下瞬间加热，然后冷却收缩而紧密地包裹在果皮上。

（五）贮藏方式与管理措施

1. 贮藏方式及管理

（1）地窖贮藏　地窖贮藏前将窖内整平，适当给窖内灌水，保持相对湿度为 90% ~ 95%，灭虫，杀菌。窖底铺一层薄稻草，果实沿窖壁排成环状。

贮藏初期，窖口上的板盖需留孔隙以降温排湿，当果面无水汽后，再将窖口盖住。

每隔 2 ~ 3 个星期检查一次，及时剔除腐果、褐斑、霉蒂、细胞下陷等果实。注意排除窖内过多的二氧化碳。此法贮藏甜橙 6 个月，腐烂率仅为 3%。

（2）地下库贮藏　地下库贮藏可概括为中温、高湿、动态气体成分，减少病菌侵入途径，抑制病害发生。果实出库后能保持较好的品质，货架期较长。

（3）通风库贮藏　通风库贮藏是目前国内柑橘产区采取的主要贮藏方式。

将预处理后的果实进行箱贮或架贮。最高层应距天花板 1 m 以上，以利于空气循环。

入库前，用硫黄熏蒸消毒。果实入库后 15 天内，应昼夜打开门窗和排气扇，加强通风，降温排湿。当库内湿度过高时，应进行通风排湿或用熟石灰吸潮。若库内湿度不足，可洒水补湿。

（4）留树贮藏　留树贮藏是在果实成熟以后，继续挂在树上至第二年 2~3 月。挂果期间，应对树体加强综合管理，喷施生长调节剂和增施有机肥。

2. 贮藏病害及防治措施

（1）生理病害　生理病害主要有以下几种：

1）褐斑病。褐斑病是橙类在贮藏过程中最普遍、最严重的生理病害。此病一般在橙类产品贮藏一个月左右出现，多数发生在果蒂周围，果身有时也出现。发病初期为浅褐色不规则斑点，以后病斑扩大，颜色变深，病斑处会出现凹陷干缩。

防治措施：维持适宜的贮藏温度、保持较高的相对湿度及采用塑料薄膜单果包装等方法，这些方法均利于降低褐斑病的发病率。

2）果肉枯水病。宽皮橘发病后表现为果皮发泡，皮肉分离，瓤瓣汁胞失水干缩，果重减轻，果肉糖酸含量下降，从而逐渐失去固有的风味，严重者食之如败絮。甜橙发病则表现为果皮油胞突出，失水严重时果实显著变轻，果皮变厚，白皮层疏松，皮易剥离，中心柱空隙增大，瓤瓣壁变厚而硬，汁胞失水，果实随着枯水加重而失去原有风味。

防治措施：采收前 20 天用 10~20 mg/L 赤霉素喷果，或者采后用 50 mg/L 赤霉素（可与其他非碱性防腐剂混用）浸果；适期采收，将采后果实置于 7~8 ℃、相对湿度为75%~80% 的条件下，使其失重 3%~4%，均有利于防止枯水病的发生。

3）水肿病。贮藏温度偏低、通风不良及二氧化碳积累较多均易发生水肿病。

防治措施：根据柑橘的品种特性，保持适宜温度，加强通风，排除过多的二氧化碳和乙烯，使库内二氧化碳不超过 1%。

（2）侵染性病害　柑橘侵染性病害造成的损失常迅速而严重，主要有蒂腐、青绿霉、炭疽病、酸腐和黑腐病等。

防治措施：①加强柑橘生长季节果实病害的综合防治，定期喷杀菌剂；②减少采收、分级、包装、贮运过程中机械伤的产生；③果实采后用杀菌剂结合 2,4-D 处理，这是目前控制柑橘真菌性腐烂的经济有效的方法。

五、坚果类产品的贮藏

（一）板栗的贮藏

板栗原产我国，分布很广，其主要产区集中于黄河流域的华北、西北和长江流域各省。板栗以河北省的产量最多，占全国总产量的 25%~30%，是我国著名的坚果，在国际市场上享有盛名，成为我国一项大宗出口商品。

板栗果肉为浅黄色，营养价值极高，含糖、淀粉、蛋白质、脂肪及多种维生素、矿物质。中国的板栗品种大体可分北方栗和南方栗两大类。北方栗坚果较小，果肉糯性，适于炒食，著名的品种有明栗、尖顶油栗等；南方栗坚果较大，果肉偏粳性，适宜菜用，品种有九家种、魁栗、浅刺大板栗等。

板栗采收季节的气温较高，其呼吸作用旺盛而导致果实内淀粉糖化，从而使品质下降，并且有大量的板栗因生虫、发霉、变质而损失掉。因此，要做好板栗的贮藏保鲜措施。

1. 贮藏特性

板栗有坚硬的外壳和含水分较少的种仁，属于呼吸跃变型果实，特别是在采后第一个月内，由于含水量高和自身温度高，淀粉含量高、水解酶活性强，呼吸作用十分旺盛，易发生霉烂、发芽及生虫等问题，故采后应及时进行通风、散热、发汗，使果实失水达 5% ~ 10%，减少腐烂霉变。

板栗在贮藏过程中既怕热、怕干，又怕水、怕冻。

从板栗品种的耐贮藏性来看，一般北方品种耐贮藏性优于南方品种，中、晚熟品种强于早熟品种。在同一地区，干旱年份的板栗较多雨年份的板栗耐贮藏。

板栗成熟的标准是坚果呈棕褐色，全树 1/3 以上的栗苞开裂。采收最好在连续几个晴天后进行，用竹竿全部打落，堆放数天后，待栗苞全部开裂后取出栗果。早熟品种在 8 月下旬至 9 月上旬成熟，中、晚熟品种在 9 月下旬至 10 月下旬成熟。采收时还应注意天气情况，下雨及雨后初晴或晨露未干时不宜采收，否则腐果严重，最好在连续几个晴天后进行采收。

板栗适宜的贮藏条件：温度为 0 ~ 2 ℃，温度过高会生霉变质，温度过低则会造成冷害；贮藏环境要求湿润，但不可太湿，一般相对湿度为 90% ~ 95%；气体成分以 10% 的二氧化碳和 3% ~ 5% 的氧气为宜。

2. 贮前处理

(1) 散热、发汗　应选择凉爽、通风的场所进行贮前处理，以利通风、降温。时间为 7 ~ 10 天。然后，将坚果从栗苞中取出，剔除病虫果及其他不合格果，再在室内摊晾 5 ~ 7 天即可入贮。

(2) 防虫　危害栗果的害虫主要是栗象鼻虫、栗食蛾和桃蛀螟，其卵产在未成熟的栗苞内，贮藏期间卵孵化后幼虫在果内蛀食危害。

防治方法：把栗果放入熏蒸箱或坛、缸等密闭容器内，用二硫化碳熏蒸杀虫，用量为 40 ~ 50 g/m³，时间为 18 ~ 24 h。因二硫化碳气体的密度比空气大，并且容易燃烧，故熏蒸时宜将盛药液的广口瓶容器放在栗堆上，使挥发气体下沉，达到灭虫的目的，但应注意烟火。也可用溴甲烷熏蒸，用量为 40 ~ 50 g/m³，时间为 3.5 ~ 10 h。此外，在塑料薄膜帐内充氮降氧，氧浓度下降到 3% ~ 5%，4 天后栗果内的害虫全部死亡。

(3) 防腐处理　危害栗果的主要病害是由黑根霉和毛霉菌的侵染而引起的，表现症状是在栗果上出现黑斑。

防治方法：除了短期采收以提高栗果的抗病性和采后预冷以减少霉菌的发生外，常用 0.05% 2,4-D 与托布津 500 倍液浸果 3 min，对减少腐烂有效。此外，在沙藏和冷藏袋中加放一定数量的松针，对霉菌有一定的抑制作用。

(4) 防止发芽　栗果具有强迫休眠的特性，栗果在贮藏期如遇 10 ℃ 以上温度就会发芽。

防止措施：采后 50 ~ 60 天用 25.2 Gy（吸收剂量）射线照射，或者用 1000 mg/L 青鲜素或 1000 mg/L 萘乙酸浸果，均可抑制栗果发芽；在栗果将要发芽（采后 30 ~ 50 天）时，用 2% 食盐 + 2% 纯碱混合水溶液浸洗栗果 1 min，然后装入容器，并加一些松针，也可抑制发芽。

3. 贮藏方法

（1）沙藏法　在南方，可选择阴凉的室内，先在地上铺一层干稻草，然后铺沙6~7 cm厚，沙的湿度以手捏不成团为宜。沙上放栗果，每层厚3~6 cm，如此一层湿沙一层栗果交互层放；或者一份栗两份湿沙混合堆放。层堆或混堆后还要覆沙3~6 cm，再覆干稻草。堆高以1 m左右为宜。在北方，可选择排水良好的场地，挖长方形的沟，宽1 m，深0.6 m，沟底铺5~6 cm厚的沙，放一层同样厚度的栗果，然后一层栗果一层沙交互层放，至离地面10 cm为止，最后封土培成屋脊形，以防雨水渗入。若贮量大，可以每隔1.5 m竖一个通风堆。堆后不必翻动，沙干时应喷水补湿，贮藏中要经常检查，以防发热或受冻。

（2）栗果室内贮藏　栗果也可贮藏在阴凉、干燥、通风的室内。先在地面堆10~13 cm河沙，然后将栗果堆高1~1.3m，堆上面加盖一层栗壳。每月翻动一次，保持上下湿度均匀。

（3）架藏法　在阴凉的室内或通风库中，栗果连筐堆码在竹架上，用聚乙烯大帐罩上，每隔一段时间揭帐通风1次，每次2 h。

（4）冷藏和简易气调贮藏　在库温0~1 ℃、相对湿度80%~85%条件下，用麻袋装（90 kg/袋）栗果，堆高6~8袋，留出足够的通道以利于降温和通风。也可采用薄膜帐或打孔薄膜袋进行简易气调贮藏。

（二）核桃贮藏

1. 采后生理

核桃为一种营养价值很高的干果，较耐贮藏。由于核桃的脂肪含量高，因而其易发生腐败。核桃贮藏期间脂肪在脂肪酸酶的作用下水解成脂肪酸和甘油，低分子脂肪酸氧化生成醛或酮有臭味，油脂在日光下可加速此反应。将充分干燥的核仁贮于低氧环境中可以部分解决腐败问题。

核仁种皮含有一些类似抗氧化剂的化合物，这些化合物首先与空气中的氧发生氧化，从而保护核仁内的脂肪酸不被氧化，在低温下能有效抑制油脂的败坏。

2. 采收与干燥

成熟的标准：青皮由深绿色变为浅黄色，部分外皮裂口，个别坚果脱落时即成熟。我国主要采用人工敲击方式于9月上旬采收。美国加州则采用振荡法振落采收，当95%的青果皮与坚果分离时，即可收获。

采收后的果实约50%容易自然脱出，可不用堆积。外皮尚未开裂的核桃则需堆起，并随时翻动以免果皮污染内壳，经5~7天青皮脱落后，用水洗净晾干后即可贮藏。贮藏的核桃，必须达到一定的干燥程度。脱去青皮后应不断地翻晒，晒至核仁皮色由白色变为金黄色，隔膜易于折断，内种皮不易和种仁分离为宜。

核桃干燥温度不宜超过43.3 ℃，否则易使核仁所含的脂肪败坏。

3. 贮藏方法

库房应事先进行消毒、灭虫。一般采用二硫化碳或溴甲烷熏蒸4~10 h，可防治核桃腐败。

通常把晒干的核桃装在麻袋里，置于普通的贮藏库内。库内要求冷凉、干燥、通风、背光，冷库贮藏效果更好。

采用塑料帐贮藏，核桃既可抑制呼吸而减少消耗，又可抑制霉菌而防止霉烂。例如，二氧化碳浓度达到20%～50%、氧气浓度为2%时，可防止由脂肪氧化而引起的腐败及虫害。

如果干燥后的核桃及时运入冷库，保持温度为1.1～1.7℃、相对湿度为70%～80%，则贮期可达2年。若帐内充入氮气，则贮藏效果更佳。

任务2　常见蔬菜的贮藏

一、叶菜类产品的贮藏

叶菜类产品包括白菜、甘蓝、芹菜、菠菜等。叶菜类产品的器官是同化器官，又是蒸腾器官，所以代谢强度很高，不耐贮藏。但不同产品对贮藏的条件也不一样，各有其特点。结球白菜、甘蓝是由不同叶龄的叶片组成的叶球，由幼龄叶和壮龄叶组成，没有衰老期，同时叶球有一定的休眠期，所以可以长期贮藏。

（一）大白菜的贮藏

1. 贮藏性状

耐贮藏的品种：抱头形白菜，品种有北京大青口、胶县大白菜、济南大根白菜等；圆筒形白菜，如天津青麻叶。不耐贮藏的品种：花心形白菜，这类白菜抗病性差。

一般中、晚熟的品种比早熟品种耐贮，青帮型比白帮型耐贮，青白帮型介于两者之间。栽培时在氮肥足够但不过量的基础上增施磷、钾肥能增加抗性而有利于贮藏。采收前要停止灌水。

2. 采收及处理

（1）适时采收　东北、内蒙古地区约在霜降前后，华北地区在立冬至小雪期间，江淮地区更晚。采收应选择晴朗的天气且菜地干燥时进行，以大白菜七八成熟、包心不太坚实为宜。

（2）晾晒　收获后的白菜放在田间晾晒数天，既可减少机械损伤、增加细胞液浓度、提高抗寒能力，又能缩小体积和提高库容量。

（3）整理与预贮　摘除黄帮烂叶，不黄不烂的叶片要尽量保留以保护叶球，同时进行分级挑选以便管理。经整理后若气温尚高，可在窖旁码成长方形或圆形垛进行预贮，并且既要防热又要防冻。

（4）药剂处理　在收菜前2～7天用25～50 mg/L的2,4-D进行田间喷洒，或者在收后于窖外或窖内喷洒或浸根，有明显抑制脱帮的效果。

3. 病害及防治

（1）微生物病害及防治　微生物病害主要有以下两种：

1）细菌性软腐病。在采收、贮运过程中应尽量减少机械伤；采后适度晾晒，贮藏期间注意通风控制环境中的湿度等措施是控制大白菜细菌性软腐病的关键所在。

2）大白菜霜霉病。大白菜霜霉病又称霜叶病。该病在高湿环境下易严重发生。因此，适度的晾晒和通风以保持环境中的低湿可抑制该病的发生。

（2）生理性病害及防治　生理性病害主要有以下两种：

1）脱帮。脱帮主要发生在大白菜的贮藏初期。采前2～7天用25～50 mg/L的2,4-D药剂进行田间喷洒或采后浸根，可明显抑制脱帮。

2）失水。失水是引起大白菜贮藏过程中损耗的重要原因，保持适当的低温和高湿可降低总损耗。

4. 贮藏条件及贮藏方法

（1）贮藏条件　大白菜性喜冷凉湿润，温度范围在（0±1）℃为宜。空气相对湿度为 85%～90%。

（2）贮藏方法　大白菜的贮藏适温为 0℃，北方利用自然低温可得到大白菜贮藏要求的低温。简易贮藏是主要的手段。

1）埋藏：沟深与土埂高度相加等于白菜的高度，入沟前先在沟底铺一层稻草或菜叶。然后，将晾晒过的白菜根朝下，一棵棵紧密地挤码在沟内，菜上面覆盖一层稻草或菜叶，再盖 0.5～0.7 m 厚的土。

2）窖藏：窖藏要求选择地势高、地下水位低的地块，以免窖内积水造成大白菜腐烂。菜窖的形式有多种，南方多为地上式，北方多采用地下式，而中原地区多采用半地下式。窖藏白菜多采用架贮或筐贮。入窖初期，必须加强倒菜。入窖中期，必须注意防冻。入窖后期，要延缓窖温的上升。

3）机械冷藏：经预处理，将装箱后大白菜堆码在冷藏库中，库温保持在（0±0.5）℃，相对湿度控制在 85%～90% 为宜，贮藏期间应定期检查。

（二）绿叶菜的贮藏

1. 贮藏性状

有刺种菠菜有较强的抗寒能力，适于冬播和贮藏；无刺种菠菜的抗寒力较弱，适于春播，不耐藏；有刺种和无刺种的杂交种具有两者的优点，既耐寒又耐藏。

北方冬季主要的贮藏菠菜以有刺种和杂交种为主。作为贮藏的菠菜应适当晚播。

芹菜一般以实心深色品种的抗病性强、贮藏性好。

2. 采收及处理

（1）采收成熟度的确定　菠菜一般在地面刚结冰且未冻实时采收最好。贮藏的芹菜应早些播种，芹菜耐寒性不如菠菜，所以收获应比菠菜早。

（2）采收方法　采收后的菠菜要摘除枯黄烂叶，就地捆把，放到阴凉地方预冷，稍加覆盖；也可直接入沟冻藏。

收获的芹菜要连根铲下，除假植贮藏连根带土外，其他方法带根宜短并清除泥土。将整理成捆的芹菜置于阴凉处预冷，并稍加覆盖以防日晒；夜间要增加覆盖物，以防冻害。

3. 贮藏条件及贮藏方法

（1）贮藏条件　绿叶菜的贮藏应考虑温度、相对湿度和气体成分。

1）温度。菠菜的贮藏适温为 −6～0℃，芹菜的贮藏适温为 −2～0℃。

2）相对湿度。菠菜和芹菜适宜的相对湿度均为 90%～95%。

3）气体成分。芹菜的适宜气体成分：氧的含量为 5%，二氧化碳的含量为 15%。菠菜的适宜气体成分：氧在 5% 以下，二氧化碳为 10%～15%。

（2）贮藏方法　菠菜和芹菜的贮藏方法如下：

1）菠菜的贮藏。菠菜可采用冻藏和埋藏两种贮藏方式。

①冻藏。选择背阴干燥处，设荫障，在其范围内挖沟，沟底铺细沙，待气温稳定降至 0℃ 以下，将菠菜捆成把入沟，随即盖一层细沙，随着天气的变冷，分期覆土，在严寒季

节可在上面再加盖草苫，以保证沟内温度为 $-6 \sim -8$ ℃，使叶片冻结，但根部不冻结。

② 埋藏。大雪前将不抽薹的菠菜带根挖起，用稻草捆成把。在背阴高燥处挖窄沟，将菠菜平放沟中，春节前将菠菜挖出，放在较暖和的屋中，菠菜完全恢复后则鲜嫩如初。

2）芹菜的贮藏。芹菜可采用假植贮藏、窖藏和塑料袋贮藏三种贮藏方式。

① 假植贮藏。冬季不很寒冷的地区多采用深沟假植法。入藏时一般将预处理的芹菜成捆假植于沟、棚和温室内，捆间留有一定空隙，以利于通风。寒冷季节要加强防寒措施，以防芹菜受冻。

② 窖藏。选择地势高且背风向阳的地方挖东西向菜窖。

③ 塑料袋贮藏。芹菜带短根捆成把，预冷后采用根里叶外的装袋方法装袋，分层摆在冷库的菜架上，库温在 $0 \sim 2$ ℃保持袋内氧的含量不低于 2%，并且二氧化碳含量不高于 5%。

二、根菜类产品的贮藏

根菜类蔬菜包括萝卜和胡萝卜。它们食用部分为地下部的肉质根；无生理休眠期，在贮藏期间遇到适宜的条件便萌发抽薹，引起糠心。糠心在采收前或采收后均可能发生。萌发和糠心使肉质根失重、养分减少，而且组织变软、风味变淡、品质降低。萝卜和胡萝卜贮藏保鲜的关键就是防止萌发和糠心。

1. 品种与采收

贮藏萝卜以秋播的晚熟品种耐贮性较好，一般采收的标准是肉质根已充分膨大、基部变圆、叶色变黄。胡萝卜以皮色鲜艳、根细长、根茎小、芯柱细的品种较好，通常采收的标准是肉质根已充分长大，芯叶呈绿色，外叶稍枯黄，味甜且质地柔软。适时采收对萝卜和胡萝卜的贮藏很重要，采收过早，肉质根未充分膨大，干物质积累不够，味淡，不耐贮藏；采收过迟，芯柱易出现裂痕或抽薹，质地变劣，贮藏中也易糠心。采收时除去缨叶，注意保持肉质根的完整，并尽量减少表皮的损伤。

2. 采后处理

萝卜和胡萝卜采后要剔除病、伤和虫蚀的直根，同时切除叶柄及茎盘，并对产品进行分级贮运。萝卜、胡萝卜在贮藏中发生的病害有从田间带入的，也有的是因贮藏中皮层受伤或冻害引起的。萝卜的主要贮藏病害是黑心病和软腐病，胡萝卜的主要贮藏病害是白腐病和褐斑病，可用 0.05% 扑海因或草菌灵溶液浸蘸处理。长期贮藏的胡萝卜要注意不宜直接用水洗涤，可用含活性氯 25μL/L 的氯水清洗。

3. 包装

萝卜和胡萝卜的肉质根长期生长在土壤中，形成较完善的通气组织，能忍受较高浓度的二氧化碳，适于气密性包装贮藏；同时因为表皮组织缺乏角质保护层，保水力差，易蒸散失水，需要贮于高湿环境才能防止失水，保持细胞的膨压而呈新鲜状态。因此，可用聚乙烯薄膜袋（长约 1 m、宽 0.5 m）作为内包装，每袋装 20 kg 左右，折口或松口扎袋，再置于竹筐、木筐或塑料筐中；也可先装筐堆码（堆垛宽 $1 \sim 1.2$ m、高 $1.2 \sim 1.5$ m、长 $4 \sim 5$ m），再用塑料薄膜帐罩上，垛底不铺薄膜，处于半封闭状态。

4. 贮藏

萝卜和胡萝卜的贮藏方法很多，有沟藏、窖藏、通风库贮藏、塑料袋贮藏和薄膜帐贮藏等，不论哪种贮藏方法，都要求能保持低温高湿环境。贮藏温度宜在 0 ~ 5 ℃，相对湿度为 95% 左右。贮温高于 5 ℃ 则易发芽，低于 0 ℃ 便易受冻害，受冻后不但品质下降，而且易腐烂。萝卜和胡萝卜适合气调贮藏，我国南方现多推广用塑料袋包装或薄膜帐半封闭方法的自发气调结合低温贮藏。这两种方法在贮藏期间要定期开袋放风或揭帐通风换气，一般自发气调结合低温贮藏可使萝卜、胡萝卜贮期由常温贮藏的 2 ~ 4 周延长到 6 ~ 7 个月。

胡萝卜对乙烯敏感，贮藏环境中低浓度的乙烯就能使胡萝卜出现苦味，因此，胡萝卜不宜与香蕉、苹果、甜瓜和番茄等放在一起贮运，以免降低胡萝卜的品质。

三、茎菜类产品的贮藏

茎菜类产品的食用部分是变态的地下茎，有薯菜类的马铃薯，葱蒜类的洋葱、大蒜、姜等。地下茎菜类都有明显的生理休眠期，所以对其贮藏有利；休眠过后会发芽，因此就要抑芽。

（一）马铃薯

1. 贮藏特性

马铃薯为茄科一年生植物，以肥大的块茎为食，并且有明显的生理休眠期。随春天的到来，芽开始萌动，马铃薯会变软变空，经阳光晒后薯皮变绿，内含龙葵碱（有毒物质），人畜食用超过一定量后会导致中毒。

马铃薯的主要成分是淀粉和糖，实验证明当温度降到 0 ℃ 时，淀粉水解酶活性较强，造成薯块中淀粉转变成单糖；如贮温回升，单糖会转变成淀粉，再升高温度则淀粉转变为单糖。马铃薯贮藏的适宜温度是 3 ~ 5 ℃，相对湿度为 80% ~ 85%。

因此，马铃薯贮藏的关键是抑制发芽和防止腐烂。

2. 品种和栽培

马铃薯收获后有明显的休眠期，其休眠期一般为 2 ~ 4 个月，品种之间有差异。长期贮藏要选择休眠长的品种。一般夏播秋收的马铃薯，休眠期较长。

栽培后期不要灌水太多，增施磷肥和钾肥。晴天收获先晒一下，使马铃薯浮水蒸去，可提高抗病性，减少发病率。

3. 贮藏方法

（1）筐存法　雨季（夏天）收获马铃薯。近年来采取筐存，将经过预冷后的马铃薯剔除病虫害后装筐，三筐码一行，行与行间留 1 m 的通风道。入库后的 7 天内，每天用鼓风机鼓风 2 ~ 3 次降温，使马铃薯表皮浮水蒸干，如遇雨天也要适当吹风。

此方法的优点是腐烂少、倒动次数少、库容大、费工少；缺点是自然耗费大。

（2）萘乙酸甲酯处理贮存法　将纯萘乙酸甲酯 150 g 与 12.5 kg 的细沙土均匀混合成粉剂，在休眠中期撒到 5000 kg 薯堆上，而后马铃薯装筐（或草袋），放置在通风干燥库中贮存，大部分马铃薯不会发芽。

此方法操作简便，可抑制发芽。处理时要在马铃薯休眠的中期进行药剂处理，处理得过早或过晚都会降低药效。

（3）抑芽剂抑芽贮存法［青鲜素（MH）处理］　在马铃薯采收前 7 天，田间喷洒 2.5‰抑制剂（MH）于土豆植株上，若喷洒后 24 h 内遇雨则要重喷一次。采摘、晾晒、装筐、码垛、筐贮，掌握库温不低于 0 ℃，防受冻。此方法比单纯筐贮有利。

（4）堆存法　此方法适于气候冷凉的地区，如东北地区。京津地区如用此法，堆内温度高而易腐烂，故改用筐存法。而哈尔滨等地用此法很好。

（5）辐射处理　利用 γ 射线（钴 60）进行抑芽处理。其原理是芽与薯块组织对钴 60 的敏感性不同。芽较敏感，块组织可忍耐钴 60，剂量为 8 ~ 15 C/kg，符合食品卫生标准。

（二）洋葱

1. 贮藏特性

洋葱属百合科二年生蔬菜，具有明显的休眠期，食用肥大的鳞茎。洋葱又名葱头，既耐热又耐干（收获后，外层鳞片收缩成膜质，能阻止水分蒸散和受微生物侵染）。京津地区夏季收获，休眠 1 ~ 1.5 个月（7 ~ 8 月休眠），到 9 ~ 10 月大多萌芽生长，鳞茎变软、变空。

洋葱的适宜贮温是 0 ~ 1 ℃，这样可延长休眠期，降低呼吸作用，抑制发芽和病菌的发生。洋葱适宜的相对湿度在 80% 以下。

贮藏时关键要防止发芽，延长休眠期；防止腐烂（适合冷凉干燥气候）。产生腐烂的原因有：收获后遇雨、晾晒不充分、贮藏中相对湿度过高。因此，在贮藏过程中一定要预防这三点。

2. 品种及栽培

以普通洋葱栽培为主，这个品种虽然休眠期短、易发芽，但品质好。普通洋葱又分为两类：第一类根据颜色可分为黄皮、红紫皮、白皮三种，其中以黄皮耐贮，因为其休眠期长；第二类可根据形状分为扁圆、凸圆两种，其中扁圆更耐贮藏。

栽培上注意：①注重肥水：叶片迅速生长且鳞茎肥大时，增施磷肥、钾肥，收获前 10 天停止灌水（否则含水多易腐烂）。②适时采收：采收适宜时期的标志是鳞茎充分膨大，外层的鳞片干燥并半革质化，基部第 1、2 片叶枯黄，第 3、4 片叶尚带绿色，假茎失水变软，植株的地上部分倒伏。采收过早，鳞茎尚未充分肥大，产量低，同时鳞茎的含水量高，易腐烂，易萌芽，贮藏难度大；采收过迟，易裂球，如果迟收遇雨，鳞茎不易晾晒，难于干燥，容易腐烂。采收应在晴天进行，并且在采收以后有几个连续的晴天最好。收获时整株拔出，放在地头晒 2 ~ 3 天，晾晒时鳞茎要用叶遮住，"只晒叶、不晒头"，可促进鳞茎的后熟，并使外皮干燥。而后剪掉须根、枯叶，除去泥土即可贮藏。

3. 贮藏方法

（1）抑制剂（MH）抑芽贮存法　2.5‰ 的抑制剂、加肥皂片等，采收前 7 天田间喷洒，用量为 50kg/亩（1 亩 ≈ 667 m²）。注意喷前 3 ~ 4 天不能浇水，若喷后 24 h 遇雨需重喷。MH 喷到叶片上，向幼芽转移，有抑芽作用。采收后喷 MH 不如采收前喷。喷得过早影响葱头生长，喷得过晚则 MH 不能都转移到幼芽中去。

严格以下步骤操作：

1）喷药后 7 天采收。

2）采收后晾晒，至叶子萎蔫，编成辫子。

3）再次晾晒，码垛或挂在通风干燥处，如发现长霉应及时倒垛。

4）寒露时，搬到贮藏库（0 ~ 1 ℃）中贮存以防止受冻。

抑制剂抑芽贮存法的特点是简便易行、投入少。

（2）辐射处理　用钴 60 处理，剂量达 4 C/kg 即可明显抑芽。将洋葱采收后晾晒、去叶，剩葱头，照射（4 ~ 8 C/kg，注意留种的洋葱千万不可进行照射，否则不能发芽），筐存，置库温为 0 ~ 1 ℃的库中贮存。

辐射处理的特点：操作简便，可抑芽，达到长期贮存效果，但钴 60 的使用尚不普遍。

据报道，洋葱经 γ 射线照射后，对含糖量、维生素 C 等养分的保存及食用品质均不影响。

（3）气调贮藏法　用薄膜大帐封闭，自然降氧，控制在氧气含量为 3% ~ 6%，二氧化碳含量为 8% ~ 12%，最高可达 15%。这样的气体成分使贮藏的效果好，好葱率达 83%，出芽率低于 11%。注意必须在洋葱脱离休眠期之前封帐，使葱头在开始萌发时帐内已自然形成低氧气浓度的环境。

（4）垛藏　选地势高燥、通风背阴的地方，用枕木、秸秆等物铺垫，将晒好的洋葱瓣交错摆在上面，铺成中间略高的长方形垛。垛顶盖几层苇席，严防雨水淋入，保持垛内干燥。入冬前倒垛 1 ~ 2 次，入冬后转入室内，温度控制在 0 ~ 3 ℃。温度高时，可开门通风降温；低于适温时，应增加覆盖，防寒保温。

（三）大蒜

1. 贮藏特性

蒜是百合科单子叶多年生宿根植物。蒜的可食用部分是肥大的鳞茎，其是生活中常用的调味品，富含的大蒜素对人体有益。京津地区于 5 ~ 6 月收获，有 2 ~ 3 个月的休眠期，这时若给予良好条件也会发芽，此后给以低温（零下温度）和干燥环境可以维持其休眠。所以，大蒜贮藏的适温为 -1 ~ -3 ℃，相对湿度不能超过 85%。大蒜可耐 -10 ℃，高于 5 ℃即发芽，高于 10 ℃则腐烂。留种的大蒜可在 15 ℃、相对湿度低于 70% 的条件下贮藏，这样有利于提高种性（此处指用来繁殖的大蒜）。

2. 贮藏技术

（1）抑制剂（MH）抑芽贮藏法　MH 的浓度要低于 2‰（浓度过高，蒜瓣变黑）。田间喷洒，采收，编辫，码垛，通风库贮存。

（2）辐射处理　用钴 60 照射抑芽，5 ~ 8 C/kg，方法和洋葱相近。

（3）挂藏法　大蒜收获时，对其进行严格挑选，去除那些过小、茎叶腐烂、受损伤和受潮的蒜头。然后摊在地上晾晒，至茎叶变软发黄，大蒜的外皮已干。最后选择大小一致的 50 ~ 100 头大蒜编辫，挂在阴凉通风且遮雨的屋檐下，使其风干贮存。

四、果菜类产品的贮藏

果菜类产品包括茄果类（番茄、辣椒等）、瓜类（黄瓜等）、豆类（豆角等）。它们多是幼嫩的果，所以难以贮藏。

（一）番茄

番茄又名西红柿，属茄科蔬菜，食用器官为浆果。番茄的营养丰富，经济价值高。

1. 贮藏特性

番茄果实成熟分为以下五个时期（果实的成熟度，以着色的程度为指标）：

（1）绿熟期　全果为浅绿色或深绿色，已达到生理成熟。

（2）微熟期　果实表面开始微显红色，显色小于 10%。

（3）转色期　果实为浅红色，显色小于 80%。

（4）坚熟期（粉红期）　果实近红色，硬度大，显色率近于 100%。

（5）红熟期　红熟期又叫软熟期，果实全部变红且硬度下降。

番茄是呼吸跃变型的果实。呼吸高峰过后果实衰亡。

坚熟期已通过呼吸跃变，作为生食较适，不能用作贮藏。

用作贮藏的番茄，应以绿熟期到微熟期（成熟的准备阶段）比较合适。此时的果实重量、大小不会再增加，只是没有进行呼吸跃变，摘后与摘前果实都一样转红。滞留在呼吸跃变之前的时期越长，贮藏期就越长，这段时间称为"压青"。用来长期贮藏的果实应促使果实滞留在绿熟生理阶段上，设法推迟跃变高峰的到来。尽量延长压青期，抑制果实成熟，达到长期贮藏之目的。

2. 贮藏条件

（1）温度　用于长期贮藏的番茄，一般选用绿熟果，适宜的贮藏温度为 10 ~ 13 ℃，若低于 8 ℃易遭冷害；用于鲜销和短期贮藏的红熟果，其适宜温度为 0 ~ 2 ℃。

（2）湿度　番茄贮藏适宜的相对湿度为 85% ~ 95%。湿度过高，病菌易侵染造成腐烂；湿度过低，水分易蒸发，同时还会加重低温伤害。

（3）气体成分　若用气调贮藏，氧气、二氧化碳浓度都为 2% ~ 5%。绿熟果可贮藏 60 ~ 80 天，微熟期可贮藏 40 ~ 60 天。

3. 品种和成熟度

选择种子腔小、子室少、果皮厚、肉质密、可溶性物（含糖量）含量高、组织保水力强的品种。作为长期贮藏的番茄的含糖量要求在 3.2% 以上，最适宜品种有橘黄佳辰、满丝、强力米寿、苹果青、台湾红、太原三号等中、晚熟品种。早熟品种，如粉红甜肉、北京大粉、沈农二号等都不耐藏。

随着成熟度的加深，贮藏期越来越短。采收对果实有以下要求：

（1）果实在植株上的部位　植株中间生的果实耐藏性好，底部果实易病，顶部的可溶性物质积累的少。

（2）从果实的发育期来看　应采生长前期和中期的果实，此期干物质多，抗病性强。

（3）从果实大小看　采中等大小的果实，并且果面光滑无裂口。

4. 贮藏方法

按季节分，番茄的贮藏可分为夏季贮藏和秋季贮藏。按贮藏类型，番茄的贮藏又可分为以下几种：

（1）气调贮藏法　目前，我国主要采用气调贮藏法。

1）适温快速降氧气浓度贮存法。在温度适宜的条件下（10 ~ 13 ℃），挑选无裂、大小相等的果装筐。用密封帐密封，充入氮气，快速降氧气浓度，使帐内氧气很快降到 2% ~ 4%，二氧化碳也降到 5% 以下。此环境中的番茄可贮藏 45 天，好果率达到 85%。

2）常温快速降氧气浓度贮存法。无论什么季节，不调节库温，贮藏效果次于适温快速降氧气浓度贮藏法。京津地区 7 ~ 8 月，气温为 23 ~ 29 ℃，装筐密封，快速降氧气浓度，但温度远远高于绿熟果的适温，在不调节库温的情况下贮藏 30 天，好果率达 90%。此方法适于无调节库温能力的机械设备。

3）自然降氧气浓度法。自然降氧气浓度法无须机械制冷和充氮气设备，全靠番茄自身调节。夏季不调库温，2 ~ 3 天番茄可靠自身呼吸降低氧气浓度至适宜浓度。自然降氧气浓度法在高氧气浓度的条件下贮藏时间很长，可贮藏 30 天，好果率达 50% ~ 60%。

（2）控温贮存法 控制库温到最适宜温度，绿熟果 10～13 ℃，红果 0～2 ℃。气调法贮存（采的是绿熟果）后的果实，果实已由绿熟果变成坚熟果，这时可继续放在有机械制冷设备的库中（0～0.5 ℃）贮存 30 天，好果率达 90%，但绿熟果不可在低温下贮存，气调阶段加上控温阶段共可贮存 90 天左右。

（3）石灰水——二氧化硫贮存法（番茄溶液贮存法） 将完全成熟的番茄浸入 5‰的石灰水中，可收到显著效果。作法：将 50 g 生石灰用 10000 mL 水调成糊状，向水溶液中通入二氧化硫，调节溶液 pH 值，使 pH 值由 12 调节到 4.5～4.6。用此水溶液浸番茄，没过番茄，用塑料膜封闭起来，于 20 ℃左右室温中贮存 60 天，好果率达 98%，若放在 1～10 ℃下贮期可达半年以上。必须注意，使用此方法贮藏的番茄上市前必须用过氧化氢浸泡 24 h，用清水清洗干净才可食用，番茄的风味、色泽没多大变化。家庭可用水缸贮藏，使用此方法因为通入二氧化硫，有亚硫酸盐产生，所以生食有酸涩味，故熟食较好。改善发展此方法：先向水池中注入 0.3% 的亚硫酸盐溶液后用石灰水调节 pH 值，调到 4.5～4.6 后放入番茄，贮存。

（二）辣椒

1. 贮藏特性

关于辣椒，多选择嫩绿果（青椒）贮藏。贮藏中要防止萎蔫失水、腐烂，以及后熟变红。长期贮藏的青椒，主要为甜椒和柿子椒两类，最好选择肉质肥厚、果实色深绿、皮光滑的晚熟种。一般选择甜椒作为长期贮藏的青椒，因其较耐贮藏。采收时应注意保护果柄，要握住果柄采收，防止机械损伤。采摘后如果气温尚高，可在阴凉处短期贮藏，等到温度下降后再入窖贮藏。贮藏适宜温度为 7～9 ℃，低于 6 ℃受冷害（水煮状）；相对湿度为 85%～90%。

2. 贮藏方法

（1）沟藏 沟藏是华北、东北等地较普遍的简易贮藏方法。露地挖东西向、宽不超过 1 m、深为 1～2 m 的沟，沟内铺沙，椒果散放于沟内或装筐下沟。

（2）窖藏 为防失水萎蔫，用 5‰漂白粉液将蒲包清洗消毒、晾晒留作衬筐，装椒并码垛于窖内，用湿蒲包片覆盖表皮。库内白天不放风，可将包皮掀开；夜间盖上、放风。窖温在 7～9 ℃，7～10 天检查一次即可。

（3）气调贮藏 用薄膜密封椒果。秋季窖温在 10 ℃左右效果好，可抑制辣椒后熟转红。筐码、封帐。氧气浓度为 3%～6%，二氧化碳浓度为 0～5%（此气体浓度有争议。目前一致认为氧气浓度可比番茄的稍高些，至于二氧化碳浓度说法不一）。果柄折断处在贮藏时极易腐烂，可用 50 mg/L 2,4-D 处理，促使伤口愈合防烂。大蒜与辣椒混贮，对辣椒很有用。

（三）茄子

1. 贮藏特性

茄子属茄科植物，有圆茄（京津地区）和长茄（长江流域）、灯泡茄等不同品种。但无论什么品种，在门茄、对茄、四母斗、八面风、满天星中，四母斗、满天星最适宜贮藏（大小适中）。

贮藏温度：10～12 ℃，低于 7 ℃受冷害，相对湿度为 80%～85%。

贮藏关键：防止腐烂和脱把（果梗脱落），二者互相影响。

2. 贮藏方法

（1）气调贮藏法　在低氧气浓度和高二氧化碳浓度条件下贮藏茄子效果好，对防腐烂、脱把有作用。控制氧气浓度为2%～5%，二氧化碳浓度在5%以下。低氧气浓度可抑制茄子产生乙烯，防止脱把。

（2）埋藏法　埋藏法是简易的民间贮藏法。选择地势高、排水好的地块。寒露时，挖宽1 m、深1.2 m、长3 m左右的沟。用不锈钢剪刀将茄子连果柄剪下，入坑，果柄朝下码放，第二层的果柄要入第一层果实的空隙之间，为的是防止柄刺伤好果。上盖防寒物，保持坑内温度为5～8 ℃，可留2～3个气孔供调节温度，若低于5 ℃应加厚覆盖物，可贮40～50天。

总之，不论哪种贮法，都不要采摘连作地里的茄子，因为现在的茄子绵疫病无法根治，连作地里的茄子常带此病。

（四）黄瓜

1. 贮藏特性

黄瓜是葫芦科植物，很难贮藏，因为供食用的黄瓜是幼嫩的果实，含水量高，收后易脱水、变蔫、变糠。黄瓜的受精胚在收后还可发育，从嫩果肉中吸收养分，然后黄瓜尾部变糠且头部变大成棒槌状——标志着黄瓜已老化后熟。贮藏中叶绿素分解，黄瓜表皮易黄化，果肉酸度增高，味道变酸，芳香味变淡，失去商品价值。黄瓜易受外界机械损伤，刺瘤易碰掉，汁液外溢，容易腐烂。

黄瓜最适宜的贮藏温度是8～10 ℃，低于8 ℃易受冷害。相对湿度为90%～95%。气调贮藏时氧气和二氧化碳浓度应控制在2%～5%。

2. 果实的选择和贮藏处理

（1）采摘　商品上市以顶花带刺、嫩绿为好。

采收标准：用来长期贮藏的黄瓜，植株中部的瓜最好，因其可溶性物含量高。切忌采摘底部瓜条，因为它是易带病菌；禁采摘顶部瓜条，因为它是在植株生长后期生长的。采摘下来的黄瓜要轻拿轻放，勿碰掉顶花和刺瘤，最好选用中等成熟的果实。

（2）采前加工、预处理　淘汰过嫩、过熟、病虫害的瓜条，码放到消过毒的筐中，占筐体积3/4。夏季采摘的瓜条要进行预处理，散去田间热。夏季库温要逐渐降到10 ℃，防止一下子由25～26 ℃降到10 ℃，使黄瓜发汗。为防腐烂、脱水，可用2‰托布津与4倍虫胶混合液浸蘸黄瓜，空干、贮藏。

3. 贮藏方法

（1）塑料薄膜大帐气调贮藏法（气调贮藏法）　黄瓜原产热带多雨且气温为20～25 ℃的地区（中印半岛及南洋一带），喜温不耐冷，贮藏中温度若高于8 ℃就会随温度升高而后熟；若低于8 ℃就会受冷害，出现腰斑。所以，黄瓜对贮藏要求较严格，在8～10℃之间，相对湿度大于90%，氧气和二氧化碳浓度均要求在2%～5%。黄瓜贮藏中有保绿问题，氧气对保绿不利，而二氧化碳具有保绿作用，所以二氧化碳浓度要比氧气浓度稍高。例如，氧气浓度为2%，那么二氧化碳浓度要为5%，但二氧化碳浓度不可高于氧气浓度指标太高，高的时间也不能太长，否则黄瓜会变苦。因此气调时，帐不易过大，掌握在48筐/帐，20～25 kg/筐，每帐≤1000 kg，这样可较好地控制氧气和二氧化碳浓度。另外还要注意除乙烯。将杂碎砖头浸在高锰酸钾（$KMnO_4$）液中备用，作为高锰酸钾的载体，按1：20的比例将高锰酸钾载体放在帐的上层筐中吸收乙烯，这对防止黄瓜的后熟和保绿都有作用。因为黄瓜本身含水量为85%，故对帐内湿度要求绝对不能低于85%，所以要求贮藏湿度高于90%，否则易失水。除控制温度外，还要防腐烂，如果库温变化很大，黄瓜易发汗，帐内易凝结水滴，掉在筐中引起腐烂，必须保持库温的恒定。最后还要注意消毒或每隔2天通入800 mL的氯气以起到防腐作用。这样贮藏40天，好瓜率在85%以上。

（2）沙埋法 霜降前将露地黄瓜摘下，河滩上的泥沙筛去泥土，翻炒细沙（消毒）、冷却，喷水（湿润一下），于大缸底部铺一层沙，放入瓜条，码7~8层后封口，放置7~8℃下贮存，30天左右瓜基本完好。但由于贮藏容器是大缸，所以贮藏量下降，适于农户。

（3）缸藏 选用播期晚一些的瓜，如大棚8月以后和露地7月下旬以后播种的瓜，注意别受冻，选皮厚的瓜，用刀剪下，留果柄1 cm，有条件的话，用熨斗烙平伤口（或用油漆漆上），缸内放10~20 cm水，水上放木架（距水面3~4 cm），其上铺木板或秫秸编的箔子，码瓜，头朝里，把朝外转圈码，码至缸口10~15 cm，中间是空的，封盖捆绳，置凉处8~10℃，可贮藏1个月以上，贮量比沙埋法大些且容易些，适于个体户。

（4）水窖贮藏 水窖贮藏是在缸藏基础上发展起来的，可用于生产上的大量贮藏。

窖高2 m，宽根据窖墙上架设的檩条长短来决定，深度也可根据贮量来决定。窖底用三合土夯实，窖底与帮铺以塑料布，封严不能漏水，其上灌水0.5 m，搭木板作为走道，两侧设木架放黄瓜，1 m宽，木架底层距水面10 cm，层与层之间35~40 cm，将黄瓜瓜柄朝下插入用草秆纵横间隔成3~4 cm见方的格子中，要避免瓜间摩擦。用水泥板封口，盖土保湿，窖两端留通风口50 cm×50 cm。入窖初期温度高，夜间要通风一次；渐冷以后，白天放风，维持10~13℃，可藏50天左右。

（五）菜豆

菜豆采后也有后熟现象，荚易革质化，豆粒膨大，贮藏后期还易发生锈斑，故不易贮藏，最多可贮藏一个多月，过去天津地区也是用水窖法贮藏的。现在北京用气调小包装贮存菜豆，效果很好。选择不嫩不老的中熟菜豆角，小包装10~15 kg/包，放在消毒的塑料周转箱内，底垫蒲席（消毒过的，用漂白液即可），外套0.1mm聚乙烯薄膜袋子，可留一小孔，在袋内放些熟石灰以吸收二氧化碳。控制氧气与二氧化碳浓度均为2%~4%，当氧气浓度降到5%，二氧化碳浓度应控制在5%以下；若二氧化碳浓度高于5%，就解开熟石灰袋子；若氧气浓度低于2%，就从气孔通入空气。用此方法可贮存菜豆30~50天，库温要控制在10~13℃，贮存可达2个月。

五、其他蔬菜的贮藏

（一）菜花

1. 贮藏特性

菜花喜冷凉气候，比较耐寒且怕炎热，春秋两季栽培，适宜贮温为0~1℃，相对湿度为90%~95%。

贮藏关键是防止其发生质变。白色花球在贮藏中易变黄、起褐斑、腐烂、易受机械损伤，故采收时留2~3片叶子保护花球。

2. 贮前处理

采收前少浇水，采收前一天喷25 mg/L 2,4-D，防止脱帮、脱叶；为防止脱绿，25 mg/L

2,4-D 中加 10 mg/L BA，也可在入库前喷药处理，挑选花头直径为 15 cm 左右的菜花，留 2～3 片叶片，将花头遮盖，防止水分蒸发。贮藏外调菜花时，入库前用 25 mg/L 2,4-D 浸根可防脱帮、脱叶。

3. 贮藏方法

（1）降温贮藏法 （筐贮）适温 0～1 ℃，随温度升高，贮藏寿命缩短。将加工好的菜花根朝下码在筐中，纸盖花头，在库内码成垛，库温为 0 ℃，每月倒筐一次，可贮藏 60 天。

（2）气调贮藏法 气调贮藏法优于降温法。筐码成垛，薄膜帐密封，放入高锰酸钾液体（1∶20）以吸收乙烯，控制氧气和二氧化碳浓度均为 3%～4%，维持 0 ℃，不可忽高忽低，防止发汗，可贮藏 3 个月。

（3）假植贮藏法 土地上冻前，最后一次采收的菜花，选长势不好、个头小的菜花连根拔出，做价值贮藏。利用半地下窖（行距 26 m，开沟、灌水）或阳畦中都可以贮藏结果，菜花可增重，因为根、茎、叶的养分经价值贮藏都转移到芽球上。

（二）蒜薹

蒜薹又称蒜毫，是从抽薹大蒜中抽出的花茎，是人们喜欢吃的蔬菜之一。蒜薹在我国分布广泛，南北各地均有种植，是我国目前蔬菜冷藏业中贮量最大、贮期最长的蔬菜品种之一。蒜薹是很好的功能保健蔬菜，具有多种营养功效。

1. 贮藏特性

蒜薹是大蒜植株花器官的一部分，是抽薹大蒜鳞茎中央形成的花薹和花序，又把花薹称为薹梗。蒜薹是春季下种初夏收获，只此一季栽培的蔬菜。蒜薹本身营养丰富，有较强的杀菌作用。食用幼嫩的花茎，这部分新陈代谢旺盛，表面无保护组织，收获时的外界气温尚高，所以蒜薹易老化、脱水、腐烂，因此贮藏关键是防止老化。其老化表现为外观上出现黄化、纤维素增多（有筋）、蒜薹变糠发软、薹苞膨大，风味上出现蒜味减少直至消失，失去食用价值。

贮藏适宜温度为 -1～1 ℃，相对湿度在 90% 左右。

氧气浓度为 2%～5%，二氧化碳浓度为 0～8%，蒜薹较耐忍受高浓度二氧化碳。

总之，蒜薹也是较耐贮藏的蔬菜之一，经济效益较高。

2. 采摘及贮前处理

收获时，外界气温一般为 25 ℃ 左右，而其贮藏的适宜温度是 0 ℃，外界温度与贮藏所需温度差距很大，因此要尽量缩短采摘、运输、加工的时间，以防止老化，否则入库前就已老化，再贮藏则经济价值会降低。要用冷藏车进行外调贮藏菜的运输。装筐 4/5 即可，防止机械损伤，要进行预贮，散去田间热，加工人员带线手套，不锈钢剪刀剪去黄化、纤维化的蒜尾，扎把，头对头、尾对尾放入贮藏器中。此过程要求快采、快摘、快运、快加工。

3. 贮藏方法

（1）冰埋贮藏法 20～25 kg 装在一蒲包内，放在冰块之间。0.5 kg 蒜薹需 9 kg 冰，1000 m² 可贮存 50～100 t 蒜薹，蒜薹周围温度为 0～1 ℃，空间温度为 5～8 ℃。

冰埋可保持低温，相对湿度达 95%，这样蒜薹不易脱水老化，色、香、味好。此方法的缺点是用工多、库容量小和操作笨重。

（2）控温贮藏法 控温至 0 ℃，幅度 ±0.5 ℃，只控制温度可贮藏 3～4 个月，5 月贮藏，10 月上市。若到元旦，蒜薹会明显黄化。具体操作：装袋→入筐→入库→码垛。

（3）控温气调贮藏法 控温气调贮藏法可做到蒜薹一季生产周年供应。

1）小包装塑料袋气调贮藏。自然降氧气浓度，人工测气，控制袋内气体成分，用90cm×50cm、厚0.07mm的聚乙烯袋装加工好的蒜薹，15kg/袋，扎口，放在机械冷库中的架子上，采用随机取样办法确定几个具代表性的袋子安上气嘴用来采气，以便分析氧气和二氧化碳浓度。每隔1～2天检查一次，用奥式气体分析仪分析。若氧气浓度降到2%以下，需打开所有包装袋并擦袋内水汽，通气不得超过30min，放风，扎紧，如此反复直到不需要贮存为止。此方法贮效好但费工。大规模贮藏保鲜时宜采用此方法，效益巨大。

2）气窗贮藏（硅橡胶窗）。气窗贮藏比小包装法优越。在袋子上安装硅橡胶窗时必须掌握蒜薹量与硅窗面积的比例。要事先做预备实验，掌握好符合蒜薹贮藏环境的硅窗面积，正式贮藏时省工，预备实验较麻烦。袋上四周有不同面积的硅窗，按需来剪取。

3）大帐气调贮藏。用大帐密封起来，帐底放熟石灰吸收二氧化碳，按蒜薹的1/20撒放；还要放高锰酸钾载体吸收乙烯。每个大帐内贮藏量为2500～4000kg，充氮气快速降氧气浓度，达到氧气浓度为5%。每天测气一次，只要二氧化碳浓度不超过8%就可一直不加工。此方法省工，好菜率达90%，但长期不倒菜易引起腐烂病的发生。

（三）莴笋

莴笋食用部位是直立的茎，生、熟食用均可，还可腌制。

莴笋于春秋两季栽培生产。秋笋耐寒力强且耐藏。贮温为0～1℃，相对湿度为90%～95%。

1. 假植贮藏法

秋播笋，选健康、不空心、不抽薹的笋连根采收，在凉风中晾晒，使叶子失水。假植时，留7～8片叶子，在阳畦中开7cm宽的沟，灌水，根朝下假植沟内，稍倾向北，2/3埋于沟中，踏实。株间略有空隙，行距为8～10cm，以利通风。初期防热，后期防冻，盖蒲席。控制温度在0℃，温度高则导致抽薹，茎芯变空，肉发软，变褐红色，至腐烂。

2. 沙埋贮藏

11月上中旬，将莴笋连根带土采收，留7～8片叶子，在庭院或大棚内，先铺10cm潮沙子，根朝外、顶朝内平放莴笋，盖上沙子，最后一层直接用塑料盖上。

实训6 果蔬贮藏保鲜效果的鉴定

一、实验目的

通过实验，掌握果品贮藏效果鉴定的内容和方法，了解果品的贮藏特性。果品贮藏品质的鉴定，主要是通过感官和借助仪器对其外观、质地、腐烂、损耗等进行评定。通过对果品贮藏效果的鉴定，可了解其贮藏前后的变化，及时采取管理措施，提高贮藏效果。

二、实验材料与用具

选择一种或几种贮藏场所；不同贮藏方法贮藏的果品；台秤、天平、糖度计等。

三、实验步骤

（一）保鲜效果的鉴定

以柑橘为例，随机称取经过贮藏保鲜的柑橘20kg，平均分成4份。贮藏效果的鉴定包

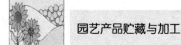

括颜色、饱满度、可溶性固形物和硬度、病虫害损耗等。可通过感官或仪器鉴定。结果记入表 3-1。

表 3-1　柑橘贮藏效果鉴定表

| 品种 | 贮藏时间 | | 含汁量（%） | | 固形物 | | 色泽 | | 风味 | 采后药剂处理 | | 烂耗 |
	入贮期	贮藏时间	果汁	滤渣	贮前	贮后	果皮	橘瓣		种类	浓度	好果率（%）

（二）制定分级标准

将样品食用价值和商用价值标准分 3~5 级。最佳品质的级别为最高级，损耗的级值为 0 级，品质居中的个体按标准分别划入中间级值。级值的大小反映出个体间品质的差异，因此，拟定分级标准时，要求级间差别应当相等，并且指标明确。然后进行鉴定分级，并按下面公式计算保鲜指数，保鲜指数越高，说明保鲜效果越好。

保鲜指数 =（各级级数×数量）/（最大级数×总量）×100%

四、作业

1. 对贮藏结果进行描述分析，总结出比较理想的贮藏组合。

2. 实验中出现了哪些问题？你是如何解决的？

实训 7　常见蔬菜的贮藏保鲜

一、实验目的

通过实验，掌握当地蔬菜适宜的贮藏环境条件，如温度、相对湿度、气体成分等。在贮藏期间进行定时观察，借助仪器和通过感官对其外观、质地、病害、腐烂、损耗等进行综合评定，分析蔬菜贮藏前后的变化，进行及时管理，提高贮藏效果。

二、实验材料与用具

辣椒、番茄等常见蔬菜；温度计、湿度计、气体分析仪、台秤、天平、果实硬度计、糖度计等。

三、实验步骤

1. 贮藏前先对产品的外观、色泽、病虫害、硬度、含糖量、含酸量进行观察和测定，然后将其分成几个不同的处理组合，在温度、相对湿度、气体成分均不同的情况下进行贮藏。例如，温度、相对湿度、气体成分各取 3 个数值时最多应分成 27 组，每变换条件之一时即做一组实验。

2. 每隔一定时间（不宜过长或太短，一般为 5 天）对贮藏产品进行观察和测定，每测定完一次做好详细记录。

3. 贮藏到每组产品开始腐烂变质为止。时间短也可，只是对比结果不明显。

4. 只有对每一个贮藏条件多设参数段，才能得出更准确适宜的贮藏条件，如温度应分为 0 ℃、2 ℃、4 ℃、6 ℃、8 ℃、10 ℃等。

5. 如有最适宜的贮藏条件，应做参考对照。

四、作业

1. 记载辣椒、番茄入贮前的各项指标，如品种、采收日期、是否预冷、呼吸强度、含糖量、含酸量等。

2. 贮藏期间观察不同条件下各项指数的变化情况，并绘出曲线图进行平等对比。

3. 得出最适贮藏条件。

学 习 小 结

本项目主要介绍了中国市场上常见果品中仁果类、核果类、浆果类、柑橘类等果品的贮藏特性、贮藏方式及贮藏技术要点；蔬菜中的叶菜类、根菜类、茎菜类、果菜类及菜花、蒜薹等蔬菜的贮藏特性、贮藏方式及贮藏技术要点。

各种果蔬的贮藏特性、主要贮藏方式及贮藏管理技术要点是本项目的重点，在学习时学生要掌握各种果蔬的适宜的贮藏基本条件，为各种果蔬的贮藏提供理论依据，并可从中发现果蔬贮藏过程中存在的问题，从而确定改进途径。

学 习 方 法

1. 果蔬种类、产品不同，其贮藏特性差异较大，在掌握其贮藏特性的基础上，根据其贮藏特点确定适宜的采收期、贮藏方法特点及管理措施，掌握果蔬贮藏中常见问题及解决办法。

2. 通过不同果品和蔬菜的贮藏特性，掌握当地常见果蔬贮藏方式之间的区别，同时要和当地生产中所采取的方式相结合，加强记忆。

3. 关于各种果蔬较新的贮藏方法，要通过讲座、网络资源、录像资料等各种渠道去掌握。

目 标 检 测

1. 举例说明蔬菜的关键贮藏技术措施。

2. 分析当地主要果品和蔬菜在贮藏过程中存在的主要问题，并提出相应的解决措施。

3. 调查当地主要果品的种类和品种，并简述其贮藏特性、贮藏基本条件和贮藏方式。

4. 根据所学知识设计当地主要果品应采取的贮藏方式和管理措施。

5. 列表说明各类果蔬的贮藏特性。

项目 4　园艺产品加工的基础知识

学习目的

通过对园艺产品加工品的分类和特点、加工的基本原理、加工对原辅料的基本要求及处理等相关内容的学习，为学习园艺产品的加工打下基础，也为掌握园艺产品加工的产品质量控制奠定基础。

知识要求

掌握不同加工方式对原辅料的基本要求及处理等；熟悉常见加工品的分类和特点，了解加工方法的基本原理。

【教学目标】

通过本项目的学习，使学生明确园艺产品加工品的种类和特点，掌握各种园艺产品加工时对于园艺产品原料、生产用水的基本要求和处理，并能根据不同园艺产品的特点，为其选择合适的加工处理方法。

【主要内容】

掌握从园艺产品原料的种类、成熟度方面对原料的选择及对原料的分选、去皮、漂烫、护色等基本处理，从水的纯净度、硬度、pH 值方面对水的基本要求及对水进行澄清过滤、消毒、软化等基本处理；学习干制脱水、密封杀菌、高渗透压、微生物发酵、低温速冻、化学防腐等加工方法的基本原理；了解罐制品、汁制品、干制品、糖制品、腌制品、速冻制品、果酒和果醋制品及其他制品的特点和原料的选择。

【教学重点】

从园艺产品原料的种类、成熟度方面对原料的选择及对原料的分选、去皮、漂烫、护色等基本处理。在学习的过程中，应紧密结合当地的生产实际，注意掌握在园艺产品加工方面出现的新技术、新方法。

【内容及操作步骤】

园艺产品加工是以园艺产品为原料，按照其不同的理化特性，采用不同的加工方法，制成各种加工制品的过程。根据保藏原理和加工工艺的不同，园艺加工品的种类主要有罐制品、干制品、糖制品、腌制品、汁制品、酿造制品、速冻制品、鲜切制品、果蔬脆片九大类。园艺产品是含水量丰富的农产品，从食品保藏的角度讲，园艺原料只有通过加工才能达到长期保存的目的。要进行加工保藏，就必须掌握各种果蔬加工品的加工原理及加工技术，最大限度地保持原料品质。

任务 1 园艺加工品的分类及败坏

一、园艺加工品的分类及特点

园艺加工品的种类很多，分类方法目前尚没有统一的标准，参照传统的分类及现代食品出现的新特点，根据其保藏原理和加工工艺的不同，可以分为罐制品、干制品、糖制品、腌制品、汁制品、酿造制品、速冻制品、鲜切制品、果蔬脆片。

（一）罐制品

罐制品是将园艺产品原料经预处理后密封在容器或包装袋中，通过杀菌工艺杀灭大部分微生物的营养细胞，在维持密闭和真空的条件下，得以在室温下长期保存的一类加工品。

罐制品必须有一个能够密闭的容器（包括复合薄膜制成的软袋）；必须经过排气、密封、杀菌、冷却这四道工序；从理论上讲，必须杀死致病菌、腐败菌、产毒菌，达到商业无菌，并使酶失活。

罐制品经久耐藏，在常温下可保存 1 ~ 2 年不坏；开盖即食，食用方便安全；无需另外加工处理（经过排气、密封、杀菌等基本工艺后就能保证无致病菌和腐败菌）。

（二）干制品

干制品是指园艺原料经洗涤、去皮、切分、热烫、烧烤、回软、分级、包装等工艺处理后，在自然条件或人工控制的条件下，促使其脱除一部分水分，将其可溶性物质的浓度提高到微生物难以利用的程度的一种加工品。习惯上，将以果品为原料的干制品称为果干（如葡萄干、红枣、荔枝干等），以蔬菜为原料的干制品称为干菜或脱水菜（如黄花菜、脱水蒜片、干椒）。

一般园艺干制品的成品含水量为 10% ~ 20%。其特点是成品重量轻、体积小、便于运输、食用方便、营养丰富而又易于长期保藏。成品具有一定的复水性。

（三）汁制品

果蔬汁是指未添加任何外来物质，直接以新鲜或冷藏果蔬为原料，经过清洗、挑选后，采用物理的方法，如压榨、浸提、离心等得到的果蔬汁液。果蔬汁的主要成分是水、有机酸、糖分、矿物质、维生素、芳香物质、色素、单宁、含氯物质和酶等。果蔬汁属于生理碱性食品，能防止因食肉过多而引起的酸中毒。可溶性固形物的含量一般可达 10% ~ 15%。以果蔬汁为基料，加水、糖、酸或香料调配而成的汁制品称为果蔬汁饮料。

果蔬汁制品的特点是种类丰富、营养价值高、容易被人体吸收、饮用方便、便于携带和运输、有的还有医疗效果（如芹菜汁）。

（四）糖制品

糖制品是将果蔬原料或半成品经预处理后，利用食糖的保藏作用，通过加糖浓缩，将固形物浓度提高到 65% 左右而得到的加工品，包括蜜饯类和果酱类。

糖制品的特点是高糖或高酸、酸甜适口、风味独特、营养丰富、保藏性良好和贮运性良好。

（五）腌制品

腌制就是让食盐大量渗入蔬菜组织内部，以降低其水分活度，提高其渗透压，从而达到保藏其食用品质的目的。

腌制品的制法简单、成本低廉、保存容易、风味佳美，咸、酸、甜、辣风味各异，具有增进食欲、帮助消化、调节肠胃的功能。

（六）速冻制品

速冻制品是指原料经处理后，在 –25 ~ –35 ℃低温下速冻，使园艺产品内的水分迅速结成小冰晶，然后在 –18 ℃的条件下保存的加工品。速冻制品能较好地保持果蔬原有的风味和营养，鲜度高，卫生、方便。

（七）酿造制品

酿造制品是以果蔬为原料，经过发酵工艺而制成的一类加工品。果酒是以果实为主要原料酿制而成的色、香、味俱佳且营养丰富的低度饮料酒。其特点是芳香独特、风味醇和、清爽、酒精度低、营养丰富，有的还具有医疗保健作用。

而果醋是以果实或果酒为原料，采用醋酸发酵技术酿造而成的制品。果醋具有丰富的有机酸、维生素，风味芳香，有良好的营养保健作用。

（八）鲜切制品

鲜切制品是将新鲜果蔬经清洗、去皮、修整、包装制成的即食即用的果蔬制品，也称作最少加工果蔬、切割果蔬、最少加工冷藏果蔬。所用的保鲜方法主要有微量的热处理、控制pH 值、应用抗氧化剂、氯化水浸渍或各种方法的结合使用。

鲜切制品能够即时即用，食用方便，最大限度保持果蔬原有风味和品质，但货价期较短。

（九）果蔬脆片

果蔬脆片是以新鲜果蔬为原料，采用先进的真空油炸技术、微波膨化技术和速冻技术精制而成的制品。产品口感酥脆，风味各异，有益健康，老少皆宜，保存了新鲜果蔬纯天然的色泽、营养和风味，又具有低脂肪、低热量和高纤维素的特点，含油率明显低于传统油炸食品，无油腻感，也不会产生 3，4-苯并芘和丙烯酰胺等致癌物，而且保存期长，被食品营养界称为"21 世纪食品"，是国际上流行的休闲食品。

二、园艺加工产品败坏的原因及预防措施

园艺产品生产中存在的地域性、季节性及易腐性是影响园艺产品生产质量和效益的主要原因。而解决易腐性，是打破地域性与季节性的基础与必要条件。园艺产品加工的作用就是通过各种手段，最大限度地防止产品的败坏。

（一）园艺加工产品败坏的原因

园艺加工品败坏是指改变了园艺加工品原有的性质和状态，而使质量劣变的现象。造成园艺加工品败坏的原因主要是园艺产品本身所含的酶及周围理化因素引起的物理、化学和生化变化，以及微生物活动引起的腐烂。

1. 微生物败坏

有害微生物的生长发育是导致园艺加工品败坏的主要原因。由微生物引起的败坏主要有表面生霉、发酵、酸败、软化、产气、混浊、变色、腐烂等，对园艺产品本身及其制品的危害最大。微生物在自然界中无处不在，通过空气、水、加工机械和盛装容器等均能导致微生物的污染，再加上新鲜园艺产品含有大量的水分和丰富的营养物质，是微生物良好的培养

基，极易滋生微生物。引起园艺产品及其制品败坏的微生物主要有细菌、霉菌和酵母菌。加工中，原料不清洁、清洗不充分、杀菌不完全、卫生条件差、加工用水被污染等都能引起微生物感染。

2. 酶败坏

园艺产品在自身酶的作用下或在微生物分泌酶的作用下，蛋白质水解、果胶物质分解导致产品软烂和酶褐变的发生等，造成食品的变色、变味、变软和营养价值下降。

3. 理化败坏

物理败坏是指由光线、温度、重力和机械创伤等物理因素引起的园艺产品败坏；化学败坏是指由不适宜的化学变化引起的败坏，如氧化、还原、分解、合成、溶解、晶析等。理化败坏程度较轻，一般无毒，但易造成色、香、味和维生素等的损失。这类败坏与园艺产品的化学成分关系密切。

（二）防止败坏的措施

有效控制微生物败坏是防止园艺加工品败坏的主要手段，不同的方法其原理也不相同。

1. 抑菌保存

（1）低温　将原料或成品在低温下保存，也就是冷藏。低温可以有效地抑制微生物的活动，产品内部的各种生化反应速度也很缓慢，使产品得以较好地保藏。

（2）干制　水分是微生物生命活动的重要物质。干制原理就是利用热能或其他能源排除园艺产品原料中所含的大量游离水和部分胶体结合水，降低园艺产品的水分活度，微生物由于缺水而无法生长，园艺产品中的酶也由于缺少可利用的水分作为反应介质而共活性大大降低，从而使制品得到很好的保存。经干制的产品贮藏时应适当地包装和进行贮藏环境湿度的管理，避免吸潮使制品发生霉变。

（3）高渗透压　利用高浓度的食糖溶液或食盐溶液提高制品渗透压和降低水分活性的原理来进行保藏。微生物对高渗透压和低水分活性都有一定的适应范围，超过这个范围就不能生长。食糖和食盐均可提高产品的渗透压。当制品中的糖液浓度达到 60% ~70% 或食盐浓度达到 15% ~20% 时，绝大多数微生物的生长受到抑制，所以常用高浓度的食糖或食盐溶液进行制成品或半成品的保藏。果脯蜜饯类、果酱类制品和一些果蔬腌制品就是利用此原理得以保藏的。

（4）速冻　将原料经一定处理，利用 –30 ℃ 以下的低温，将果蔬原料在 30 min 或更短的时间内使组织内 80% 的水迅速冻结成冰，并放在 –18 ℃ 以下的低温条件下长期保存。低温可以有效地抵制酶和微生物的活动，产品在冻结条件下的活性值也大大降低，可利用的水分少，使制品得以长期保藏。解冻后，产品能基本保持原有品质。

（5）化学防腐原理　果蔬加工中利用化学防腐剂使制品得以保藏。化学防腐剂是一些能杀死或抑制食品中有害微生物生长繁殖的化学药剂，其主要用在半成品保藏上。化学防腐剂必须低毒、高效、经济、无异味、不影响人体健康和不破坏食品的营养成分。

2. 杀菌保存

杀菌保存是指杀死制品中的微生物，防止其生命活动引起食品的败坏。因为考虑到高温对食品品质的影响，现在的杀菌保存也称为商品无菌，其原理是通过热处理、微波、辐射、过滤等工艺手段，使制品中腐败菌数量减少或消灭到能使制品长期保存所允许的最低限度，杀灭致病微生物。传统的杀菌是热力杀菌。根据微生物对高温的承受能力的不同及杀灭的目标菌不同，杀菌分为常压杀菌和高压杀菌。杀菌必须配合抽真空、密封等处理，防止产品的再次污染，从而保证制品的安全性。真空处理不仅可以防止氧化引起的品质劣变，不利于微生物的繁殖，而且可以缩短加工时间，能在较低的温度下完成加工过程，使制品的品质进一步提高。密封是保证加工品与外界空气隔绝的一种必要措施，只有密封才能保证一定的真空度。无论何种加工品，只要在无菌条件下密封保持一定的真空度，避免与外界的水分、氧气和微生物接触，则可长期保藏。果蔬罐制品就是典型的利用杀菌原理保藏的食品。

3. 发酵保存

发酵保存又称生物化学保藏，是园艺产品内所含的糖在微生物的作用下发酵，产生具有一定保藏作用的乳酸、酒精、醋酸等的代谢产物来抑制有害微生物的活动，使制品得到保藏。园艺产品加工中的发酵保藏主要有乳酸发酵、酒精发酵、醋酸发酵，发酵产物乳酸、酒精、醋酸等对有害微生物的毒害作用十分显著。果酒、果醋、酸菜、泡菜等是利用发酵保藏的原理来保存产品的。

任务 2　园艺产品加工的基本原理

一、干制脱水

新鲜的园艺产品含有大量的游离水，在适宜的温度条件下，产品的呼吸作用、蒸腾作用等生命活动会继续进行，同时，在产品本身所含有的酶的催化作用下，其生化活动也会继续进行，这些都会造成园艺产品营养物质的损失、品质的下降。另外，高水分含量使得园艺产品易遭受微生物侵染而腐烂变质。干制后的园艺产品水分大部分被脱除，因此增加了内容物的浓度，降低了水分活度，这样就能有效抑制园艺产品本身生命活动的进行及酶和微生物的活性，使得园艺产品能够长期贮藏。

脱除水分的过程是水分蒸发的过程，这个过程主要靠水分的外扩散和内扩散作用来进行。当产品原料受热时，首先是原料表面水分的蒸发，称为外扩散；随着蒸发的进一步进行，原料内部水分向表面水分较少处移动，称为内扩散。而且，这种水分移动速度，也就是干燥速度，其快慢对干制品的质量起着决定性作用，干制时间越短，产品质量越好。干制速度又与干燥环境的温度、湿度、空气流速及干制品的种类、大小、形状有关。温度越高、湿度越小、原料切分越小、空气流速越大，干燥速度越快。

干制过程中注意选用的工艺条件要使内外水分扩散速度相协调，否则如果水分的外扩散速度远大于内扩散速度，就会造成内部水分来不及转移到表面，致使产品原料表面过度干燥而形成硬壳，即"结壳"现象，阻碍水分继续蒸发，甚至出现表面干裂焦化，使品质降低。

二、密封杀菌

密封是罐制食品长期保存的关键工序之一。罐头密封可以阻止罐内外空气、水等流通，防止罐外微生物渗入罐内，并且因为杀灭了原存罐内的腐败菌，所以能防止食品腐败变质而长期贮藏。通常金属罐的密封用封罐机来完成，最常见的封罐机有自动、半自动和真空封罐机。玻璃瓶罐的密封则根据罐口造型或罐盖形式不同而以卷封式、旋转式或套盖式封盖机进行密封。塑料复合材料（杯或袋）的密封常用高频、热压或脉冲式密封法封边、封盖。

杀菌，即将食品所污染的致病菌、产毒菌、腐败菌杀灭，但允许残留在罐内特殊环境下不引起罐内食品腐败的微生物或芽孢存在，因此也称"商业无菌"。

（一）杀菌温度与微生物的关系

污染食品的常见微生物主要有霉菌、酵母菌和细菌。霉菌和酵母菌耐热性差，在加热后的罐制品中一般都被杀死，另外霉菌不耐密封条件，因此，在罐制品生产中霉菌和酵母菌的活性容易得到控制。导制罐制品腐败变质的微生物主要是细菌，所以，罐制品杀菌的标准主要以杀死细菌为依据。

根据细菌生存对氧的需求，可将细菌分为嗜氧菌、厌氧菌和兼性厌氧菌。在罐制品生产过程中，因为排气密封工艺使嗜氧菌的生长繁殖受到抑制，所以，杀菌标准以杀死厌氧菌作为依据。

根据细菌生存对温度的适应范围，又将细菌分为嗜冷菌、嗜温菌和嗜热性菌。嗜温（热）菌对罐制品质量的影响最为重要，所以，杀菌标准以杀死这类细菌及孢子为依据。

不同的微生物适宜生存的 pH 值范围不同，而罐制加工的园艺产品的 pH 值对细菌的耐热性有着非常重要的影响。一定温度下，pH 值越低，细菌及其芽孢的耐热性越差。根据园艺产品酸性的强弱，可将其分为酸性制品（pH≤4.5）和低酸性制品（pH > 4.5）。实际生产中，酸性罐制品杀菌温度通常不超过 100 ℃；低酸性罐制品杀菌温度则要在 100 ℃以上。这个温度界限的确定是根据肉毒梭状芽孢杆菌在不同的 pH 值下的生长适应情况而定的。低于这个值，其生长繁殖受到抑制，不产生毒素；高于这个值，其适宜生长并产生致命外毒素。

（二）杀菌温度与酶的关系

园艺产品原料中含有各种酶，这些酶促进园艺产品中有机物的分解变化，所以为了保证园艺罐制品的品质及营养成分，必须有效抑制酶的活性。

酶的活性和稳定性与温度关系密切。在较低温度范围内，随着温度的升高，酶的活性增加；当温度高于 40 ℃时，酶将失去活性。每种酶的最适温度都会受到 pH 值、共存盐类等因素的影响而发生改变。

酶的耐热性因种类的不同而有较大的差异。大多数与园艺罐制品加工有关的酶在 45 ℃以上时逐渐失活，但植物过氧化物酶在中性条件下相当稳定。加热处理时，其他种类的酶和微生物大都在植物过氧化物酶失活前被破坏掉，因此，园艺罐制品加工常根据此酶是否失活来判断杀菌和热烫是否充分。

三、高渗透压

溶液都有一定的渗透压，而且溶液浓度越高，渗透压越大。高浓度溶液具有强大的高渗透压，处于这种溶液中的微生物，细胞内的水分就会透过原生质膜向外界溶液渗透，最终使得细胞的原生质因脱水与细胞壁发生质壁分离。质壁分离的结果是细胞变形，微生物的生长代谢呈抑制状态，脱水严重时还会致微生物死亡。因此，园艺产品加工中，经常利用食盐或食糖溶液的高渗透压作用来保藏制品。

四、微生物发酵

在园艺产品腌制过程中，由微生物引起的正常发酵作用主要是乳酸发酵，同时也伴随少量的酒精发酵和醋酸发酵。这几种发酵作用的主要产物像乳酸、酒精和醋酸，能抑制有害微生物的活动，起到防腐作用，同时还能使腌制品产生特殊的香气和酸味。

1. 乳酸发酵

乳酸发酵是指乳酸菌将园艺果蔬中的糖分分解最终转化为乳酸的过程。乳酸菌广泛分布于水、空气和果蔬表面，只要发酵条件适宜，即可自然发酵。发酵过程的总反应式是：

$$C_6H_{12}O_6 \longrightarrow 2CH_3CHOHCOOH$$
$$\text{糖} \qquad\qquad \text{乳酸}$$

由于乳酸菌种类不同，乳酸发酵过程中的发酵产物除乳酸外，还有乙醇、乙酸、二氧化碳等许多其他产物。

影响乳酸发酵的因素：

（1）温度 适宜乳酸菌生长的温度范围是 26 ~ 30 ℃，乳酸菌在这个温度范围内，产酸高、发酵快。但这个温度范围也有利于腐败菌的生长繁殖，因此，发酵温度最好控制在15 ~ 20 ℃，这样腐败菌受到抑制，乳酸发酵更安全。

（2）食盐浓度 乳酸发酵需要在低盐浓度下进行，3% ~ 5% 的盐水浓度最适宜乳酸发酵，盐浓度过高，乳酸菌生长繁殖受到抑制，乳酸发酵受阻。

（3）空气 乳酸菌是一种厌氧菌，在无氧条件下乳酸发酵能正常进行，同时无氧能抑制霉菌等好气性腐败菌的生长繁殖，还能防止园艺产品原料中维生素 C 的氧化。因此，原料在腌制时必须压实密封，并用盐水淹没以隔绝氧气。

（4）pH 值 乳酸菌较耐酸性环境，在 pH 为 3 的条件下仍可生长繁殖；而腐败菌、大肠杆菌等抗酸性差，pH 为 3 时活动受到抑制；霉菌和酵母菌虽耐酸，但在缺氧环境下不能生长。所以，在发酵前加入少量酸卤水，发酵时进行密封，能防止制品腐败变质。

（5）含糖量 乳酸发酵时，乳酸菌需要把园艺产品原料中的糖分解为乳酸。生成 0.5 ~ 0.8 g 乳酸需要消耗 1 g 糖，一般发酵性腌制品中乳酸含量为 0.7% ~ 1.5%，而园艺产品原料中的含糖量通常是 1% ~ 3%，基本可满足发酵需求。为了促使发酵作用进行，有时可在发酵前加入少量糖。

2. 酒精发酵

酒精发酵是指酵母菌将果蔬中的糖分分解并生成酒精和二氧化碳的过程。这个过程的反应式是：

$$C_6H_{12}O_6 \longrightarrow 2CH_3CH_2OH + 2CO_2\uparrow$$
$$\text{糖} \qquad\qquad \text{酒精}$$

轻度的酒精发酵（产酒精量一般为 0.5% ~ 0.7%）对乳酸发酵没有影响，生成的少量酒精与酸作用形成酯，可使制品带有特殊的香气。

3. 醋酸发酵

醋酸发酵是指醋酸菌将酒精氧化生成醋酸的过程。这个过程的反应式是：

$$2CH_3CH_2OH + O_2 \longrightarrow 2CH_3COOH + 2H_2O$$
$$\text{酒精} \qquad\qquad \text{醋酸}$$

除醋酸菌外，大肠杆菌等细菌也可将糖转化成乳酸和醋酸。少量的醋酸对腌制品品质没有不利影响，但醋酸含量过高则会对制品质量造成影响。醋酸菌需要有氧环境才具有活性，所以可通过密封等措施抑制醋酸菌活动，从而减少醋酸产生。

五、低温速冻

（一）低温与园艺产品贮藏的关系

园艺产品能否安全贮藏，与感染的微生物及其自身所含有的酶有着极其密切的关系。

1. 低温对微生物的影响

微生物的生长繁殖都有着适宜的温度范围。每种微生物生长繁殖最快的温度称为最适温度，低于或高于最适温度，微生物的活动受到抑制，其生长停滞甚至死亡。

致病菌在制品冷冻后残存率迅速下降，冻藏对其抑制作用很强，但杀伤效力不强。实验证明，某些嗜冷菌在 -10 ~ -20 ℃下仍能生存。所以，一般园艺产品的贮藏温度采用 -18 ℃或更低一些的温度。

低温使微生物的存活数量急剧减少，但长期处于低温环境的微生物能产生新的适应性，一旦温度回升，生存条件适宜，又会大量繁殖，引起制品的腐败变质。

2. 低温对酶的影响

大多数酶的适宜温度范围是 30 ~ 40 ℃，酶的活性受温度影响很大，低温对酶有抑制作用，能使酶的催化作用减弱，但酶的活性并没有消失。相反，酶在过冷条件下，其活性常被激发。因此，为了保持冻藏园艺产品的优良品质，一般要求冻藏温度不高于 -18 ℃，有些国家甚至采用更低的温度。

酶的催化作用会引起制品的色泽、风味、营养物质的变化，使制品发生褐变、口味变差、软化等。所以，产品冻结前往往采取漂烫、添加护色剂等措施来钝化或抑制酶的活性。

（二）冻结速度对冷冻产品质量的影响

速冻也就是快速冻结，是指在产品冻结时，以最快的速度通过最大冰晶生成带，通常是以厚度或直径为 10 cm 的产品，使其中心温度在 1 h 内降低到 -5 ℃；超过这个时间则称为缓慢冻结。冻结速度的快慢对冷冻产品的品质影响很大。

缓慢冻结时，由于细胞内外溶液浓度不同，细胞外水分首先形成冰结晶，此时细胞内水分逐渐向细胞外的冰晶迁移聚集，形成更大的冰晶体，直至细胞内所有水分形成冰结晶。所以，缓慢冻结使得制品组织内形成的冰晶数量少、体积大、分布不均匀，造成制品组织细胞被膨大的冰晶体挤压受损，解冻后汁液流失、风味恶变；另外，水分迁移使细胞内液体浓度增加，为微生物活动提供条件。

速冻时，细胞内外水分几乎同时在原地形成冰结晶，冰晶数量多、体积小、分布均匀，对制品组织结构造成的机械损伤小，解冻后可最大限度地保持制品的原有品质。并且，速冻可将温度迅速降低至酶催化和微生物生长活动的适宜温度以下，有利于及时抑制酶促生化反应的进行和微生物的活动，提高冻藏效果。

总之，为了更好地保证冻藏制品的品质，应尽量对园艺产品进行速冻。

六、化学防腐

化学防腐就是在园艺产品贮藏和生产加工过程中使用各种化学添加剂以增加园艺产品的耐藏性并达到某种加工目的的方法。

目前，使用的食品防腐剂的种类很多，主要分为合成和天然防腐剂。常用的合成防腐剂以山梨酸及其盐、苯甲酸及其盐和尼泊金酯类等为代表。天然防腐剂的成本较高，在食品加工中未能得到普遍应用，但是天然防腐剂具有抗菌性强、安全无毒、水溶性好、热稳定性好、作用范围广等合成防腐剂无法比拟的优点。因此，开发高效、安全、稳定的天然防腐剂已成为食品科学研究的热点之一。

由于不同类的微生物的结构特点、代谢方式是有差异的，因而同一种防腐剂对不同的微生物的效果不一样。

防腐剂抑制与杀死微生物的机理是十分复杂的，目前使用的防腐剂一般认为对微生物具有以下几方面的作用：

1）作用于细胞膜，导致细胞膜的通透性增加，细胞内物质外流，从而使细胞失去活力，如苯甲酸和酚类物质。

2）使细胞活动必需的酶失活。很多抗菌剂的作用就是通过抑制细胞中酶的活性或酶的合成来实现的。这些酶既可以是基础代谢的酶，也可能是合成细胞重要成分的酶，如蛋白质或核酸合成的酶类。

3）破坏细胞质内的遗传物质或使其失去生理功能，干扰微生物的生存和繁殖。

防腐剂一般杀菌作用很小，只有抑菌的作用，如果制品带菌过多，添加防腐剂是不起任何作用的。因为制品中的微生物基数大，尽管其生长受到一定程度的抑制，微生物增殖的绝对量仍然很大，最终通过其代谢分解使防腐剂失效。因此，不管是否使用防腐剂，加工过程中严格的卫生管理都是十分重要的。

任务3 园艺产品加工对原辅料的基本要求及处理

一、园艺产品加工对原辅料的基本要求

（一）园艺产品加工对原料的基本要求

园艺产品加工的方法很多，不同的加工方法和制品对原料的要求各不相同，原料品质的好坏决定着加工制品质量的好坏。总地来说，园艺产品加工要求原料的种类和品种合适、成熟度适宜、新鲜卫生、无破损。

1. 种类和品种的选用

园艺产品的种类和品种非常多，虽然都可以用来加工，但由于各种原料产品自身的组织结构、化学成分不同，所适宜加工的产品也不同。例如：富士苹果适合鲜食、制脆片和加工罐头；国光苹果则适宜制作果汁、果酒，不适合制作脆片等。

各种园艺果蔬加工制品对原料的选用要求：

1）糖制品、罐制品、速冻制品要求原料肉质厚、果心小、糖酸比例合适，质地致密、脆嫩，耐煮性好、整形后形态美观、色泽一致、粗纤维少。大多数的园艺果蔬均可进行此类加工。

2）干制品要求原料干物质含量高、水分含量低、香味浓郁、风味色泽好、粗纤维少，如枣、杏、龙眼、葡萄、柿子、山楂、马铃薯、胡萝卜、南瓜、辣椒、生姜、洋葱、大部分食用菌等。

3）果酒制品、果蔬汁制品要求原料汁液含量丰富、取汁容易、果胶含量较少、糖分含量高、香味浓郁、甜酸适宜，如葡萄、苹果、梨、柑橘、菠萝、山楂、樱桃、桑葚、番茄、

草莓、胡萝卜、黄瓜等。

4）果酱类制品要求原料含果胶丰富、含较多有机酸，并且香气足、风味浓郁，如草莓、苹果、杏、山楂、番茄等。

5）腌制品对原料要求较少，一般干物质含量较多、水分含量低、肉质肥厚、粗纤维少较好，如芥菜类、白菜类、根菜类、姜、蒜、茄子、黄瓜等都可作为腌制品的优质原料。

2. 原料的成熟度

不同成熟度的园艺果蔬会表现出不同的风味、香气、质地和色彩的变化，果蔬的成熟度是表示原料品质与加工适宜性的重要指标之一。加工中严格掌握成熟度，对于提高产品的质量和产量有着极其重要的意义。

（1）可食成熟度（绿熟） 园艺果蔬在这个时期基本上完成了生长发育过程，体积停止增长，种子发育成熟，已可采收。从外观来看，果实已开始具有原料的色泽，但风味欠佳，果肉坚硬，果胶含量多，糖酸比值低，生产上俗称五六成熟。这种成熟度的园艺果蔬类原料适合做果脯、蜜饯，不适合加工其他产品。

（2）加工用成熟度（坚熟） 园艺果蔬充分呈现出品种应有的外观、色泽、风味和芳香，在化学成分含量和营养价值上也达到最高点，生产上称为七至九成熟，是制作罐头、果汁、干制品、速冻食品和腌制品的上好原料。

（3）过熟成熟度（完熟） 园艺果蔬在生理上已经达到完全成熟，组织开始变得松弛，随着储存时间的延长，营养物质开始分解转化，此时还可以用作果汁、果酒的原料，而对于一些要求积累脂肪和淀粉的原料，如板栗、核桃等必须要在此时才开始采收。

对一些质地柔嫩的园艺果蔬，由于采收时较生，采收后可使其在自然条件下继续成熟，称为后熟。利用一些人工的方法加快后熟，称为催熟。

3. 原料的新鲜度

园艺果蔬的新鲜度对加工也非常重要。原料越新鲜完整，加工的成品品质越好，损耗率也越低。一般情况下，原料越新鲜，加工出来的蔬菜产品质量越高，多数蔬菜要求从采收到加工不超过 12 h，有些蔬菜要求时间更短。

对于无法及时加工的原料或需要保藏一定时间以延长加工季节的原料，则需要在良好的条件下贮藏，以尽量延缓原料品质变化。

（二）园艺加工对食品添加剂类辅料的基本要求

食品添加剂是指为改善食品的色、香、味和食品品质，以及因防腐和加工工艺需要而加入食品中的天然或化学合成物质。食品添加剂必须在国家规定标准内使用，不能破坏加工品的营养和化学结构，也不能用来掩盖加工品本身的变质状况，不能对人体有害。常用的食品添加剂包括防腐剂、乳化剂、增稠剂、着色剂、酸味剂、甜味剂、酶制剂、抗氧化剂、强化剂、香辛料等。

常用的香辛辅料有姜、蒜、葱、洋葱、辣椒、丁香、小茴香、八角、桂皮、肉豆蔻、月桂叶、香芹菜、黑芥子、咖喱粉、五香粉等。

二、半成品保藏

园艺产品加工多以新鲜原料加工，但原料成熟期短，采收集中，造成旺季加工压力大，淡季又缺乏原料，为了延长加工期，除进行原料鲜贮外，还可将原料加工成半成品进行保藏。

半成品的保藏方法有：

（一）盐腌处理

对一些凉果类蜜饯及腌菜类，将半成品用高浓度的食盐溶液腌制保存，主要是利用高浓度的食盐溶液具有较高的渗透压，同时能降低水分活度，从而抑制微生物及酶的活性，达到保藏目的。

腌制的方法：

1. 干腌

干腌适用于成熟度高、含水分多的原料。一般用盐量为原料的 14% ～ 15%。腌制时，宜分批拌盐，拌匀，分层入池，铺平压紧，下层用盐少，由下而上逐层多加，表面用盐覆盖以隔绝空气。也可盐腌一段时间以后，取出晒干或烘干作干胚保藏。

2. 盐水腌

盐水腌适合于成熟度低、水分少的原料。一般配制 10% 的食盐溶液将果蔬淹没。

（二）硫处理

果实用二氧化硫或亚硫酸盐类处理，是保存加工原料另一有效而简便的方法。亚硫酸具有强还原性，是一种强效的杀菌剂，并能防止原料中维生素 C 的氧化破坏；同时，亚硫酸也能破坏氧化酶和水解酶的活性，使果蔬停止生理活动，防止果蔬质地变化；并且，亚硫酸具有护色作用；另外，亚硫酸有一定的防虫、杀虫作用。但是，亚硫酸在果蔬中残留过多，对人体会有毒害作用。在加工中，用亚硫酸保藏的半成品如不经破碎或高温煮沸，比较难以排除亚硫酸。所以，亚硫酸保藏的方法仅适用于果干、果脯、蜜饯、果汁或果酱等的加工。

（三）无菌大罐保藏

无菌大罐保藏是将经巴氏杀菌并冷却的果蔬汁或果酱，在无菌条件下灌入预先已灭菌的密闭大罐内，保持一定的气体压力，以防止产品内的微生物发酵变质，从而保藏产品的一种先进的贮藏工艺，可明显减少因热贮藏造成的产品质量变化，如用于再加工的番茄汁、果蔬汁的保藏。但该方法投资大、操作要求严格、技术性强。

三、园艺产品加工对原料的预处理

园艺产品加工的预处理对其制成品的生产影响很大，如处理不当，不但会影响产品的质量和产量，而且会对以后的加工工艺造成影响。预处理主要包括分选、清洗、去皮、修整、切分、漂烫（预煮）、抽空等工序。这些工序中对制成品影响最大的有分选、去皮、漂烫及工序间护色等。

（一）分选

选择园艺产品原料需要考虑的三个条件是品种、成熟度和新鲜度。一般情况下，分选包括原料的去杂和分级。去杂工作主要靠人工完成，剔除原料中的腐烂果蔬及混入原料中的树枝、沙石等杂质。分级是按照加工品的要求而采用不同的标准进行分级。常用的分级标准有大小分级、成熟度分级、色泽分级和品质分级等。通常，视不同的果蔬种类和这些分级内容对园艺果蔬加工制品的影响程度分别采取一种或多种分级方法。例如：制作水果蜜饯、罐头、干制品需要大小一致、形态整齐的果品，可以用分级板简单进行大小分级即可；果汁、果酒类产品对原料的大小无要求，主要在于成熟度、色泽和香气；青豌豆的分级主要采用盐水浮选法，因为成熟度高的豌豆含有较多的淀粉，比重较大，在特定比重的盐水中可利用其上浮或下沉将其分开，比重越小则等级越高。

（二）去皮

园艺果蔬加工中，某些果汁和果酒生产时因为要榨汁或打浆等原因不用去皮；腌渍制品不用去皮；质软柔嫩的原料，如樱桃、葡萄、草莓、桑葚、枣等不用去皮。除此以外，园艺果蔬（除一些叶菜类外）外皮通常坚硬、粗糙，口感不良，影响制成品的品质，一般都要求去皮。例如：竹笋的外皮含纤维质，不可食用；柑橘的外皮含有精油和苦味物质；苹果、桃、李、杏、梅等外皮含有纤维素、果胶和角质；荔枝、龙眼的外皮木质化，因而都要求去皮。去皮必须要做到适度，去皮过度，原料消耗大，增加成本且加大工作量；去皮不足，不符合要求。常用的去皮方法有手工去皮、机械去皮、化学去皮和热力去皮等。

1. 手工去皮

手工去皮是指使用刨、刀等工具人工去皮，应用较广。此方法的优点是去皮干净、损失率少，可有修整的作用，也可使去心、去核、切分等同时进行，在园艺产品原料质量较不一致的情况下能显示出其优点，但这种方法费工、费时、生产效率低。

2. 机械去皮

机械去皮主要用于一些比较规整的果蔬原料，生产上常用的有旋皮机和擦皮机。旋皮机可对苹果、柿子、梨、猕猴桃等去皮；擦皮机用于一些质地较硬的蔬菜原料，如萝卜、红薯、马铃薯的去皮，通过摩擦将皮擦掉，然后用水冲洗干净。

3. 化学去皮

化学去皮主要有酸液或碱液去皮和酶法去皮两种。碱液去皮是园艺产品原料去皮应用最广泛的方法，主要是通过碱液对表皮内的中胶层溶解，从而使果皮分离。表皮所含的角质、半纤维素具有较强的抗腐蚀能力，中层薄壁组织主要由果胶组成，在碱的作用下，极易腐蚀溶解，而可食部分多为薄壁细胞，能抗酸碱的腐蚀。碱液浓度掌握好，就可使表皮脱落，具体见表4-1。常用的碱为氢氧化钠、氢氧化钾、碳酸钠、碳酸氢钠等。处理方法主要有浸碱法和淋碱法。浸碱法是将一定浓度、温度的碱液装入容器，将原料投入，不断搅拌，经过适当的时间捞起原料，用清水冲洗干净即可。淋碱法主要采取淋碱去皮机，用皮带传送原料，碱液加热后用高压喷淋，通过控制传送速度，达到去皮的目的。

表 4-1　常见果品碱液去皮的参考条件

水 果 种 类	氢氧化钠的浓度（%）	碱液温/℃	处理时间/min
桃	2.0 ~ 6.0	> 90	0.5 ~ 1.0
杏	2.0 ~ 6.0	> 90	1 ~ 1.5
李	2.0 ~ 8.0	> 90	1 ~ 2
猕猴桃	2.0 ~ 3.0	> 90	3 ~ 4
柑橘	0.8 ~ 1.0	60 ~ 75	0.25 ~ 0.5
苹果	8 ~ 12	> 90	1 ~ 2
梨	8 ~ 12	> 90	1 ~ 2

影响碱液去皮效果的因素主要有碱液的浓度、温度和作用时间。浓度、温度和时间呈相反关系。浓度大、温度高则所用时间短；温度高、时间长又可降低使用浓度；如果浓度和时

间确定，要提高去皮效率只有提高温度。所以，要辩证地掌握好三要素。

碱液去皮的优点很多，适应性广，几乎所有的果蔬都可以用碱液去皮，并且对表面不规则、大小不一的原料也能达到良好的去皮效果；掌握适度时，损失率少，原料利用率高；节省人工、设备。但必须注意碱液的强腐蚀性。

酶法去皮主要用于柑橘囊瓣去囊衣。利用的原理是果胶酶使果胶分解，使以果胶为主体的囊衣破坏，达到去皮的目的。粒粒橙内的小粒，多是采用这种方法得到的。同样，这种方法的影响因素主要有酶液浓度、作用温度、时间及 pH 值。

4. 热力去皮

利用 90 ℃以上的热水或蒸汽去皮称为热力去皮。因果皮突然受热，细胞会膨胀破裂，果胶胶凝性降低，使果皮和果肉分离。蒸汽去皮主要用在桃上。

5. 其他去皮方法

其他去皮方法还有冷冻去皮、真空去皮等。冷冻去皮是使果蔬在冷冻装置中达轻度表面冻结，然后解冻，使表皮松弛后去皮。此方法主要用于桃、番茄的去皮。真空去皮是将成熟的果蔬先行加热，使其升温后果皮与果肉分离，接着进入有一定真空度的真空室内，适当处理，使果皮下的液体迅速"沸腾"，皮与肉分离，然后破除真空，冲洗或搅动去皮。

综上所述，去皮的方法很多，应根据生产条件、果蔬的状况而适当采用。

（三）漂烫

果蔬的漂烫在生产上常称为预煮。它是指将原料加热到一定的温度以达到所要求的目的的一种操作。

1. 漂烫的作用

（1）钝化酶的活性 园艺果蔬内的酶如果不被钝化，可能会引起果蔬风味、组织结构及感官方面的变化。这些变化对冷冻干燥食品或速冻食品的品质影响显得尤为重要。

（2）软化组织 通过加热可以排除果蔬内部组织内的气体，使组织软化。

（3）保持和改进色泽 由于酶的钝化和内部气体的排除，减弱了褐变的条件，从而保持了色泽。这一点对绿色果蔬尤为重要。

（4）去除不良风味 通过漂烫可以去除某些果蔬中的不良风味。

（5）降低果蔬中的微生物数量 漂烫的温度和作用时间可以使大量的微生物死亡。这对速冻制品品质保证很重要。

2. 漂烫的操作方法

漂烫的操作方法通常和果蔬的特性及制品的加工过程有关，常用的方法有两种：一种是浸泡法，即将原料浸入一定温度的热水中，保持一定时间，然后取出，冷却；另一种是喷射蒸汽法，即将原料传送进入隧道，采用高温高压蒸汽进行喷射，达到灭酶和灭菌的效果。

3. 漂烫的损失

漂烫有其优点，但也会带来损失。漂烫中对热和氧气敏感的维生素 C 的损失最为明显。喷射蒸汽法由于作用时间相对较短，损失比较少；浸泡法中会损失大量的可溶性固形物。但是漂烫的损失可以通过在达到漂烫效果的前提下，尽量缩短漂烫时间和减少原料同氧气的接触来降到最低。

（四）护色处理

园艺果蔬在采收后或加工中去皮后，如果不进行及时处理就会产生颜色变化。

我们把果蔬在加工过程中发生的颜色变化分为酶促褐变和非酶褐变。酶促褐变会导致一些色素的生成。多酚氧化酶（PPO）是引起果蔬变黑的主要酶类，如苹果、梨、香蕉、马铃薯、葡萄、柿子等在去皮或切分过程中如果不加以处理就会很快变黑，而菠萝、橘子、番茄则不会出现这种情况。这种褐变反应的发生必须要求同时具备 PPO 多酚类底物和氧气，同时要有少量铜离子的存在，前面三个条件必须同时存在，解决的办法就是消除其中的一个或多个因素。果蔬中叶绿素的存在会引起非酶褐变，羰氨反应（又称美拉德反应）也会产生非酶褐变。针对果蔬加工中出现的这两种褐变，可以采取相应的处理方法进行消除。对于由脱镁叶绿素引起的非酶褐变，可以采用增加镁盐的方法防止；对于由羰氨反应引起的非酶褐变，可以通过降低原料中还原糖的含量或在加工前用二氧化硫处理来消除。

对于由 PPO 引起的酶促褐变，通常可以采用化学法和物理法两种方法进行控制。目前常用的化学护色剂有抗坏血酸、柠檬酸、钙盐、氯化钠、亚硫酸及其盐类，常使用这些物质的水溶液对果蔬进行护色处理。

护色的物理方法包括漂烫和高压，果蔬预处理中漂烫的主要目的之一就是要钝化酶的作用，加热处理是破坏酶作用的一种非常有效的途径。实验已经证明，高压也有钝化酶活性的作用。

（五）其他预处理

果蔬加工过程的预处理还包括清洗、切分、抽空等步骤。

1. 清洗

清洗是园艺产品加工中不可缺少的工序，清洗的目的是为了除去园艺产品表面的泥土、灰尘、微生物和残留的农药。果蔬的清洗方法有多种，主要包括手工清洗和机械清洗，而机械清洗又包括滚筒式、喷淋式、压气式和桨叶式，可根据生产条件、果蔬形状、质地、表面状态、污染程度、夹带泥土量及加工方法的不同选用不同的清洗方法。

2. 切分

并非所有的园艺产品原料都需要切分，只对需要罐装的原料进行切分，根据需要可以采用手工或机械进行切分。

3. 抽空

某些园艺产品原料，如苹果、番茄等内部组织较松，含空气较多，对加工特别是对罐藏不利，进行抽空是在一定介质中使原料处于真空状态下，达到将其中空气抽出，代之以介质（糖水或盐水）的目的。

任务4 园艺产品加工用水的要求及处理

一、水质及加工用水的要求

园艺产品加工用水量非常大，除日常场地、设备的清洁用水和锅炉用水外，大量的是直接加工产品用水，如原料洗涤、烫漂、硬化、护色、杀菌、冷却、制浆等用水。水质的好坏直接影响到加工产品的品质，因此，水质控制是园艺产品加工过程中一个十分重要的环节。

园艺产品加工用水要求完全透明、无杂物、无异味、无致病菌、无耐热性微生物及寄生虫卵、不含对人体有害的物质。

水的硬度也能影响加工品的质量。在园艺产品加工中，水的硬度过大，水中的钙、镁离子和果蔬中的有机酸结合形成有机酸盐沉淀，引起制品的混浊，影响外观。因此，除制作蜜饯制品时要求较大硬度的水质，其他加工品一般要求中等硬度水或较软水，一般硬度在8°~16°。

锅炉用水对水的硬度要求更严，必须使用软水（硬度为0.035°~0.1°），硬度过大，水中的酸式碳酸盐加热生成碳酸盐沉淀，附着在锅炉壁上，不但影响锅炉传热，严重时还会引起爆炸。

水中的其他离子及pH值也会影响加工品质量及加工工艺条件。如果水中含有较多的铜离子，会加速果蔬中维生素C的损失；如果水中含有较多的铁离子，会给加工品带来铁锈味，铁还能与单宁物质反应产生蓝绿色，会使蛋白质变黑；如果水中含硫过多，会与果蔬中蛋白质结合产生硫化氢，发出臭鸡蛋气味，还会腐蚀金属容器，生成黑色沉淀。

水的pH值一般为6.5~8.5，pH值过低，说明水质污染严重，不符合卫生要求，必须进行净化处理后方可使用，否则即使增加杀菌温度和杀菌时间，也很难保证卫生质量。

园艺产品加工过程中，凡是与产品原料及其制品接触的水，必须符合《生活饮用水卫生标准》（GB 5749—2006，见表4-2），为提高加工产品的质量，不同的生产厂家针对不同的加工产品，对水质还会采用不同的再处理。

表4-2　生活饮用水卫生标准

指　标	限　值
1. 微生物指标[1]	
总大肠菌群（MPN/100 mL 或 CFU/100 mL）	不得检出
耐热大肠菌群（MPN/100 mL 或 CFU/100 mL）	不得检出
大肠埃希氏菌（MPN/100 mL 或 CFU/100 mL）	不得检出
菌落总数（CFU/mL）	100
2. 毒理指标	
砷（mg/L）	0.01
镉（mg/L）	0.005
铬（六价，mg/L）	0.05
铅（mg/L）	0.01
汞（mg/L）	0.001
硒（mg/L）	0.01
氰化物（mg/L）	0.05
氟化物（mg/L）	1.0
硝酸盐（以 N 计，mg/L）	10 地下水源限制时为20
三氯甲烷（mg/L）	0.06
四氯化碳（mg/L）	0.002
溴酸盐（使用臭氧时，mg/L）	0.01
甲醛（使用臭氧时，mg/L）	0.9
亚氯酸盐（使用二氧化氯消毒时，mg/L）	0.7
氯酸盐（使用复合二氧化氯消毒时，mg/L）	0.7

（续）

指　　标	限　　值
3. 感官性状和一般化学指标	
色度（铂钴色度单位）	15
混浊度（NTU-散射浊度单位）	1 水源与净水技术条件限制时为3
臭和味	无异臭、异味
肉眼可见物	无
pH（pH 单位）	不小于6.5且不大于8.5
铝（mg/L）	0.2
铁（mg/L）	0.3
锰（mg/L）	0.1
铜（mg/L）	1.0
锌（mg/L）	1.0
氯化物（mg/L）	250
硫酸盐（mg/L）	250
溶解性总固体（mg/L）	1000
总硬度（以 $CaCO_3$ 计，mg/L）	450
耗氧量（COD_{Mn}法，以 O_2 计，mg/L）	3 水源限制，原水耗氧量 >6 mg/L 时为5
挥发酚类（以苯酚计，mg/L）	0.002
阴离子合成洗涤剂（mg/L）	0.3
4. 放射性指标[2]（以下为指导值）	
总 α 放射性（Bq/L）	0.5
总 β 放射性（Bq/L）	1

① MPN 表示最可能数；CFU 表示菌落形成单位。当水样检出总大肠菌群时，应进一步检验大肠埃希氏菌或耐热大肠菌群；水样未检出总大肠菌群，不必检验大肠埃希氏菌或耐热大肠菌群。
② 放射性指标超过指导值，应进行核素分析和评价，判定能否饮用。

二、园艺产品加工用水处理

根据园艺产品加工对水的要求，水的处理有以下几方面：

（一）澄清过滤

将水静置于贮水池中，让其自然澄清，可除去 60% ~70% 的悬浮物和泥沙。一般小型加工厂用水量不大，可用自制沙滤器进行过滤。沙滤器可用砖混结构砌成，内外用水泥粉刷，也可用不锈钢或塑料材料制成，内填沙、石、木炭等作为滤层，可除去水中的悬浮杂物及大量微生物。为保证滤水质量，一般滤层应在1 m 以上，其中细沙及木炭层可稍厚一些，使用一段时间后，滤层材料更换一次，以保证过滤效果。

澄清过滤不能除去水中的铁盐，除铁时可将水从高处以雾状喷出，水与空气充分接触，使水中溶解的二价铁离子氧化成三价铁离子，生成不溶性铁盐，再过滤即可除去。此法可使水中铁盐降至 0.01 mg/L。

（二）消毒

天然水中含有大量的细菌虫卵。为了达到饮用水的标准，必须进行消毒杀菌处理。加工用水的消毒一般采用加漂白粉的方法。漂白粉投入水中可分解生成次氯酸，然后分解成氯化氢和游离氧。游离氧通过其氧化作用杀死水中的细菌，氯也有杀菌作用。

漂白粉的用量以输水管的末端放出水的余氯量为 $0.1 \sim 0.3$ mg/L 为宜。余氯的气味对产品质量有一定影响，所以加工用水还需经过活性炭的吸附除去不良气味。

（三）软化

降低水的硬度符合加工要求，也是水质处理的重要一环。硬水又分为暂时硬水和永久硬水。暂时硬水的硬度是由碳酸氢钙与碳酸氢镁引起的，经煮沸后可被去掉，这种硬度又叫碳酸盐硬度。永久硬水的硬度是由硫酸钙和硫酸镁等盐类物质引起的，经煮沸后不能去除。以上两种硬度合称为总硬度。水的软化方法有以下几种：

1. 加热法

加热煮沸使水中碳酸氢盐分解生成碳酸盐沉淀，使水得到软化。

2. 加石灰与碳酸钠法

在这种方法中，暂时硬度因加入石灰就可以完全消除，HCO_3^- 都被转化成 CO_3^{2-}。而镁的永久硬度在石灰的作用下会转化为等物质的量的钙的硬度，最后被去除。反应过程中，镁都是以 $Mg(OH)_2$（氢氧化镁）的形式沉淀，而钙都是以 $CaCO_3$（碳酸钙）的形式沉淀。

$$Ca^{2+} + CO_3^{2-} = CaCO_3 \downarrow$$

$$OH^- + Mg^{2+} = Mg(OH)_2 \downarrow$$

3. 离子交换法

硬水通过离子交换柱，钙、镁离子被钠离子交换，硬水得到软化。

$$CaSO_4 + 2R - Na \longrightarrow Na_2SO_4 + R_2Ca$$

$$Ca(HCO_3)_2 + 2R - Na \longrightarrow 2NaHCO_3 + R_2Ca$$

$$MgSO_4 + 2R - Na \longrightarrow Na_2SO_4 + R_2Mg$$

$$Mg(HCO_3)_2 + 2R - Na \longrightarrow 2NaHCO_3 + R_2Mg$$

反应式中 $R - Na$ 是交换剂的符号，硬水中的 Ca^{2+}、Mg^{2+} 被 Na^+ 置换，经过一段时间后，交换剂饱和，失去吸附能力，可用8%食盐溶液浸泡进行交换剂的再生。

$$R_2Ca + 2NaCl \longrightarrow 2R - Na + CaCl_2$$

$$R_2Mg + 2NaCl \longrightarrow 2R - Na + MgCl_2$$

4. 电渗析法与反渗透法

电渗析法与反渗透法（见图4-1）都是一种膜分离技术，两种的作用比较见表4-3。

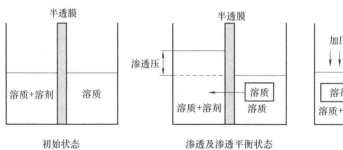

图 4-1　反渗透原理示意图

表 4-3　电渗析法与反渗透法的作用比较

项　　目	电渗析法	反渗透法
作用原理	利用具有选择透过性和良好导电性的离子交换膜，在外加直流电场的作用下，根据异性相吸、同性相斥原理，使水分别通过阴、阳离子交换膜而净化	溶液在一定压力下，通过反渗透膜，将其中溶剂（纯水）分离出来，从而使水分离或溶液浓缩
使用膜类型	阳离子交换膜：带负电荷，吸附阳离子并使其通过，阻止阴离子 阴离子交换膜：带正电荷，吸附阴离子并使其通过，阻止阳离子	半透膜，如醋酸纤维素膜、芳香聚酰胺纤维膜
使用范围	海水和咸水的淡化处理	海水和咸水的淡化处理；硬水软化；果汁、牛乳、咖啡等浓缩；细菌、病毒分离
特点	不需要化学药剂，无污染，对盐类除去量容易控制，投资少，操作简单，耗能少，检修方便，占地少	应用范围广，耗能少，无污染，操作简单，设备体积小，但投资大

实训 8　园艺产品加工中的护色及效果观察

一、实验目的

酶促褐变是引起园艺产品原料、半成品、成品变色的主要原因，本实验主要了解园艺产品原料的变色过程，掌握园艺产品加工中护色的方法。

二、实验试剂、原料、器具

试剂：0.1% 愈创木酚溶液、0.3% 过氧化氢、0.5% 柠檬酸、1% NaCl、2% $NaHSO_3$。
原料：马铃薯、梨、苹果等。
器具：不锈钢锅、电炉、水果刀、分析天平、漏勺、烘箱、搪瓷盘。

三、实验步骤

（一）酶促褐变观察

将马铃薯、梨、苹果人工去皮，切成 5 mm 厚薄片，裸露于空气中，观察颜色变化，并作为对照组。

（二）护色方法

1. 清水护色

将已经去皮切成 5 mm 厚薄片的马铃薯、梨、苹果浸泡在清水中，护色 10 min，取出观察其颜色变化。

2. 盐水护色

将已经过同样处理的马铃薯、梨、苹果片浸泡在 1% NaCl 水溶液中，护色 10 min，取出观察其颜色变化。

3. 柠檬酸护色

将已经过同样处理的马铃薯、梨、苹果片浸泡在 0.5% 柠檬酸溶液中，护色 10 min，取出观察其颜色变化。

4. 亚硫酸盐护色

将已经过同样处理的马铃薯、梨、苹果片浸泡在 2% NaHSO₃ 溶液中，护色 10 min，取出观察其颜色变化。

5. 热烫护色

将已经过同样处理的马铃薯、梨、苹果片分别投入沸水即开始计时，每隔 1 min 捞出一片马铃薯、梨、苹果，滴上几滴 0.1% 愈创木酚溶液，再滴几滴 0.3% 过氧化氢，观察其变色程度和速度，直至捞出的果片不再变色为止，将剩余果片投入冷水中及时冷却，再观察颜色变化。将结果填到表 4-4 中。

表 4-4　不同处理下原料的颜色变化情况

处理方法 原料名称	对照	清水护色	1% NaCl	0.5% 柠檬酸	2% NaHSO₃	热烫护色
马铃薯						
梨						
苹果						

（三）干燥

将上述三类园艺果蔬片同时放入 55~60 ℃ 烘箱中，恒温干燥，观察经过处理和未经过处理的果片于干燥前后的色泽变化，并记录于表 4-5 中。

表 4-5　不同处理下原料干燥后的颜色变化情况

处理方法 原料名称	对照	清水护色	1% NaCl	0.5% 柠檬酸	2% NaHSO₃	热烫护色
马铃薯						
梨						
苹果						

四、作业

试比较不同处理下的护色效果，并分析本次实验针对不同原料哪种方法护色效果最好，写出实验报告。

实训 9　园艺加工用水硬度的测定

一、实验原理

将溶液的 pH 值调整到 10，用 EDTA 溶液络合滴定钙、镁离子。铬黑 T 作为指示剂与钙、镁离子生成紫红色络合物。滴定中，游离的钙、镁离子首先与 EDTA 反应，跟指示剂络合的钙、镁离子随后与 EDTA 反应，到达终点时溶液的颜色由紫色变为天蓝色。

二、实验仪器与试剂

实验仪器：100 mL 烧杯、500 mL 烧杯、500 mL 细口瓶、250 mL 容量瓶、500 mL 容量

瓶、5 mL 移液管、25 mL 移液管、250 mL 锥形瓶、500 mL 锥形瓶、50 mL 滴定管、光电天平、酒精灯、台秤等。

试剂：乙二胺四乙酸二钠（固体）、$CaCO_3$（固体）、镁溶液（溶解 1 g $MgSO_4 \cdot H_2O$ 于水中，稀释至 200 mL）、10% NaOH 溶液、钙指示剂（固体指示剂）、铬黑 T 指示剂、$NH_3 - NH_4Cl$ 缓冲溶液（pH≈10）。

三、溶液的配制

（一）0.02 mol/L 钙标准溶液

将 $CaCO_3$ 在 110 ℃中干燥 2 h，取出放在干燥器中冷至室温，准确称取 0.4～0.6 g 于 100 mL 烧杯中，用水润湿。再从杯嘴边逐滴加入 6 mol/L HCl 溶液至 $CaCO_3$ 全部溶解，避免滴入过量酸。加热近沸，冷至室温并移入 250 mL 容量瓶中，加水稀释至刻度，摇匀。

（二）0.02 mol/L EDTA 标准溶液

将乙二胺四乙酸二钠在 80 ℃干燥 2 h 后置于干燥器中冷至室温，称取 3.8 g 溶于去离子水中，如混浊，应过滤，转移至 500 mL 容量瓶中，定容至 500 mL，摇匀。

用移液管移取 25 mL 标准钙溶液于 250 mL 锥形瓶中，加入约 25 mL 水、2 mL 镁溶液、10 mL 10% NaOH 溶液及约 10 mg（2～4 玻璃药勺）钙指示剂，摇匀后用 EDTA 溶液滴定至由红色变蓝色，即为终点，计算其准确浓度：

$$C_{CaCO_3} = m_{CaCO_3} / (100.09 \times 0.25)$$
$$C_{EDTA} = C_{CaCO_3} \cdot V_{CaCO_3} / V_{EDTA}$$

式中　C_{CaCO_3}——钙标准溶液的物质量浓度（mol/L）；

　　　m_{CaCO_3}——称取的 $CaCO_3$ 基准物质量（g）；

　　　V_{CaCO_3}——$CaCO_3$ 标准溶液的毫升数（mL）；

　　　V_{EDTA}——滴定时用去的 EDTA 溶液的毫升数（mL）；

　　　C_{EDTA}——EDTA 溶液的物质量浓度（mol/L）；

　　　100.09——$CaCO_3$ 的相对分子质量；

　　　0.25——$CaCO_3$ 标准溶液的稀释体积（mL）。

四、实验步骤

（一）总硬度的测定

量取澄清的水样 50 mL 于 250 mL 或 500 mL 锥形瓶中，加入 5 mL $NH_3 - NH_4Cl$ 缓冲溶液，摇匀，再加入 3～4 滴铬黑 T 指示剂，此时溶液呈浅红色，用 0.02 mol/L EDTA 标准溶液滴定至纯蓝色，即为终点。

若水样不是澄清的，必须过滤，过滤所用仪器和滤纸必须是干燥的。最初和最后的滤液宜弃去。一般不用纯水稀释水样。

如果水中有铜、锌、锰等离子存在，则会影响测定结果。铜离子存在时会使滴定终点不明显，锌离子参与反应使结果偏高，锰离子存在时加入指示剂后马上变成灰色，影响滴定。遇此情况，可在水样中加入 1 mL 2% Na_2S 溶液，使铜离子生成 CuS 沉淀，再过滤；锰的影响可加盐酸羟胺溶液消除。若有 Fe^{3+}、Al^{3+} 离子存在，可用三乙醇胺掩饰。

（二）钙硬度的测定

量取澄清水样 100 mL，放入 250 mL 锥形瓶中，加 4 mL 10% NaOH 溶液，摇匀，再加入 EDTA 标准溶液滴定至纯蓝色，即为终点。

（三）镁硬度的测定

由总硬度减去钙硬度即为镁硬度。

（四）计算

$$硬度（以 CaCO_3 计）= 2C_{EDTA} \cdot V_{EDTA} \cdot 1000/V_水$$

式中　C_{EDTA}——EDTA 标准溶液的物质量浓度（mol/L）；

$V_水$——水样体积（mL）；

V_{EDTA}——滴定时用去的 EDTA 标准溶液的毫升数（mL），若此毫升数为滴定总硬度时所耗用的，则此硬度为总硬度；若此毫升数为滴定钙硬度时所耗用的，则此硬度为钙硬度。

五、作业

1. 根据测定结果计算总硬度、钙硬度和镁硬度，并写出实验报告。
2. 思考什么方法可以简单除去水的部分硬度。

实训 10　果蔬含糖量的测定

果蔬中主要的糖为葡萄糖、果糖和蔗糖。除此以外，还有少量的核糖、木糖及阿拉伯糖等。不同的果蔬种类含有不同的糖。一般情况下，仁果类以果糖含量为主，葡萄糖和蔗糖次之；核果类以蔗糖为主，葡萄糖和果糖次之；浆果类以葡萄糖和果糖为主；柑橘类则以蔗糖为主；葡萄、樱桃和番茄则不含蔗糖。除果实类外，叶菜类和茎菜类等含糖量较低，加工中也不太重要。

糖是成熟果蔬体内储存的主要营养物质，是影响制品风味和品质的重要因素。糖的甜度、溶解度、水解转化、吸湿性和沸点等均与加工有关。还原糖是产生非酶褐变的重要物质，糖本身在高温下易发生焦糖化作用。因此，含糖量的测定是果蔬原料的主要分析项目。本实验是用折光仪法对果蔬总可溶性固形物含量进行测定的。

一、实验原理

利用手持式折光仪测定果蔬中的总可溶性固形物含量，可大致表示果蔬的含糖量。

光线从一种介质进入另一种介质时会产生折射现象，并且入射角正弦之比恒为定值，此比值称为折光率。果蔬汁液中可溶性固形物含量与折光率在一定条件下（同一温度、压力）呈正比例，故测定果蔬汁液的折光率，可求出果蔬汁液的浓度（含糖量的多少）。

常用仪器是手持式折光仪，也称糖镜、手持式糖度计，该仪器的构造如图 4-2 所示。

通过测定果蔬可溶性固形物含量，可了解果蔬的品质，大约估计果实的成熟度。

二、实验材料、仪器与试剂

实验材料：苹果、山楂、猕猴桃、柑橘、葡萄、胡萝卜等。

仪器：烧杯、滴管、卷纸、手持式折光仪。

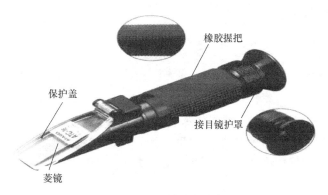

橡胶握把

保护盖

接目镜护罩

菱镜

图 4-2　手持式折光仪

试剂：蒸馏水。

三、实验步骤（见图 4-3）

1. 打开手持式折光仪盖板，用干净的纱布或卷纸小心擦干棱镜玻璃面。在棱镜玻璃面上滴两滴蒸馏水，盖上盖板。

2. 于水平状态从接眼部处观察，检查视野中明暗交界线是否处在刻度的零线上。若与零线不重合，则旋动刻度调节螺旋，使分界线面刚好落在零线上。

3. 打开盖板，用卷纸将水擦干，然后如上法在棱镜玻璃面上滴两滴果蔬汁，进行观测，读取视野中明暗交界线上的刻度，即为果蔬汁中可溶性固形物含量（%），重复三次。

打开保护盖　　　　　　　　在棱镜上滴两滴果蔬汁　　　盖上保护盖，水平对着光源，透过接目镜，读数

图 4-3　测定果蔬含糖量的步骤图

四、结果与计算

将结果填入表 4-6 中。

表 4-6　果蔬含糖量测定

汁 液 种 类	可溶性固形物含量（%）			平均（%）
	读数 1	读数 2	读数 3	

五、注意事项

测定时温度最好控制在 20 ℃ 或 20 ℃ 左右，这样准确性较好。若测量时在非标准温度

下，则需要进行温度校正。

学 习 小 结

本章学习园艺产品加工的基础知识。园艺加工品可分为罐制品、汁制品、干制品、糖制品、腌制品、速冻制品、酿造制品、鲜切制品、果蔬脆片。园艺产品加工包括干制脱水、密封杀菌、高渗透压、微生物发酵、低温速冻、化学防腐等。园艺产品加工对原料的选用包括品种、成熟度、新鲜度等方面的要求，对原料的预处理包括分选、去皮、漂烫、护色及清洗、切分、抽空等。对用水的要求包括清洁度、硬度和 pH 值，水质的处理包括澄清过滤、消毒和软化等。

学 习 方 法

1. 园艺产品加工品种类比较多，学习过程中要对各种加工品进行比较，根据不同加工品理解不同加工方法的原理、特点，灵活学习，无论是哪种园艺产品，都要根据当地的具体生产情况，因地制宜地采用成本低、效益高的加工方式，生产适宜对路的园艺加工品。

2. 关于园艺加工品的分类、园艺产品加工的基本原理、原料及用水的预处理的学习，可通过参观、网络资源、录像资料等各种渠道去掌握。

目 标 检 测

1. 常见的园艺加工品可分为哪几类？

2. 园艺产品加工的常用方法有哪些？说说其基本原理是什么？

3. 园艺产品加工对原料的基本要求是什么？试说说园艺产品加工对原料有哪些预处理的方法？

4. 园艺产品加工中对加工用水的水质有什么要求？如何根据园艺产品加工对水的要求，对水质进行处理？

项目 5 园艺产品加工技术

学习目的

通过学习，使学生明确园艺加工制品的主要种类和特点，掌握各种园艺加工制品的基本原理，同时掌握现代加工新技术在园艺加工中的应用。

知识要求

掌握各种园艺加工品的加工工艺和操作要点、加工中常见的质量问题及解决途径；熟悉园艺加工制品的质量标准及检验规则。

【教学目标】

通过本项目的学习，使学生明确园艺产品加工品的分类及特点，掌握各种园艺产品加工时对原料的具体要求和常用的处理方法，并能掌握果蔬干制品、糖制品、腌制品、罐制品、汁制品、酿造制品、速冻制品、鲜切制品、果蔬脆片加工时的工艺流程及操作要点。

【主要内容】

了解干制品、糖制品、腌制品、罐制品、汁制品、酿造制品、速冻制品、鲜切制品、果蔬脆片的分类及原理；不同加工品对原料的要求、水质的要求；掌握加工品的加工工艺流程及操作要点，在加工过程中常见的质量问题及预防措施。

【教学重点】

园艺产品加工的工艺流程及操作要点，加工过程中常见质量问题的解决办法。能够根据果蔬特性设计综合加工工艺。

【内容及操作步骤】

园艺产品加工技术是指根据园艺产品的不同特性对其进行加工的相关技术，目的是为了提高园艺产品的保藏价值及经济价值，充分发挥园艺产品作为食品的优良特性。本项目主要介绍园艺产品的干制技术、糖制技术、罐头加工技术、果蔬汁生产技术等工艺流程和技术要点。

任务 1 汁 制 品

果蔬汁制品保存了新鲜原料所含的糖分、氨基酸、维生素、矿物质等，风味和营养十分接近新鲜果蔬，能够快速补充人体能量和营养的需要。从 20 世纪 60 年代开始，随着罐藏工业、冷冻工业的迅速发展，世界各国的果蔬汁饮料的产量迅速增加，具有广阔的前景。果蔬汁对原料的要求：

（1）果蔬的品质　加工用的原料要求汁液丰富、取汁容易、糖分含量高、可溶性固形物含量高、酸度适宜、风味芳香独特且浓郁、色泽良好、果胶含量适宜、原料新鲜。

（2）果蔬的成熟度　果蔬汁加工要求果蔬成熟度在九成，酸低糖高。葡萄汁的生产需要的葡萄需要在生理成熟期进行采收，这时的葡萄含糖量高，色泽风味最佳。

一、汁制品的分类

果蔬汁是指未添加任何外来物质，直接以新鲜或冷藏果蔬为原料，经过清洗、挑选后，采用物理的方法，如压榨、浸提、离心等方法得到的果蔬汁液。以果蔬汁为基料，加水、糖、酸或香料等调配而成的汁称为果蔬汁饮料。

（一）果汁（浆）及果汁饮料

1. 果汁

果汁是指采用机械方法将水果加工制成的未经发酵但能发酵的汁液，或者采用渗滤或浸提工艺提取水果中的汁液再用物理方法除去加入的溶剂制成的汁液，或者在浓缩果汁中加入与果汁浓缩时失去的天然水分等量的水制成的具有原水果果肉色泽、风味和可溶性固形物含量的汁液。

2. 果浆

果浆是指采用打浆工艺将水果或水果的可食部分加工制成的未经发酵但能发酵的浆液，或者在浓缩果浆中加入与果浆浓缩时失去的天然水分等量的水制成的具有原水果果肉色泽、风味和可溶性固形物含量的制品。

3. 浓缩果汁或浓缩果浆

浓缩果汁或浓缩果浆是指用物理方法从果汁或果浆中除去一定比例的天然水分而制成的具有原有果汁或果浆特征的制品。

4. 果肉饮料

果肉饮料是指在果浆或浓缩果浆中加入水、糖液、酸味剂等调制而成的制品，成品中果浆含量不低于300 g/L；多用高酸、汁少肉多的水果调制而成的制品，成品中果浆含量不低于200 g/L。含有两种或两种以上不同品种果浆的果肉饮料称为混合果肉饮料。

5. 果汁饮料

果汁饮料是指在果汁或浓缩果汁中加入水、糖液、酸味剂等调制而成的清汁或浊汁制品。成品中果汁含量不低于100 g/L，如橙汁饮料、菠萝汁饮料等。含有两种或两种以上不同品种果汁的果汁饮料称为混合果汁饮料。

6. 果粒果肉饮料

果粒果肉饮料是指在果汁或浓缩果汁中加入水、柑橘类囊胞（或其他水果经切细的果肉等）、糖液、酸味剂等调制而成的制品，成品果汁含量不低于100 g/L，果粒含量不低于50 g/L。

7. 水果饮料浓浆

水果饮料浓浆是指在果汁或浓缩果汁中加入水、糖液、酸味剂等调制而成的，含糖量较高，稀释后方可饮用的饮品。按照该产品标签上标明的稀释倍数稀释后，果汁含量不低于

50 g/L。含有两种或两种以上不同品种果汁的水果饮料浓浆称为混合水果饮料浓浆。

8. 水果饮料

水果饮料是指在果汁或浓缩汁中加入水、糖、酸味剂等调制而成的清汁或浊汁制品，成品中果汁含量不低于 50 g/L，如橘子饮料、菠萝饮料、苹果饮料等。含有两种或两种以上不同品种果汁的水果饮料称为混合水果饮料。

（二）蔬菜汁及蔬菜汁饮料

1. 蔬菜汁

蔬菜汁是指在用机械方法将蔬菜加工制得的汁液中加入水、食盐、白砂糖等调制而成的制品，如番茄汁。

2. 蔬菜汁饮料

蔬菜汁饮料是指在蔬菜汁中加入水、糖液、酸味剂等调制而成的可直接饮用的制品。含有两种或两种以上不同品种蔬菜汁的蔬菜汁饮料称为混合蔬菜汁饮料。

3. 复合果蔬汁饮料

复合果蔬汁饮料是指在按一定配比的蔬菜汁与果汁的混合汁中加入白砂糖等调制而成的制品。

4. 发酵蔬菜汁饮料

发酵蔬菜汁饮料是指在蔬菜或蔬菜汁经乳酸发酵后制成的汁液中加入水、食盐、糖液等调制而成的制品。

5. 其他

其他蔬菜饮料如食用菌饮料、藻类饮料等。

二、制汁的工艺技术

（一）制汁的工艺流程

1. 混浊果蔬汁

果蔬原料→清洗、挑选、分级→制汁→分离→杀菌→冷却→调和→均质→脱气→杀菌→灌装→混浊果蔬汁。

2. 澄清果蔬汁

果蔬原料→清洗、挑选、分级→制汁→分离→杀菌→冷却→离心分离→酶法澄清→过滤→调和→脱气→杀菌→灌装→澄清果蔬汁。

3. 浓缩果蔬汁

果蔬原料→清洗、挑选、分级→制汁→分离→杀菌→冷却→离心分离→浓缩→调和→装罐→浓缩果蔬汁。

（二）园艺产品制汁的操作要点

1. 原料的选择与洗涤

选择优质的制汁原料是果蔬汁加工的重要环节。制汁用的果实和蔬菜要新鲜，无虫蛀、无腐烂，应有良好的风味和芳香，色泽稳定，酸度适中。

榨汁前为了防止把农药残留和泥土尘污带入果汁中，必须将果实和蔬菜充分洗涤，带皮压榨的水果要特别注意清洗效果，必要时用无毒的表面活性剂洗涤，某些水果还要用漂白粉、高锰酸钾等进行杀菌处理。一般采用喷水冲洗或流水冲洗。

2. 护色

果蔬汁饮料在其原料加工过程中会发生各种生化反应，导致成品颜色的变化、营养价值和色香味的降低或破坏。因此，制作果蔬汁饮料必须依据理论上对变色机理的解释，采取措施控制或延缓变色，保证其商品价值。水果和蔬菜的变色主要由褐变引起，褐变作用可按其发生机制分为酶促褐变及非酶褐变两大类。

3. 破碎

不同的榨汁方法所要求的果浆泥的粒度是不同的，一般要求在 3 ~ 9 mm，破碎粒度均匀，并且不含有粒度大于 10 mm 的颗粒。目前的破碎工艺有机械破碎工艺、热力破碎工艺（包括高温破碎工艺和冷冻破碎工艺）、电质壁分离工艺和超声波破碎工艺。

4. 榨汁

榨汁通常分冷榨法和热榨法两种。冷榨法是在常温下对破碎的果肉进行压榨取汁，其工艺简单，出汁率低。热榨法是对破碎的原料即刻进行热处理，温度为 60 ~ 70 ℃，并在加热条件下进行榨汁，提高了出汁率。

5. 澄清

澄清是指通过澄清剂与果蔬原汁的某些成分产生化学反应或物化反应，达到使果蔬原汁中的混浊物质沉淀或使某些已经溶解在原汁中的果蔬原汁成分沉淀的过程。澄清后，可以很容易地过滤果蔬原汁，使制得的果蔬汁饮料能够达到令人满意的澄清度。澄清的方法有自然澄清、明胶-单宁法、加酶澄清法、加热凝聚澄清法、冷冻澄清法等。

6. 过滤

果汁经澄清后，所有的悬浮物、胶状物质均已形成絮状沉淀，上层为澄清透明的果汁。通过过滤可以分离其中的沉淀和悬浮物，以得到所要求的澄清果汁。

过滤分为粗滤和精滤。粗滤又称筛滤，是在榨出果汁后进行的，采用水平筛、回转筛、圆筒筛、振动筛等孔径为 0.5 mm 的筛网排除粒度较大的杂质。精滤需要排除所有的悬浮物，过滤介质需要采用孔径较小且致密的滤布，如帆布、人造纤维布、不锈钢丝布、棉浆、硅藻土等过滤介质。常用的设备有袋滤器、纤维过滤器、板框压滤机、真空过滤器、离心分离机等。

7. 均质

均质是生产混浊果蔬汁的必要工序，其目的在于使混浊果蔬汁中的不同粒度、不同相对密度的果肉颗粒进一步破碎并分散均匀，促进果胶渗出，增加果胶与果胶的亲和力，防止果胶分层及沉淀产生，使果蔬汁保持均一稳定。

8. 脱气

排除氧气是脱气的实质。常用的方法有真空脱气法、氮气置换法、酶法脱气、加抗氧化剂脱气。

9. 调酸

为使果蔬汁有理想的风味，并符合规格要求，需要适当调节糖酸比，应当保持果蔬汁原有风味，调整范围不宜过大，一般糖酸比以 13∶1 ~ 15∶1 为宜。

果蔬汁可单独制得，也可相互混合，两种以上的果蔬汁按比例混合，取长补短，可以得到与单一果蔬汁不同风味的果蔬汁，有补强的效果。例如：玫瑰香葡萄虽有较好的风味，但色浅、酸度低，可与深色品种相混合；宽皮橘类缺乏酸味和香味，可加入橙类果汁。

10. 浓缩

果蔬汁的浓缩过程实质上是排除其中水分的过程，将其可溶性物提高到65%～68%，提高了糖度和酸度，可延长贮藏期。浓缩的果蔬汁体积小，可节约包装，方便运输。

理想的浓缩果蔬汁应有复原性，在稀释和复原时应保持原果蔬汁的风味、色泽、浊度、成分等。常用的浓缩果蔬汁的方法有真空浓缩法、冷冻浓缩法、反渗透与超滤工艺、干燥浓缩工艺。

11. 杀菌

杀菌是杀灭果蔬汁中污染的细菌、霉菌、酵母及钝化酶活性的操作。杀菌时，为了保持新鲜果蔬汁的风味，应使果蔬汁加热时间及温度降至最低，以保证果蔬汁有效成分损失减少到最低限度。一般采用高温短时间杀菌法，又称瞬间杀菌法，条件是 (93±2)℃保持15～30 s，特殊情况下可采用120 ℃以上保持3～10 s。果蔬汁以湍流状态通过薄板之间的狭窄通道，传热效率高，并且在短时间内能升高或降低到所规定的温度。通过薄板的组合，能使果蔬汁相互进行热交换，一边使高温流体降温，一边使低温流体得以加热，明显地节约热媒和冷媒。

12. 包装

果蔬汁的包装方法，因果蔬汁品种和容器品种而有所不同，有重力式、真空式、加压式和气体信息控制式等。果蔬汁饮料的灌装，除纸质容器外，几乎都采用热灌装。这种灌装方式由于满量灌装，冷却后果蔬汁容积缩小，容器内形成一定真空度，能较好地保持果蔬汁品质。果蔬汁罐头一般采用装汁机热装罐，装罐后立即密封，罐中心温度控制在70 ℃。如果采用真空封罐，果蔬汁温度可稍低些。

三、制汁中常见的问题及解决途径

（一）风味变化

贮藏期间果蔬汁的风味变化是很微妙的，主要是由一系列化学反应而引起的，如氧化作用等都会改变果蔬汁饮料应具有的风味，其中包括苦味前体物的形成、芳香成分的破坏等。

（二）色泽变化

果蔬汁色泽的变化是由酶促褐变和非酶褐变，以及其他化学反应引起的。酶促褐变时，发生褐变的果蔬汁颜色变深。非酶褐变以葡萄和菠萝等深色果汁更加显著，主要是美拉德反应导致的。

为了防止酶促褐变，则要控制酶的活性，采用加热或加入某些允许添加的抑制酶活性的化学物质，最重要的是隔绝氧气；同时，低温贮藏是延缓果蔬汁酶促褐变的较有效方法。非酶褐变则与贮藏的温度、时间、氧含量、光照、金属离子等因素都有密切的关系。防止美拉德反应的最有效方法是用亚硫酸盐，在室温下，pH 为4.5时，亚硫酸盐和葡萄糖反应，可生成磺酸盐，阻止了反应的进行，可控制贮藏过程中的非酶褐变。

（三）沉淀产生

柑橘类果汁一般要求有均匀的浊度，在贮藏期间经常发生悬散性固体颗粒的絮凝和沉淀，这是由于果胶酶分解果胶而造成的。为防止沉淀产生，对于柑橘类的混浊果汁导致发生悬散性固体颗粒的凝集和沉淀，要在榨汁后迅速加热到90 ℃以上，以破坏果胶酶的活性，控制其由果胶酶作用而形成的沉淀和分层。

（四）罐壁腐蚀

大部分果蔬汁饮料属于酸性食品，对马口铁罐的内壁都有一定的腐蚀作用，即果蔬汁饮料中的酸性成分和罐内壁的镀锡层发生化学反应。铁罐内壁的腐蚀程度与果蔬汁饮料的 pH 值、不同种类酸、硝酸根离子、罐内氧残留量等都有很大关系，所以对果蔬汁饮料采用涂料罐，防止其花色素褪色，提高罐内真空度，以延缓氧化还原反应进行；同时，还可降低果蔬汁饮料贮藏的温度。

（五）存在的其他问题

1. 水果原料基地问题

中国果蔬生产产量和面积大，但存在两大问题：一是果蔬单产量低，饮料品种少；二是果蔬品种的质量落后于其他国家，加工率低，中国砂糖杂质含量高。

2. 企业管理、设备及技术水平低

企业规模小，设备的标准化程度低，生产能力偏低，不能适应中国果蔬汁饮料工业高效率、高质量的需要，并且企业对设备的管理不善导致果品原料消耗大，成本高，产品销售也存在很大的问题。

3. 生产技术难题，工艺落后

新品开发能力弱，生产水平低，工艺改造缓慢，关键工艺落后，导致果蔬汁饮料的色泽褐变，营养损耗，香气的逸散，澄清度等品质问题较严重；科研不足，新产品的开发能力弱，难与国际接轨。

四、果蔬汁的发展趋势

当今世界对食品和饮料的总体要求可以归纳为"四化""三低""二高""一无"。"四化"即多样化、简便化、保健化、实用化。"三低"即低脂肪、低胆固醇、低糖。"二高"即高蛋白、高膳食纤维。"一无"即无防腐剂、色素、香精等。结合国外果蔬汁市场的发展规律及中国消费者的消费能力和消费习惯，中国果蔬汁市场的发展主要有以下趋势：

（一）复合果汁及复合果蔬汁

复合型果汁饮料及果蔬汁饮料在发达国家发展较快，在国外市场流行品种较多，市场上常见的有菠萝汁或橙汁等热带果汁与不同蔬菜汁的复合果汁饮料。据行业专家分析，复合型果蔬汁饮料必将成为一个新潮流。复合型果蔬汁作为高档次饮料，要想成为消费热点，要克服生产加工过度、追求低成本、工艺简单化等弱点，严把产品质量关，提高产品包装档次和产品质量，做到高档次、高收益。

（二）功能型果汁饮料

带有某些对人体功能有改善作用的果蔬汁饮料也将成为未来果汁饮料发展的热点，下面几种果汁饮料的开发及生产应当引起果汁生产厂家的重点关注。

1. 花卉饮料

花卉饮料是种天然的新型饮料，其颜色赏心悦目，香味也芳香宜人，具有滋润皮肤、美容养颜、提神醒目之功效，特别受到年青女性消费者的青睐。花卉含有人体必需的矿物质元素、氨基酸、蛋白质及植物激素，对人体具有独特的营养作用。

2. 富碘果汁饮料

富碘果汁饮料是一种以海洋藻类提取液与果汁采用科学方法加工而成的饮品。由于海藻

中含有海藻糖、甘露醇及人体必需的各种氨基酸、微量元素和多种维生素，因而该饮料不仅具有补碘作用，而且对降血脂、软化血管及改善肝脏、心脏和其他主要器官的功能都有十分明显的效果。

3. 高纤维饮料

高纤维饮料被摄入人体后能吸附肠胃中的毒素和其他不良自由基，达到加快排出体外，起到预防疾病的目的。饭前摄入纤维素饮料还可以减少饮食，有利于减肥塑身以保持理想身材，受到女性消费者的青睐。高纤维饮料是饮食、保健行业中新流行的营养概念。

4. 其他保健新饮料

中国成功地从国外引进了不少具有保健营养作用的新植物，可以加工成各种具有特色的果汁饮料，如仙人掌饮料、芦荟饮料等。

（三）纯天然、高果汁含量的果汁饮料

高果汁含量的果蔬汁饮料含有较丰富的矿物质元素及其他天然营养成分，不含有或较少含有合成的食品添加剂。此类果汁饮料的品种有橙汁、西柚汁、苹果汁、草莓汁、葡萄汁、梨汁、杧果汁、桃汁、杏汁、猕猴桃汁、山楂汁、菠萝汁、番石榴汁、西番莲汁、番茄汁、胡萝卜汁等。果汁的含量多在 30%~50% 及其以上，有的品种的果汁含量则为 100%，如苹果汁、梨汁、桃汁等果汁饮料。

（四）果汁奶饮料

将果蔬汁与牛奶有机结合生产出真正意义上的果汁奶，在中国乳品饮料及果蔬汁饮料市场上也有产生。

果汁奶饮料具有较大的消费空间。市场上也有部分果汁奶产品，但大多数果蔬汁的含量很低，有的甚至根本不含有果汁，仅是牛奶与香精、色素的混合物。此种产品不但起不到果蔬汁与牛奶的营养互补作用，还可能对人体产生危害作用。果蔬汁与牛奶有机结合可以借助于牛奶中的蛋白营养成分及果蔬的芳香、色泽及其他矿物营养，起到营养互补、风味及口感相互协调等作用。例如，将橙汁及胡萝卜汁与牛奶合理搭配生产的橙胡萝卜果汁奶，除含有牛奶中的蛋白，还含有丰富的维生素 A 及维生素 C，长期给儿童服用可以促进儿童健康生长发育。合理的配方及先进的生产工艺技术巧妙地遮盖了胡萝卜的不适气味，能够使儿童由不喜欢吃胡萝卜变为喜欢喝胡萝卜果汁奶。

任务 2 干 制 品

园艺产品的干燥或脱水统称为产品干制，所得产品则称为干制品。园艺产品干制指在自然条件或人工条件下，使园艺产品中的水分降低到足以防止腐败变质的水平后并始终保持低水分进行长期贮藏的方法。新鲜果品含水量为 70%~90%，而蔬菜的含水量高达 75%~95%。干制后，果干的含水量一般为 15%~20%，脱水菜的含水量一般为 6%。

脱水果蔬的水分含量是评价其质量的主要标准之一，如果其水分含量不能达到标准，就有可能造成脱水果蔬在贮藏、运输过程中微生物大量繁殖、霉变、品质下降。

果蔬干燥产品理化指标及营养指标主要包括水分含量、复水性、维生素 C 和叶绿素等。水果、蔬菜细胞组织脱水后，食品蛋白质化学特性改变，细胞膜透性加强，细胞的结构和功能发生改变，细胞水解，一些贮藏物质和部分结构物质，如淀粉、糖、蛋白质、果酸及少量的脂肪物质在酶的作用下分解成简单物质，其中淀粉分解成葡萄糖，双糖转化成单糖，蛋白质和多肽分解成氨基酸，原果酸分解成果胶酸。这一变化可以使蔬菜脱水后风味有所提高，鲜味、甜味有所增加，可溶性和不稳定性的成分损失大，而不溶性成分、矿物质损失较小。

一、园艺产品干制的原理和影响因素

（一）园艺产品的干制原理

水分是新鲜果品、蔬菜的主要成分之一，其含量因种类的不同而有较大的差异，多数为70%～95%，并且因品种、生态条件、栽培技术等的不同而发生变化。果蔬中的水分还可根据干燥过程中可被除去与否而分为平衡水分和自由水分。在一定温度和湿度的干燥介质中，物料经过一段时间的干燥后，其水分含量稳定在一定数值，并不会因干燥时间延长而发生变化。这时，果蔬组织所含的水分为该干燥介质条件下的平衡水分或平衡湿度。这一平衡水分就是果蔬在这一干燥介质条件下可以干燥的极限。在干燥过程中被除去的水分，是果蔬所含的大于平衡水分的部分，这部分水分称为自由水。自由水分主要是果蔬中的游离水，也有很少部分胶体结合水。

烘干干燥是在一定的技术条件下，加热促使果蔬湿物料水分蒸发脱除的工艺流程，此过程是热现象、生物现象及化学现象的综合。为了更好地保证果蔬产品的质地、风味和营养价值，在研制干燥设备和工艺流程过程中必须全面考虑果蔬湿物料的水分状态、干燥影响因素、干燥过程中的品质变化规律。

在干燥过程，物料从高温介质中吸取热量，这些热量的一部分用于物料温度的升高，另一部分用于物料中水分的蒸发。一般干燥过程是持续进行的，因此需要高温干燥介质不停地向物料传递热量，并把物料蒸发出来的水分带走。

烘干干燥过程中水分扩散分两个阶段，即水分外扩散阶段和水分内扩散阶段。水分外扩散阶段指的是在干燥初期，物料表面的水分因吸收能量而变为水蒸气大量蒸发，这个阶段水分外扩散的效果与物料的表面积、空气流速、温度和空气相对湿度呈正相关。水分内扩散阶段指的是当水分外扩散至一定程度，即物料表面水分含量低于内部时，造成物料内部与表面水分之间的水蒸气分压差，这时内部水分就会向表面转移，形成水分内扩散，这个阶段水分内扩散效果与物料内的湿度梯度呈正相关。此外，物料的温度梯度也是影响水分内扩散的因素。干燥过程可以借助温度梯度沿热流方向由内向外移动而将水分移至表面蒸发。

在干燥过程中，控制水分的内扩散与外扩散之间相互协调平衡相当关键。假如物料表面水分蒸发太快，外扩散速度过多地超过内扩散速度，易使物料表面形成一层硬壳，从而隔断水分外扩散与内扩散的联系，使内部水分蒸发减慢，干燥速率延缓。此时，由于内部水分含量高、蒸汽压力大，将可能使物料开裂，从而降低干燥产品的品质。

（二）影响干燥的因素

干燥速度的快慢与干制品的品质有密切的关系。在其他条件相同时，干燥越快则制品的品质越好。干燥速度受许多因素的相互制约和影响，归纳起来可分为两个方面：一是干燥环境条件；二是原料本身的性质和状态。概括起来主要有物料的种类及状态特性、物料单位批次处理量、干燥介质的组成、湿度和温度及流动速度、干燥过程的时间控制、大气压力或真空度。

1. 干燥介质的温度和相对湿度

园艺产品干制时，广泛应用空气作为干燥介质。干燥介质的温度和湿度饱和差决定着干燥速度的快慢。干燥的温度越高，果蔬中的水分蒸发便越快；干燥介质的湿度饱和差越大，达到饱和所需的水蒸气越多，水分蒸发越容易，干燥速度就越快。但温度过高反会使果蔬汁液流出，糖和其他有机物质发生焦化或变褐，影响制品品质；反之，如果温度过低，干燥时间延长，产品容易氧化变褐，严重者发霉变味。一般来说，对原料含水量高的，干燥温度可维持高一些，后期则应适当地降低温度，使外扩散与内扩散相适应；对含水量低的原料和可溶性固形物含量高的果蔬种类，干燥初期不宜采用过高的温度和过低的湿度介质，以免引起表面结壳、开裂和焦化。具体所用温度的高低，应根据干制品的种类来决定，一般为 40 ~ 90 ℃。

2. 空气流速

为了降低湿度，常增加空气的流速，流动的空气能及时将聚积在果蔬原料表面附近的饱和水蒸气带走，以免它会阻滞物料内水分进一步外逸。如果空气不流动，吸湿的空气逐渐饱和，聚积在果蔬原料表面的周围，不能再吸收来自果蔬蒸发的水分而停止蒸发。因此，空气流速越快，果蔬等食品干燥也越迅速。为此，人工干制设备中，常用鼓风的办法增大空气流速，以缩短干燥时间。

3. 原料的种类和状态

果蔬原料的种类不同，其理化性质、组织结构也不同，因此，在同样的干燥条件下，干燥的情况并不一致。一般来说，果蔬的可溶性物质较浓，水分蒸发的速度也较慢。物料切成片状或小颗粒后，可以加速干燥。因为，这种状态缩短了热量向物料中心传递和水分从物料中心向外扩散的距离，从而加速了水分的扩散和蒸发，缩短了干制的时间。显然，物料的表面积越大，干燥的速度就越快。例如，将胡萝卜切成片状、丁状和条状进行干燥，结果片状干燥速度最佳，丁状次之，条状最差，这是由于前两种形态的胡萝卜蒸发面大的缘故。

4. 原料的装载量

设备的单元负载量越大，原料装载厚度越大，不利于空气流通，影响水分蒸发。干燥过程中可以随原料体积的变化改变其厚度，干燥初期宜薄些，干燥后期可以厚一些。

5. 大气压力

水的沸点随着大气压力的减少而降低，气压越低，沸点也越低，若温度不变，气压降低，则水的沸腾加剧，真空加热干燥就是利用这一原理，即在较低的温度下使果蔬内的水分以沸腾的形式蒸发。果蔬干制的速度和品质取决于真空度和果蔬受热的强度。由于干制在低气压下进行，物料可以在较低的温度下干制，既可缩短干制的时间，又能获得优良品质的干制品，尤其是干制对热敏性的果蔬特别重要。

二、园艺产品的干制方法

园艺产品的脱水干制可以分为两大类，即自然干制和人工干制。

（一）自然干制

自然干制是利用太阳辐射热、热风等使果品干燥，又称自然干燥。自然干制的设备简单、方法简易、使用面广、处理量大、生产成本低、不需要特殊管理技术，但受气候和地区的限制，在干制时如遇雨尤其是阴雨连绵的天气，干燥过程延长，降低干制品的质量，甚至因阴雨时间长而引起制品腐烂，造成很大损失。

我国民间的果品干制方法，一般是选择空旷通风、地面平坦、干燥的地方，将果实直接铺于地上或在苇席、竹箔、晒盘上直接曝晒。夜间或下雨时，堆成堆，并盖上苇席等防雨设施。第二天再晒，直至晒干为止。我国的华北、西北和山东等多数地区干制红枣、柿饼就采用这种方法。

在自然干制过程中，要注意防雨和兽类损害，并注意清洁卫生，在晒制时经常翻动原料，以加速干燥过程，当原料中的水分已大部分蒸发后，应做短时间的堆积以使原料回软，让内部的水分向外转移，然后再晒，这样产品干燥得比较透彻。如果在晒制前进行熏硫、热烫，可以缩短干燥时间，提高产品质量。干制后的产品要进行包装，并且贮藏在干燥的场所。

自然干制虽然具有很多优点，但往往受气候条件的限制。枣、柿子成熟干制时正是秋季，常因阴雨连绵而造成大量损失，不能丰产丰收。近年来，一些重点干果产区采用人工干制的方法，既减少了损失，又提高了干制品的质量。

（二）人工干制

1. 干制机干燥

干制机干燥即利用燃料（如煤、炭、木材、油类等）加热以达到干燥的目的，是我国使用最多的一种干燥法。普通干燥所用的设备，比较简单的有烘灶和烤房，规模较大的用干制机。干制机的种类较多，生产上常用隧道式干制机。隧道式干制机的干燥间为一条或两条狭长形隧道，隧道内设有轨道，原料装在载车的烘筛上，由一端送进，与热空气做相对运动，完成脱水后从另一端送出。废气的一部分由排气孔排出，另一部分回流到加热间。根据热空气流动的方向与载车前进的方向不同，可分为顺流干制机、逆流干制机和混合式干制机。顺流干制机的原料载车前进的方向与热空气流动的方向相同，即干燥开始时原料处在高温干燥的环境，水分蒸发很快，车越向前进，温度越低且湿度越高。一般始温为 $80 \sim 85$ ℃，最终温度为 $55 \sim 60$ ℃。干燥初期采用较高温度是为了更好地抑制酶活性。逆流干制机的原料载车前进方向与热空气流动方向相反，即干燥开始时原料处在低温高湿的环境，最后处在高温低湿环境完成蒸发。一般入口温度为 $40 \sim 50$ ℃，最终为 $65 \sim 85$ ℃。此方法适用于含糖量高、汁液黏厚的果实。混合式干制机的干制过程分两个阶段，另一个是顺流阶段，另一个是逆流阶段。热风由两端吹向中间，而排气口设在中央。此方法的优点是原料先经顺流阶段，处在较高的温度下，水分蒸发迅速；中间阶段温度低、湿度高、蒸发慢，原料不易结硬壳；到最后又进入高温低湿阶段，以保证原料达到要求的干燥程度。此外，干制机还有滚筒式干燥机和带式干制机。滚筒式干燥机是由 $1 \sim 2$ 个钢质滚筒组成，它既是加热部分，又是干燥部分，原料在滚筒上进行干燥。带式干制机是将原料铺在传送带上，在向前转动时与干燥介质接触而干燥。

2. 冷冻干燥

冷冻干燥又称升华干燥或真空冷冻升华干燥，即将原料冷冻至冰点以下温度，水分即变为冰，然后在较高真空度下将冰转化为蒸汽而除去，物料即被干燥。冷冻干燥能保持原有风味，热变性少，但成本高，只适用于质量要求特别高的产品（高档食品、医药等）。

3. 微波干燥

微波干燥是采用微波频率为 300 MHz 至 300 GHz，波长为 1 mm 至 1 m 的高频交流电干燥的方法。微波干燥具有干燥速度快、干燥时间短、加热均匀、热效率高等优点。

4. 远红外干燥

波长在 $5.6 \sim 1000\ \mu m$ 区域的红外线为远红外线。远红外线被加热物体所吸收，直接转变为热能而达到加热干燥的目的。干燥时，物体中每一层都受到均匀的热作用。此方法具有干燥速度快、生产效率高、节约能源、设备规模小、建设费用低、干燥质量好等优点。

5. 减压干燥

减压干燥是利用减压时水分自行沸腾的原理，将蔬菜组织中一部分水机械排出，从而达到干燥的目的。

三、园艺产品干制的一般工艺及操作要点

（一）干制工艺

人工干制的主要工艺为：原料的选择→清理、去皮和切分→漂洗→烫漂和冷却→护色→脱水→均湿回软→挑选→包装。

（二）操作要点

1. 原料的选择

园艺干制品原料质量的优劣关系到产品合格率和经济效益。园艺产品干制对原料总的要求是：果品原料要求干物质含量高，纤维素含量低，风味良好，核小皮薄；蔬菜原料要求菜芯及粗叶等废弃部分少，肉质厚，组织致密，粗纤维少，新鲜饱满，色泽好。作为脱水蔬菜的原料，要求新鲜，色泽鲜艳，肉质厚，组织致密，粗纤维和废弃物少，形状、大小、长短适宜，成熟度一致，无腐烂和严重损伤等。

大部分蔬菜均可干制，只有少数种类，由于化学成分或组织结构的关系而不适合干制。例如：石刀柏（又名芦笋或龙须菜）干制后失去脆嫩品质，组织坚韧，不能食用；黄瓜干制后失去柔嫩松脆的质地；番茄除喷雾干燥法制造番茄粉外，因水分含量高，在加工过程中，汁液损失很大，成品吸湿性又很强，容易变质，不宜用一般方法干制。

但不同果蔬干制原料的差异较大，现列举几种常见果蔬干制原料的要求及适宜干制的品种。

（1）苹果　大小中等、肉质致密、皮薄芯小、单宁含量少、干物质含量高、充分成熟。适宜干制的品种有大国光、小国光、金帅、金冠、红星等。

（2）梨　肉质细致、含糖量高、香气浓郁、石细胞少、果芯小，如巴梨、茌梨、茄梨等。

（3）桃　果形大、离核、含糖量高、纤维素少、肉质紧密、少汁。果皮部稍变软时采收。适宜品种如沙子早生、京玉、大九保等品种。

（4）杏　要求原料果大且色深、含糖量高、水分少、纤维少、充分成熟、有香气。适于干制的品种有河南荥阳大梅、河北老爷脸、新疆的阿克西米西、新疆的克孜尔苦曼提等。

（5）龙眼　要求果大、圆整、肉厚、核小、干物质或含糖量高、果皮厚薄中等（过薄则易凹陷或破碎、干制后皮肉不相脱离）、干制后果肉质地干脆、果肉耐煮制，如大元、元杖、乌头岭、油潭本、普明庵等。

（6）荔枝　基本要求与龙眼相同。适于干制的品种有糯米糍、槐枝等。

（7）葡萄　要求原料皮薄、肉质柔软，含糖量在20%以上，无核、充分成熟。无核白、秋马奶子等品种常用于干制。

（8）柿子　果形大、圆形、无沟纹、肉质致密、含糖量高、种子小或无核、果实充分成熟、色变红但肉坚实而不软。适于干制的品种有河南荥阳水柿、山东菏泽镜面柿、陕西牛心柿和尖柿等。

（9）枣　果形大或优良小枣、皮薄、肉质肥厚致密、含糖量高、核小。山东东陵金丝小枣、浙江义乌大枣、山西稷山板枣、河南新郑灰枣、四川糖枣和鸡心枣、长红枣等适宜干制。

（10）甘蓝　结球大、紧密、皱叶、芯部小，干物质含量不低于9%，糖分不少于4.5%。干制后复水率高（5～8倍）。黄绿色，大、小平头种类最好，白色种次之，尖头种不适宜。丹麦圆球、光荣、皱叶等品种适于干制。

（11）萝卜　要求个大、干物质含量高（不低于5%）、糖分高、皮肉洁白、组织致密、粗纤维少、辣味淡，白色红心种不适合干制。适于干制的品种有北京露八分、浙江干曝萝卜、湖南白萝卜等。

（12）马铃薯　要求块茎大、圆形或椭圆形、无疮痂和其他疣状物、表皮薄、芽眼浅而少、修整损耗率低（不超过30%）、肉色白或浅黄色、干物质含量高（不低于21%，其中淀粉含量不超过18%）。干制后复水率不低于3倍。适于干制的品种有白玫瑰、青山、卵圆等。

（13）洋葱　中等或大形鳞茎，结构紧密，颈部细小，皮色为一致的白色、黄色或红色，青皮少或无，辛辣味强，干物质不低于14%，无心腐病及机械伤。适宜干制的品种有黄皮、白球等。

（14）大蒜　色泽洁白、蒜瓣完好、品种一致。

（15）胡萝卜　中等大小、钝头、表面光滑、须根少、皮肉均呈橙红色、无机械伤、无病虫害及冻僵情况、心髓部不明显、成熟充分而未木质化、胡萝卜素含量高，干物质含量不低于11%，糖分不低于4%，废弃部分不超过15%。干制后复水率为3～9倍。适于干制的品种有大将军、无敌、长橙、上海本地红、南京红等。

（16）黄花　花蕾为黄色或橙黄色，花蕾长10 cm左右，在花蕾充分长成但未开放时采收。适于干制的品种有河南荆州花、茶子花、江苏大乌嘴、小乌嘴、陕西大荔黄花等。

（17）蘑菇　色泽为乳白色或浅黄色，形状整齐、无严重开伞、切口平、菇柄短（不得大于菇面直径的1/3）、无病虫害。适于干制的品种有白蘑菇等。

（18）竹笋　肉质柔软肥厚、色泽洁白、无显著苦味和涩味，并且地上部分长17 cm左右采收。一般竹笋均可干制（天目竹笋例外）。

（19）刀豆　鲜嫩、青绿色、肉质肥厚、种子未膨大、干物质含量高（不低于8%），糖分不低于2%，复水率为4～6倍。一般品种均可干制。

（20）青豌豆　豆荚大、去荚容易，豆粒质量不低于豆荚质量的45%，成熟一致，豆粒为深绿色，糖分不低于4.0%，淀粉含量不超过8.0%，干制后复水率高。阿拉斯加、灯塔等品种适于干制。

（21）辣椒　果皮厚、种子少、水分少、色鲜红或呈黄色，如二金条、西充大椒、朝天椒等。

2. 原料的处理

（1）洗涤　干制前，必须将原料中不适宜干制的部分剔除，然后洗涤。清除原料表面的污物、泥沙和微生物，特别是残留的农药。

洗涤用水一般为软水，因为硬水中含有大量钙盐和镁盐，镁盐过多可使产品具有明显的苦味。

果皮上如带残留农药，还必须使用化学药品洗净。一般常用0.5% ~1%盐酸等，在常温下浸泡1 ~2 min，再用清水洗涤。洗时，必须用流动水或使果品震动及摩擦，以提高洗涤效果。

（2）清理　鲜菜在加工前需要去除皮、壳、根、叶等不可食部分和不合格部分，清除附着的泥沙、杂质、农药和微生物污染的组织，使原料基本达到脱水加工的要求。

（3）去皮　去除原料蔬菜的外皮，可提高产品的食用品质，又有利于物料的水分蒸发，以利脱水干燥。去皮的方法有手工去皮、机械去皮、热力去皮和化学去皮等多种。

（4）切分　将原料切分成一定大小的形状，以便水分蒸发。一般切成片、条、粒和丝状等。其形状、大小和厚度应根据不同种类与出口规格要求，采用机械或人工作业。对某些蔬菜，如葱、蒜等在切片过程中还需用水不断冲洗所流出的胶质汁液，直至把胶质液漂洗干净为止，以利于干燥脱水和使产品色泽更加美观。

（5）热烫　热烫又称为烫漂或热处理，即将去皮、去核、切分的（或未切分）的新鲜果蔬原料在温度较高的热水或沸水中（或常压蒸汽中）进行短期加热处理。

热烫能抑制酶的活性，防止原料氧化褐变，减少微生物污染和使组织软化以利脱水。一般常采用蒸汽或沸水处理，烫漂时间因原料种类、形状大小、组织嫩度等而不同，通常为2 ~5 min，也有的只有几秒钟。为保持蔬菜原有的鲜艳色彩，如青豆荚、花椰菜和胡萝卜等蔬菜还需要在沸水中加入微量的食用碳酸氢钠或柠檬酸等。烫漂后应迅速漂洗冷却，以防物料软化变形，失去弹性和光泽。

热烫可以破坏果蔬的氧化酶系统。氧化酶在73.5 ℃下，过氧化酶在90 ~100 ℃下处理5 min即失去活性。热烫可防止果蔬因酶的氧化而产生褐变及维生素 C 的进一步氧化。同时，热烫可使细胞内的原生质发生凝固、失水而和细胞壁分离，使细胞膜的通透性加大，促使细胞组织内的水分蒸发，加快干燥速度。经过热烫处理后的干制品，在加水复原时也容易重新吸收水分。绿色蔬菜要保持其绿色，可在热水中加入0.5%的碳酸氢钠或用其他方法使水呈中性或微碱性，因为叶绿素在碱性介质中水解，会生成叶绿酸、甲醇和叶醇，叶绿酸仍为绿色。

（6）护色　大部分蔬菜是禁止在生产过程中使用护色剂的，但对于一些易褐变的蔬菜允许使用无毒害的护色剂，如碳酸氢钠、柠檬酸等。护色后必须用离心甩干机将表面水分沥干，至原料基本无水流出为止。生产中也常常用硫处理法进行护色。

在密闭的空间用硫燃烧产生的气体熏果蔬或用亚硫酸及其盐类配制成一定浓度的水溶液浸渍果蔬，称为硫处理。经过硫处理的干制品吸水复原并加热煮熟之后，其中的二氧化硫即可逸散。此类制品应达到无异味。

果蔬进行硫处理，可防止原料在干制过程中及干制品贮藏期间发生褐变，但应注意硫处理的浓度和处理时间。浸泡溶液中二氧化硫含量为1 mg/L 时，能降低褐变率20%；10 mg/L 时能使制品完全不变色。虽然如此，但不应过度处理。

3. 人工干制技术

（1）升温　人工干制要求在较短的时间内，采用适当的温度，通过通风排湿等操作管理，获得较高质量的产品。要达到这一目的，关键在于对不同种类的果蔬分别采用不同的升温方式。一般可以归纳为以下三种：

1）在干制期间，烘房的温度初期为低温，中期为高温，后期为低温直至结束。这种升温方式适于可溶性物质含量高的果蔬，是目前普遍采用的操作方法。

2）在整个干制期间，初期急剧升高烘房温度，最高可达95～100℃，原料进入烘房后吸收大量的热而使烘房降温，一般降低25～30℃，此时继续加大火力，使烘房升温至70℃，维持一段时间后，视产品干燥状态，逐步降温至烘干结束。这种使烘房温度由高至低的升温方式，适于可溶性物质含量较低的果蔬，或者切成薄片、细丝的果蔬，如黄花菜、辣椒、苹果、杏等。采用这种升温方式干制果蔬，烘制时间较短，成品质量优良。但技术较难掌握，耗煤量较高，生产成本也相应增加。

3）介于上述两者之间的升温方式，即在整个烘干期间内，温度维持在55～60℃的恒定水平，直至烘干临近结束时再逐步降温。这种升温方式适于大多数果蔬的干制，技术较易掌握，但成品品质差。

（2）通风排湿　果蔬干制时水分的大量蒸发使烘房内的相对湿度急剧上升，甚至可以达到饱和的程度，因此，必须加强烘房内的通风排湿工作。一般当烘房内相对湿度达到70%以上时，就要通风排湿。

（3）倒换烘盘　即使是设计良好、建筑合理的烘房，上部与下部、前部与后部的温差也要超过2～4℃。因此，靠近主火道和炉膛部位的烘盘里所装原料，较其他部位的原料，特别是烘房中部的容易烘干，甚至会发生烘焦的情况。为了使成品干燥程度一致，尽可能地避免干湿不均匀状态，就必须倒换烘盘。

（4）掌握干制时间　干制果蔬要烘至成品达到它的标准含水量才能结束，然后进入产品的回软、分级、包装及贮藏过程。何时结束烘干工作取决于对产品所要求的干燥程度。

（5）所需热量及燃料用量的计算　原料每蒸发一个单位重量水分所需要的热量，因产品品种和含水量的差异及烘房温度的不同而有所区别。

燃料燃烧后所产生的热，常因辐射、逸散等作用而损失，并不能全部用于水分的蒸发，所以，实际需要量比理论上的需要量多得多。这就是说，在生产实践中，要燃烧比计算值更多的燃料。

按蒸发1 kg水需热2508 J，普通燃烧效率以平均为45%计算，蒸发1 kg水分实际需热量应该是2508÷45%＝5573.3（J）。

就燃料而言，1 kg煤燃烧时可产生出33649 J的热，理论上可蒸发12.5 kg的水分，但以45%的燃烧效率计算，只够蒸发5.6 kg水分之用。也就是说，每蒸发1 kg的水分需要燃烧约0.18 kg煤。

4. 干制品的处理和包装贮存

（1）干制品的处理　干制品的处理主要包括以下两方面：

1）回软。回软又称均湿、发汗或水分的平衡，目的是通过干制品内部与外部水分的转移，使各部分的含水量均衡，呈适宜的柔软状态，以便产品处理和包装运输。不同果蔬的干制品，回软所需时间也不同，少者1～3天，多者需2～3周。

2）压块。蔬菜干制后呈蓬松状，体积大，不利于包装和运输，因此，需要经过压缩，一般称为压块。脱水蔬菜的压块必须同时利用水、热与压力的作用。一般蔬菜在脱水的最后阶段温度为 60~65 ℃，这时可不经回软立即压块，否则，脱水蔬菜转凉变脆。在压块前，稍喷蒸汽，以减少破碎率。喷蒸汽的干菜，压块以后的水分含量可能超过预定的标准，影响耐贮性，所以在压块后还需要进行最后干燥。可用生石灰作为干燥剂，如压块后的脱水蔬菜水分含量在6%左右时，可与等重的生石灰贮放一处，经过2~7天，水分可降低到5%以下。

（2）干制品的包装　干制品经过必要的处理和分级之后即可进行包装。包装容器要求能够封盖、防虫、防潮。近年来，采用聚乙烯、苯乙烯、聚丙烯等的制品包装果干。

（3）干制品的贮藏　干制品的贮藏涉及贮藏要求和贮藏管理。

1）贮藏要求。干制原料的选择及干制前的处理与干制品的耐贮性有很大关系。干制品的含水量对干制品的保藏效果影响很大。在不损害成品质量的条件下，越干燥，含水量越低，保藏效果越好。

低温对干制品的贮藏有利，因为氧化作用与温度有关。一般贮藏温度最好为 0~2 ℃，不可超过 10~14 ℃。

干制品的含水量低，空气的相对湿度也必须相应降低，否则，相对湿度增高就必然使干制品的平衡水分增加，从而使水分含量增加。

光线能促进干制品的色素分解，氧气不仅能造成干制品变色和破坏维生素 C，而且能氧化亚硫酸为硫酸盐，降低二氧化硫的保藏效果。因此，贮藏果蔬干制品应遮蔽阳光的照射，减少空气的供给。

2）贮藏管理。在一定的贮藏环境下，管理工作的好坏与贮藏效果也有密切关系。

贮藏干制品的库房要求清洁卫生、通风良好且密闭，并有防鼠设备。贮藏干制品时切忌同时存放潮湿物品。要注意堆放高度，以利于空气流动，中央要留走道。时刻注意库内温度、湿度的管理，经常检查产品的质量，以防止虫害和霉变。

害虫的防治通常有以下几种方法：

① 低温杀虫。采用低温杀虫最有效的温度在 -15 ℃以下。

② 热力杀虫。在不损害品质的适宜高温下加热数分钟，可杀死干制品中隐藏的害虫。

③ 熏蒸剂杀虫。熏杀果蔬干制品中的害虫，常用的熏蒸剂有以下几种：

（a）二硫化碳（CS_2）熏蒸法。二硫化碳在 0 ℃时的相对密度为 1.29，置空气中即挥发，在 46 ℃时沸腾。气态的二硫化碳比空气重，熏蒸时应将盛熏蒸剂的容器置于室内高处，使其自然挥发，向下扩散。每 1 m^3 约用 100 g 二硫化碳，熏蒸 24 h。

（b）氯化苦（CCl_3NO_2）熏蒸法。氯化苦的相对密度为 1.66，沸点 112 ℃，是一种无色液体，难溶于水，在空气中挥发较二硫化碳慢。药剂有剧毒，具有强刺激臭味。温度在 20 ℃以上时杀虫最为有效。因此，氯化苦宜在夏季、秋季使用，使用量为 17 g/m^3，熏蒸 24 h。氯化苦忌与金属接触，所用容器应为搪瓷器或陶器。当制品未完全干燥时，使用这种药剂易发生药害，应在制品充分干燥后再熏蒸。熏蒸时房屋必须严密封闭不漏气，并且必须谨慎行事，以免发生危险。

（c）二氧化硫（SO_2）熏蒸法。二氧化硫只能用于已熏过硫的果干，用法与前述原料的硫处理相同，处理时间为 4~12 h。

（d）溴甲烷（CH_3Br）熏蒸法。使用溴甲烷时，每 100 m^2 需用药 1.7 kg，熏 24 h。

此外，要保持包装室和贮藏室的清洁，注意清理废弃物，室内和各用具都应进行药剂消毒。

任务 3 罐 制 品

果蔬罐藏法是将果蔬装入容器中密封，再经高温处理，杀死能引起食品腐败、产毒及致病的微生物，同时破坏食品原料的酶活性，维持密封状态，防止微生物的再次入侵，并能在室温下长期保存的方法。

一、果蔬罐藏的基本原理

（一）罐头食品与微生物的关系

很多微生物能够导致罐头食品的败坏，杀菌不够和密封不严都会造成罐头食品的败坏。引起其败坏的微生物很多，但最常见的是细菌，所以，目前采用的杀菌理论和计算理论是以某些细菌的致死为依据的。

1. 细菌对生活物质的要求

果蔬罐藏原料含有其生长活动所需要的营养物质，是腐败菌生长发育的良好场所。控制好食品原料的清洁和食品加工厂的清洁卫生，是避免罐制品败坏的重要内容。

2. 细菌对水分的要求

罐头含有大量的水分，可以被细菌利用，所以可通过降低含水量及增加盐或糖液的浓度来控制细菌的数量。

3. 细菌对氧气的要求

依据细菌对氧气的要求，细菌可分为嗜氧菌、厌氧菌和兼性厌氧菌。对嗜氧菌来说，充足的氧气是其生存的必要条件，可通过断绝氧气来控制细菌的数量。

4. 细菌对酸的要求

酸主要影响到微生物对热的抵抗力。在一定温度下，pH 值降低，降低细菌及孢子的抗热性越显著。

根据 pH 值的大小，将食品分为酸性食品（pH≤4.5）和低酸性食品（pH >4.5）。也有的将食品分为低酸性食品（pH >4.5）、酸性食品（3.7≤pH≤4.5）、高酸性食品（pH <3.7）。

在实际运用中，一般以 pH 为 4.5 作为划分界线。

5. 细菌的耐热性

各类微生物都有其最适的生长温度，超过或低于此最适范围，就影响它们的生长活动，可抑制或致死。根据对温度的适应范围，将细菌分为以下几类：

（1）嗜冷性菌 生长最适温度为 14.4 ~20 ℃。

（2）嗜温性菌 活动温度范围为 25 ~36.7 ℃。

（3）嗜热性菌 最适温度为 50 ~65.6 ℃，温度最低限在 37.8 ℃左右，有的可在 76.7 ℃下缓慢生长。这类细菌的孢子是最抗热的，有的能在 121 ℃下幸存 60 min 以上，这类细菌在食品败坏中不产生毒素。

（二）罐头食品杀菌的理论依据

罐头食品杀菌的目的在于杀灭一切对罐内食品起败坏作用和产毒致病的微生物，同时钝化能造成罐头食品品质发生变化的酶类物质，使食品得以稳定保存，并且改变食品的质地和风味。

一般认为，在罐头食品杀菌中，酶类、霉菌类和酵母类是比较容易控制和杀灭的。罐头热杀菌的主要对象是抑制那些在无氧或微量氧条件下仍然活动且产生孢子的厌氧性细菌。这类细菌的孢子抗热力是很强的。

商业杀菌是指在一般商品管理条件下的贮藏运销期间，不致因微生物败坏或因致病菌的活动而影响人体健康。

1. 杀菌对象菌的选择

一般选择最常见的、耐热性最强的并有代表性的腐败菌或引起食品中毒的微生物作为主要的杀菌对象。

罐头食品的酸度是选定杀菌对象的重要因素。

pH > 4.5 的低酸性食品的杀菌对象主要是能产生孢子的厌氧菌。

pH ≤ 4.5 的酸性和高酸性食品的杀菌对象主要是霉菌和酵母菌。另外，在杀菌过程中，酶类物质也是主要处理对象。

2. 微生物耐热性的常见参数值

（1）致死时间（TDT 值）　在一定温度下，使微生物全部杀死所需要的时间。

（2）热力致死曲线　将 TDT 值与对应的温度在半对数坐标轴中作图得到的曲线。

（3）F 值　在恒定的加热标准温度下（121 ℃或 100 ℃）杀死一定数量的细菌营养体或孢子所需要的时间，又称为杀菌效率值、杀菌致死值和杀菌强度。F 值越大，杀菌效果较好。

（4）D 值　在指定的温度下，杀死 90% 原有微生物芽孢或营养体细菌数所需要的时间。D 值与微生物的耐热性有关，D 值越大，耐热性越强。

（5）Z 值　在热致死时间曲线中，时间降低一个对数周期（即缩短 9/10 的加热时间）所需要升高的温度数。Z 值越大，说明该微生物的耐热性越强。

3. 罐头食品的传热情况

1）液态食品以对流传热为主，固态食品以传导传热为主。

2）罐头食品的冷点。一般将罐内食品温度变化最缓慢的点称为冷点。

3）冷点的确定。液态食品的冷点在罐头的几何中心处；固态食品的冷点在罐头轴上约离罐底 20 ~ 40 mm 的部位上。

二、影响杀菌的因素

（一）微生物的种类和数量

嗜热性细菌的耐热性最强；芽孢比营养体更耐热。微生物的数量越多，尤其是芽孢的数量越多，杀菌时间就越长。

（二）食品的性质和化学成分

1. 原料的酸度

食品 pH 值的降低可以减弱微生物的耐热性，所以可通过在低酸性食品中适当加酸来提高杀菌和保藏效果。

2. 食品的化学成分

罐头内的糖、盐、淀粉、蛋白质、脂肪及植物杀菌素对微生物的耐热性有不同程度的影响。糖浓度越高，杀菌时间越长；盐浓度越高，可降低微生物的耐热性；淀粉、蛋白质、脂肪可增强微生物的耐热性。

（三）传热的方式和传热速度

（1）罐头容器的种类　在常见的容器中，传热速度以蒸煮袋最快，马口铁罐次之，玻璃罐最慢。

（2）食品的种类和装罐状态　流质食品比半流质食品传热速度快。装罐装得紧则传热速度较慢。

（3）罐头食品的初温　罐头食品在杀菌前的中心温度，即冷点温度称为初温。初温越高，达到杀菌所需要的时间就越短，所以在实际中一般提高罐头食品的初温。

（4）杀菌锅的形式及在锅内的位置　回转式杀菌比静止式杀菌效果较好、时间短。罐头在杀菌锅内的位置越靠近进气口，传热速度越快。

（四）海拔高度

海拔越高，水沸点越低，杀菌时间越长。

三、园艺产品罐制的一般工艺及操作要点

（一）园艺产品罐制的一般工艺

园艺产品罐制的加工工艺：原料的选择→原料的分级、清洗→去皮及整理→预煮、漂洗→分选→装罐→排气→密封→杀菌→冷却→保温或商业无菌检查→包装。

（二）操作要点

1. 原料的选择

罐头蔬菜的原料选择得当与否，直接关系到制品的品质。只有优质的原料，才能生产出优质的加工品。罐头蔬菜的原料选择一般从下述三个方面进行：

（1）合适的蔬菜品种　罐藏用的蔬菜品种极其重要，不同的产品均有其特别适合于罐藏的品种，这种品种称罐藏专用种。蔬菜中的蘑菇、番茄、青刀豆、豌豆、甘薯等均有它们的罐藏专用种。它们有一些特殊的要求，如青刀豆应选择豆荚呈圆柱形、直径小于0.7 cm、豆荚直而不变、无粗纤维的品种；蘑菇要采用气生型；番茄应选择小型果、茄红素含量高的品种。

（2）适当的成熟度　罐藏用蔬菜原料均要求有特定的成熟度，这种成熟度称为罐藏成熟度或工艺成熟度。不同的蔬菜种类品种要求有不同的罐藏成熟度。如果选择不当，不但会影响加工品的质量，而且会给加工处理带来困难，使产品质量下降。例如：青刀豆、甜玉米、黄秋葵等要求幼嫩、纤维少；番茄、马铃薯等则要求充分成熟。

（3）原料的新鲜度　罐藏用蔬菜的原料越新鲜，加工品的质量越好。因此，从采收到加工，间隔时间越短越好，一般不要超过24 h。有些蔬菜，如甜玉米、豌豆、蘑菇、石刁柏等应在2～6 h内加工。如果时间过长，甜玉米或青豌豆粒的糖分就会转化成淀粉，风味变差，杀菌后汤汁易混浊。

2. 原料的挑选和分级

原料在加工时必须进行挑选和分级，剔除霉烂、病虫害、畸形、成熟度不足或过度成熟、变色等不合格原料，并且除去杂质。合格的原料按大小、成熟度、色泽分级，达到每批原料品质较一致。这样做的目的在于使后续的工艺能较好地进行，能保证加工品质的一致，以及能提高原料的利用率。

原料的挑选、分级常由专门的机械进行，也可以手工进行。机械分级能使品质和生产效率都有较好的改进。

3. 原料的清洗

原料清洗的主要目的在于除去蔬菜原料表面黏附的尘土、泥沙、污物、残留的药剂及部分微生物，保证产品的清洁卫生。

清洗包括浸泡和洗刷两个步骤，进厂的原料一般先在流动的清水中浸泡，使表面的泥沙等杂质分离除去，然后在水中鼓风的条件下洗刷或用高压水淋洗。

有时为了较好地去除附在蔬菜表面的农药或有害化学药品，常在清洗用水内加入少量的洗涤剂，常用的如0.1%的高锰酸钾溶液、0.06%的漂白粉溶液、0.1%～0.5%的盐酸溶液、1.5%的洗洁剂和0.5%～1.5%的磷酸三钠混合液。

清洗对于减少蔬菜原料表面的微生物，特别是耐热性芽孢杆菌具有十分重要的意义。清洗用水必须清洁，符合饮用水标准。

4. 原料的去皮、切分和整理

（1）去皮　有些蔬菜的外皮粗糙，有的则会有苦涩味物质而风味不良，这些原料需要去皮，以提高制品质量。常用的去皮方法有手工去皮、机械去皮、热力去皮和碱液去皮等几种。

1）手工去皮借助于小刀、刨等工具进行。方法简单，损耗不高，可将去皮和切分同时进行。但费工费时，生产效率低，产品外观不良。石刁柏、莴苣、番茄、甜玉米、荸荠等产品在我国常采用手工去皮。

2）机械去皮则利用各种机械削掉或擦掉原料表面的外皮，如马铃薯、甘薯的擦皮，石刁柏的削皮，豌豆和青豆的剥皮等。

3）热力去皮是将原料放在热水、蒸汽或热空气中进行短时间的处理。受热后，原料外皮膨胀破裂，皮下组织的果胶物质溶解，使果皮和果肉间失去黏着力而相互分离，然后用手工或机械去皮。这种方法常与手工和机械去皮连用。

4）碱液去皮是利用一定浓度和温度的碱液处理蔬菜，表皮及皮下果胶物质被水解，表皮脱落，辅以机械摩擦和清水冲洗或高压水喷淋。碱液去皮常用氢氧化钠，其浓度、温度和处理时间随蔬菜的种类、品种及成熟度而异。实际生产中，为了保证去皮效果，对每批原料均应通过试验来决定条件。经碱液处理的原料，应立即投入冷水中清洗搓擦，以除去外皮和黏附的碱液。此外，也可以用0.25%～0.5%的柠檬酸或盐酸来中和，然后用水漂洗。碱液去皮均匀而迅速，损耗率低，应用很广。

（2）切分　许多蔬菜需进行切分。例如：胡萝卜等需切片，荸荠、蘑菇也可以切片，甘蓝常切成细条状，黄瓜等可切丁。切分的目的在于使制品有一定的形状或统一规格。

（3）整理　很多蔬菜在去皮、切分后需进行整理，以保持一定的外观。例如，整装的笋尖、花菜罐头、玉米笋等需按产品标准要求进行整理，尽量保持该品种特有的形态和大小。

5. 原料的热烫

热烫又称预煮、烫漂，即将清洗之后的蔬菜原料（切分或未切分的）放在热水或蒸汽中进行短时间的加热处理，然后立即冷却。其作用有：软化组织，便于装罐；可排除组织中的空气；钝化酶，防止氧化变色和营养成分的损失，保持较好的风味；除去某些蔬菜的不良风味，如石刁柏中的涩味；可以杀死部分微生物和虫卵。但热烫同样会造成部分蔬菜营养成分的损失，特别是维生素 C、维生素 B 等。

热烫的方法有：

（1）热水法　先将水煮沸或使水接近沸点，然后把蔬菜原料放入，加大蒸汽压使之迅速升温至热烫温度，维持一定时间。此方法的优点是传热均匀，热烫效果较好。缺点为一些可溶性物质会损失，如果热水重复使用，水的浓度会增加。

生产上为了保持产品的色泽，使产品部分酸化，常在热水中加入一定浓度的柠檬酸。荸荠、蘑菇、甘薯等罐头加工时常这样做。

（2）蒸汽热烫　将新鲜原料放入蒸锅或蒸汽隧道中处理一定时间。蒸汽热烫可避免水溶性营养素的大量损失，但必须有专门的热烫设备，防止加热不匀，对产品质量造成损害。

热烫的温度和时间需根据原料的种类、成熟度、块形大小、工艺要求等因素而定。热烫后必须迅速冷却，不需要漂洗的产品，应立即装罐；需漂洗的原料，则于漂洗槽（池）内用清水漂洗，注意经常换水，防止变质。

6. 装罐

（1）空罐的准备　不同的产品应按合适的罐型、涂料类型选择不同的空罐。一般来说大多数蔬菜为低酸性产品，可以采用未用涂料的铁罐（又称素铁罐）。但番茄制品、香菜心、酸辣菜等则应采用抗酸涂料罐。花椰菜、甜玉米、蘑菇等则应采用抗硫涂料铁，以防产生硫化斑。空罐在装罐前应清洗干净，蒸汽喷射，清洗后不宜堆放太久，以防止灰尘、杂质再一次污染。

（2）盐液的准备　很多蔬菜制品在装罐时加注淡盐水，浓度一般在 1% ~ 2%。目的在于改善制品的风味，加强杀菌、冷却期间的热传递，以及较好地保持制品的色泽。

配制盐液应用优质高纯度的食盐和优质的水，食盐中不允许含有重金属杂质，一般要求含氯化钠 99% 以上，钙、镁离子含量不超过 100 mg/L，铁不超过 1.5 mg/L，铜不超过 1 mg/L。

配制盐液的水应为纯净的软水，配制时煮沸，过滤后备用。

有时为了操作方便，防止生产中因盐水和酸液外溅而使用盐片，盐片可依罐头的具体用量专门制作，内含酸类、钙盐、EDTA 钠盐、维生素 C 及谷氨酸钠和香辛料等。盐片使用方便，可用专门的加片机加入每一个罐头中或手工加入。

（3）原料的装罐　原料应根据产品的质量要求按不同大小、成熟度、形态分开装罐，装罐时要求重量一致，符合规定的重量；质地上应做到大小、色泽、形状一致，不混入杂质；装罐时应留有适当的顶隙。所谓顶隙，即食品表面至罐盖之间的距离。顶隙过大则内容物常不足，并且由于有时加热排气温度不足、空气残留多会造成氧化；顶隙过小内容物含量过多，杀菌时食物膨胀而使压力增大，造成假胖罐。一般应控制顶隙 4 ~ 8 mm。装罐时还应注意防止半成品积压，特别是在高温季节，注意保持罐口的清洁。装罐可人工或机械进行，目前很多蔬菜都采用手工装罐，是值得改进的一个重要方面。

7. 排气

罐头蔬菜装罐后密封前应进行排气，排气即利用外力排除罐头产品内部分空气的操作。它可以使罐头产品有适当的真空度（外界压力与罐头内压的差值），利于产品的保藏和保质，防止氧化；防止罐头在杀菌时由于内部膨胀过度而使密封的卷边破坏；防止罐头内好气性微生物的生长繁殖；减轻罐头内壁的氧化腐蚀。真空度的形成还有利于罐头产品进行打检和货架上确定质量。我国常用的排气方法有加热排气和真空抽气密封，美国等国也部分采用蒸汽喷射排气法。

（1）加热排气　加热排气借助于热水或热蒸汽的作用及热胀冷缩原理进行排气。方法是将装好原料和注入盐液的罐头送入排气箱加热升温，使罐头中的内容物膨胀，排出原料中含有或溶解的气体，同时使顶隙的空气被热蒸汽取代。当封罐、杀菌、冷却后，蒸汽凝结成水，顶隙内就有一定的真空度。这种方法的设备简单、费用低、操作方便，但设备占地面积大。这种方法对大型罐头排气仍是最有效的方法。对于液态或浆状制品，如番茄酱、蔬菜汁等采用产品热灌装，然后立即密封，同理也能有一定的真空度。

（2）真空抽气　真空抽气是在真空封罐机特制的密封室内减压下完成密封，抽去存在于罐头顶隙中的部分空气。此方法需要真空封罐机，投资较大，但生产效率高，对于小型罐头特别适用且有效。

排气影响真空度的因素很多：

1）排气时间与温度。加热排气时的温度越高，密封时的温度也越高，罐头的真空度也就高。一般要求罐头中心温度达到 70~80 ℃。

2）顶隙大小。采用真空抽气密封，排除的主要是顶隙空气，因而顶隙大的真空度高。采用加热排气，当温度和时间足够时，顶隙大则真空度高；否则，真空度反而低。

3）原料的种类和新鲜度。原料的种类不同，气体的含量不同，真空度不同，对排气的要求也就不同。

4）其他。原料的酸度，以及开罐时的气温、海拔高度等均在一定程度上影响真空度。真空抽气时，真空的高低也影响着制品的真空度。但真空度太大，则易使罐头内汤汁外溢，造成不卫生和装罐量不足，因而应掌握在汤汁不外溢时的最高真空度。

8. 密封

罐头食品之所以能长期保存，主要靠真空与密封。密封是保证真空的前提，它也防止了罐头食品杀菌之后被外界微生物再次污染。密封需借助封罐机。封口的结构为二重卷边，其结构和密封过程等可参见《罐头工业手册》。

罐头密封应在排气后立即进行，不应造成积压，以免失去真空度。

密封以后的罐头卷边应常检查其叠接率、紧密度和盖钩接缝完整率。叠接率是指卷边内身钩和盖钩相互叠接的长度与理论可叠接长度的百分比。紧密度是卷边内部盖、身钩边紧密结合的程度。盖钩接缝完整率是指罐身接缝处的卷边盖钩上形成内垂唇造成盖钩有效宽度不足的现象，以卷边解体后观察盖钩发生内垂唇的有效盖钩占整个盖钩宽度的百分比来表示。

密封后的卷边外部应设有锐边（快口）、大陷边、假封、铁舌等，可目测检查。

9. 杀菌

罐头杀菌的主要目的在于杀灭败坏微生物和钝化能造成罐头品质变化的酶，其次是改进食品的风味。因此，杀菌时只要求充分保证产品在正常的情况下得以安全保存，尽量减少热处理，防止加热过度。

生产上常采用加热杀菌。其条件依产品种类、卫生条件而定，一般采用杀菌公式表示。以下式为例：

$$(t_1 - t_2 - t_3)/t$$

式中　t——杀菌锅的杀菌温度（℃）；

t_1——升温至杀菌温度所需的时间（min）；

t_2——保持杀菌温度不变的时间（min）；

t_3——从杀菌温度降至常温的时间（min）。

例如，某种罐头的杀菌式为（10′—40′—15′）/115℃（生产中常用的表示方法），即杀菌锅的杀菌温度为115℃，从密封后罐头温度升至115℃需10 min，升温后应在115℃保持40 min，然后在15 min内降至常温。

蔬菜罐头的杀菌方法有下述两种：

（1）巴氏杀菌法　一般采用65~95℃，用于不耐高温杀菌而含酸较多的产品，如糖醋菜、番茄汁、发酵蔬菜汁等。此温度范围可以杀死产品中大多数的微生物，特别是酵母和霉菌，尚存的微生物孢子在缺氧和高酸的环境中不易生长，不足以引起产品的败坏。

（2）常压杀菌法　所谓常压杀菌，即将罐头放入常压的热沸水中进行杀菌。

任务4　腌　制　品

蔬菜腌制是我国最传统且应用最普遍的蔬菜加工方法。腌制品也是蔬菜加工品中产量最大的一类，可占到蔬菜加工品的55%。

我国蔬菜腌制起源于周朝，距今约有3000年历史。人民群众在生产、生活实践中创造了南北不同风味的腌菜方法，腌制工艺不同，风味各异。腌制品咸、酸、甜、辣皆有，具有调剂口味、增进食欲、帮助消化的功能，是男女老幼普遍喜爱的佐菜之一。

大多数蔬菜腌制适合于家庭操作，成本低廉，操作简单，不需要特殊设备，自制自食，风味好，易保存。制作腌菜供应市场，也是简便易行的致富方法。虽然腌制菜种类繁多，生产工艺各异，但其基本原理类似。蔬菜腌制是将新鲜原料经清洗、整理、部分脱水或不脱水等预处理后，以食盐的保藏作用为基础的加工保藏方法。

如今，蔬菜腌制品已逐渐进入世界市场，如日本市场每年消费腌制蔬菜大约为40亿美元，每年从中国和韩国进口约24万t，金额约2.4亿美元，其中从中国进口19.2万t，占其进口总量的80%左右。我国出口产品中主要有浙江斜桥榨菜和四川榨菜、云南玫瑰大头菜、山东酱蘑菇等蔬菜腌制品。

一、蔬菜腌制品的分类及特点

蔬菜腌制品按照所用的材料、腌制的过程和成品的状态，可以分为发酵性腌制品和非发酵性腌制品。

（一）发酵性腌制品

发酵性腌制品的食盐用量较少，有明显的乳酸发酵作用，伴随着微弱的酒精和醋酸发酵作用。

1. 湿态发酵

湿态发酵是原料在卤水中进行发酵腌制，如酸白菜和泡菜。所不同的是泡菜是在低浓度的盐水中发酵，而酸白菜是在清水中发酵。

2. 半干态发酵

在发酵之前，将蔬菜中的水分通过不同方法脱掉一部分，然后再加食盐等辅料密封腌制，如榨菜、冬菜、萝卜干等。由于这类蔬菜腌制品本身含水量较低，加盐量也相应较少，制品保存期较长。

3. 干态盐渍菜

在发酵前，将蔬菜的水分大部分脱掉，然后加食盐及辅料腌制，或者先腌后脱水。

（二）非发酵性腌制品

非发酵腌制品在腌制时，食盐用量较多，主要是利用食盐及其他调味品保藏制品和增进风味。需要强调的是，任何一种腌制菜在生产过程中都会进行一定程度的发酵，不存在绝对不发酵的腌制品。非发酵性腌制品依其所加配料及不同风味又可分为盐渍品、酱渍品、糖醋渍品。

1. 盐渍品（咸菜类）

盐渍品含酸极少，以咸味为主，如咸萝卜、咸芥菜、咸大头菜等。

2. 酱渍品（酱菜）

酱渍菜类是以蔬菜为主要原料，经盐水渍或盐渍成蔬菜咸坯后，经脱盐并脱水再酱渍而成的蔬菜制品，如酱姜片、酱黄瓜、酱芥菜、酱萝卜等。此类腌制品具有酱色或酱及酱油的香味。

3. 糖醋菜类

糖醋菜类是以蔬菜咸坯为原料，经脱盐，用糖、食醋或糖醋液浸渍而成的蔬菜制品，如糖醋蒜、糖醋黄瓜、糖醋嫩姜等。

二、蔬菜腌制的原理

（一）食盐的保藏作用

1. 高渗透压作用

一定的食盐浓度可产生一定的渗透压，而微生物细胞液的渗透压是有限的。高浓度的食盐使微生物死亡。

2. 食盐对微生物的毒害作用

食盐溶液中常含有 K^+、Na^+、Ca^{2+}、Mg^{2+} 等离子，这些离子在浓度高时，对微生物产生毒害作用。

3. 降低水分活性

食盐溶液中各种离子与水发生水合作用，大大降低水分活性，提高腌制品的保藏性。

（二）微生物发酵作用

腌制中发酵作用主要有三种，起主要作用的是乳酸发酵，酒精发酵次之，醋酸发酵最少。另外，腌制中也伴随着有害发酵，如丁酸发酵等。

1. 乳酸发酵

乳酸发酵是乳酸菌将原料中的糖分，主要是单糖、双糖分解成乳酸及其他代谢产物的过程。反应式如下：

$$C_6H_{12}O_6 \xrightarrow{\text{乳酸菌}} 2CH_3CHOHCOOH + 84\ J$$

如果发酵原料为双糖，则在乳酸菌作用下先生成单糖，然后再发酵生成乳酸。

2. 酒精发酵

酵母菌将蔬菜中的糖分解生成乙醇和二氧化碳。总反应式如下：

$$C_6H_{12}O_6 \longrightarrow 2CH_3CH_2OH + 2CO_2 \uparrow$$

酒精发酵生成的乙醇可与乳酸反应，生成乳酸乙酯，使制品具有香味。反应式如下：

$$CH_3CHOHCOOH + CH_3CH_2OH \longrightarrow CH_2CHOHCOOCH_2CH_3 + H_2O$$

在蔬菜腌制过程中，还会出现有害的发酵和腐败作用，产生不良气味，导致制品的质量降低，甚至使制品完全败坏。

3. 醋酸发酵

蔬菜腌制过程中还存在着微量的醋酸发酵。醋酸是由醋酸杆菌氧化酒精生成的，总反应式如下：

$$CH_3CH_2OH + O_2 \xrightarrow{\text{醋酸杆菌}} CH_3COOH + H_2O$$

醋酸菌的活动仅在有空气存在的条件下才能使乙醇变成醋酸，醋酸含量多对制品不利。腌制品要及时装坛封口以隔离空气，避免醋酸产生。制作泡菜、酸菜需要利用乳酸发酵；而制作咸菜、酱菜制品必须控制醋酸发酵在一定限度，否则制品变酸就是产品败坏的表现。

影响乳酸发酵的因素：

（1）食盐浓度　乳酸菌在食盐溶液中的活动能力随食盐浓度的增加而减弱。适宜乳酸发酵的食盐浓度为 3% ~ 5%。如果浓度超过 10%，乳酸发酵大大减弱；若达到 15%，则乳酸发酵作用几乎停止。

（2）温度　乳酸菌生活的适温为 30 ~ 35 ℃，但这一温度也易让有害微生物繁殖，一般在 15 ~ 20 ℃腌制菜，质量稳定，色泽风味较好，要求在腌渍初期时温度宜高，发酵完成后温度宜低。

（3）酸度与空气　乳酸菌的抗酸能力较强，pH 为 3 ~ 4.4 时最适。而丁酸菌、大肠杆菌等在 pH 小于 4.5 时就不生长；但酵母菌、霉菌抗酸能力也较强，然而两者都是好气性微生物，可通过密闭隔离空气进行抑制。乳酸菌为厌气性菌，必须在密闭条件下才能正常生长。如果容器密封不严，在腌渍液表面产生乳白色而光滑的膜状物，使制品败坏，在发生初期加入少量的白酒，可以消除这些膜状物。

（4）含糖量　一般当原料有 1.5% ~ 3% 的含糖量时，乳酸菌才能很好地生长繁殖，若含糖量低，在腌渍初期适量加入糖。甘蓝，萝卜、黄瓜等原料中均含较多的糖分。为使乳酸菌发酵顺利进行，应给乳酸菌的繁育创造相应的厌氧条件。

（三）蛋白质的分解作用

蛋白质易受微生物及蛋白分解酶的作用，逐渐分解为氨基酸。这一变化，主要发生在腌制过程中的中、后期，使制品形成一定的光泽和香味。这是相当复杂的生化变化，对腌菜质量很重要。

蛋白质分解反应式如下：

$$\text{蛋白质} \xrightarrow{\text{蛋白酶}} \text{多肽} \xrightarrow{\text{肽酶}} RCH(NH_2)COOH$$

1. 色泽的变化

蔬菜腌制品在其发酵后期由蛋白质水解生成酪氨酸，在酪氨酸酶的作用下，经过氧化作用，再经复杂的变化生成黑色素，多为黑蛋白，使制品呈黑色。腌制后期时间越长，则黑色素形成越多，颜色越深。

色素除蛋白质分解产生外，还有非酶褐变引起的色泽变化、叶绿素的变化、辅料颜色引起的变化。

2. 香气的形成

蛋白质水解生成氨基酸和酒精发酵产生的酒精本身具有一定香气。酒精与有机酸的酯化作用生成的酯类物质香气更浓。烯醛类物质是有香味的物质。乳酸菌发酵除产生乳酸外，还产生具有香味的双乙酰。在腌渍中加入的所有香料带来的香气，属于外来香气。

3. 鲜味的形成

原料中的蛋白质在蛋白酶的作用下生成的各种氨基酸都具有一定的鲜味。腌制品的鲜味主要是谷氨酸与食盐作用生成谷氨酸钠形成的。另外，微量的乳酸也是鲜味的来源之一。

（四）其他辅料的防腐作用

在蔬菜腌制时常加入的香料和调味品都有不同程度的防腐能力，大蒜、姜、辣椒、醋、酱等。有些蔬菜含某些特殊的成分，其本身具有杀菌和防腐能力，如大蒜中的蒜素、十字花科芥菜中的黑芥子苷等。

三、蔬菜腌制的操作要点

（一）发酵性腌制品的操作要点

发酵性腌制品中的泡酸菜是世界三大名酱腌菜之一。在中国历史悠久，早在1400年前，北魏贾思勰撰著的《齐民要术》一书中芜、菁、菘、葵、蜀芥咸菹法中记载："收菜时，即择取好者，菅、蒲束之。作盐水，令极咸，于盐水中洗菜，即纳瓮中。若先用淡水洗者，菹烂。其洗菜盐水，澄取清者，泻着瓮中，令没菜把即止，不复调和"泡酸菜具有制作简便、价值低廉、营养卫生、风味美好、食用方便、不限时令和易于贮存等优点。在我国城乡，多自做自食，商品流通较少。欧洲于17世纪自中国引入，发现泡酸菜能治坏血病、海上瘟疫，开始也是自做自食，现已形成大的工业化生产。德国有新鲜泡酸菜、热烫泡酸菜、消毒泡酸菜及乳酸菜汁，不仅满足人均年消费5 kg泡酸菜，还出口法国、西班牙及美国。

泡酸菜不仅是佐餐佳品，而且是保健食品。泡酸菜中富含膳食纤维，能增进肠胃消化；保存有大量维生素C，L-乳酸易被人体吸收利用，硝酸盐类在乳酸存在下不能还原成亚硝酸盐，因而具有防癌等效应。泡酸菜生食可增加肠胃中乳酸菌群，对肠道细菌起到清洁作用。

1. 泡菜

（1）泡菜的品质规格　将蔬菜用泡菜盐水浸泡进行乳酸发酵，泡熟后就能直接食用，此类制品称泡菜。泡菜的品质规格是：清洁卫生，色泽鲜丽，咸酸适度，含盐量为2%～4%，含酸（乳酸汁）0.4%～0.8%，组织细嫩，有一定的甜味及鲜味，并带有原料的本味。凡是过咸、过酸，咸而不酸，酸而发苦，以及色泽败坏都不符合品质要求。

（2）原料选择　凡组织紧密、质地嫩脆、肉质肥厚、不易发软，并且富含一定糖分的幼嫩蔬菜均可作为泡菜原料，但根据其原料的耐贮性可分为三类：

1）可贮泡1年以上的，如子姜、薤头、大蒜、苦薤、茎蓝、苦瓜、洋姜。

2）可贮泡3～6个月的，如萝卜、胡萝卜、青菜头、草食蚕、四季豆、辣椒。

3）随泡随吃，只能贮泡1个月左右的，如黄瓜、莴笋、甘蓝。

菠菜、苋菜、小白菜等叶菜类，由于叶片薄、质地柔嫩、易软化，故不适宜做泡菜。

（3）泡菜容器（泡菜坛）　以陶土为原料两面上釉烧制而成，坛形两头小中间大，坛口有坛沿为水封口的水槽，5～10 cm深，可以隔绝空气，水封口后泡菜发酵中会产生二氧化碳，可以通过水放出来。泡菜坛也可用玻璃钢、涂料铁制作，这些材料不与泡菜盐水和蔬菜起化学变化。

泡菜坛使用前要进行详细的检查：

1）坛是否漏气、有砂眼或裂纹，可将坛倒覆入水中检查。

2）观察坛沿的水封性能，即坛沿水能否沿坛口进入坛内，如果水能进入说明水封性能好。

3）听敲击声为钢音则质量好，若为空响、嘶哑声及破音，则坛不能使用。泡菜坛有大有小，小者可装 1~1.5 kg，大者可装数百斤。坛应放置于通风、阴凉、干燥、远离火源处，不可直接被日光照射。从贮泡产品的质量来说，陶土的比玻璃的要好。使用前要进行清洗，再用白酒消毒。

（4）原料预处理　首先应对适宜的原料进行整理。例如；子姜要去杆，剥去鳞片；四季豆要抽筋；大蒜应去皮。总之，去掉不可食及病虫腐烂部分，洗涤晾晒。晾晒程度可分为两种：一般原料晾干明水即可；含水较高的原料，让其晾晒表面脱去部分水，表皮蔫萎后再入坛泡制。

原料晾晒后入坛泡制也有两种方法。在泡制量少时，多为直接泡制。而作为工业化生产，为了便于进行管理，则先出坯后泡制，利用 10% 食盐先将原料盐渍几小时或几天，按原料质地而定，如黄瓜、莴笋只需要 2~3 h，而大蒜需要 10 天以上。出坯的目的主要在于增强渗透效果，除去过多水分，也去掉一些原料中的异味，这样原料在泡制中可以尽量减少泡菜坛内食盐浓度的降低，防止腐败菌的滋生。但由于出坯原料中的可溶性固形物的流失，原料养分有所损失，尤其是出坯时间长，养分损失更大。对于一些质地柔软的原料，为了增加硬度，可在出坯水中加入 0.2%~0.3% 的过氧化钙。

（5）泡菜盐水的配制　泡菜盐水因质量及使用的时间可分为不同的等级与种类。

1）等级：

（a）一等盐水：色泽橙黄，清晰、不混浊，咸酸适度，无病，未生花长膜。

（b）二等盐水：曾一度轻微变质、生花长膜，但不影响盐水的色、香、味，经补救后颜色较好，但不发黑混浊。

（c）三等盐水：盐水变质，混浊发黑，味不正，应废除。

2）种类：

（a）陈泡菜水：经过 1 年以上使用，有的甚至几十年或世代相传，由于保管妥善，用的次数多且质量好，可以作为泡菜的接种水。

（b）"洗澡"泡菜水：用于边泡边吃的盐水，这种盐水多咸而不酸，缺乏鲜香味，由于泡制中要求时间快，断生则食，所以使用盐水浓度较高。

（c）新配制盐水：水质以井水或矿泉水为好，含矿物质多，但水应澄清透明、无异味，硬度在 16° 以上。自来水硬度在 25° 以上，可不必煮沸以免硬度降低。软水、塘水、湖水均不适宜作为泡菜用水。盐以井盐或巴盐为好，海盐含镁较多，应炒制。

配制盐水时，按水量加入食盐 6%~8%。为了增进色、香、味，还可以加入 2.5% 黄酒、0.5% 白酒、1% 米酒、3% 白糖或红糖、3%~5% 鲜红辣椒，直接与盐水混合均匀。花椒、八角、甘草、草果、橙皮、胡椒等香料，按盐水量的 0.05%~0.1% 加入，或者按喜好加入。香料可磨成粉状，用白布包裹或做成布袋放入。为了增加盐水的硬度，还加入 0.5%

氯化钙。

配制盐水时应注意：

1）浓度的大小决定于原料是否出过坯，未出坯的用盐浓度高于已出坯的，以最后平衡浓度在4%为准。

2）为了加速乳酸发酵，可加入3%～5%陈泡菜水以接种。

3）糖的使用是为了促进发酵、调味及调色。一般成品的色泽为白色，如白菜、子姜就只能用白糖，为了调色可改用红糖。香料的使用也与产品的色泽有关，因而使用中也应注意。

（6）泡制与管理　具体内容如下：

1）入坛泡制。将经过预处理的原料装入坛内。方法是先将原料装入坛内的一半，要装得紧实，放入香料，再装入原料，离坛口6～8cm时用竹片将原料卡住，加入盐水淹没原料，切忌原料露出液面，否则原料因接触空气而氧化变质。盐水注入至离坛口3～5cm。1～2天后原料因水分的渗出而下沉，再可补加原料，让其发酵。如果是老盐水，可直接增加原料，补加食盐、调味料或香料。

2）泡制期中的发酵过程。蔬菜原料入坛后所进行的乳酸发酵过程也称为酸化过程，根据微生物的活动和乳酸积累量的多少，可分为三个阶段：

① 发酵初期。发酵初期以异型乳酸发酵为主。蔬菜刚入坛，表面带入的微生物在pH值较高（pH>5.5）的条件下，主要是不抗酸的肠膜明串珠菌、小片球菌、大肠杆菌及酵母菌较为活跃，迅速进行乳酸发酵及微弱的酒精发酵，产物为乳酸、乙醇、醋酸及二氧化碳。pH值下降至4.0～4.5，二氧化碳大量排出，可从坛沿水中有间歇性气泡放出，逐渐形成嫌气状态，便有利于植物乳杆菌正型乳酸发酵，迅速产酸，pH值下降，抑制其他有害微生物活动。此期的含酸量为0.3%～0.4%，时间为2～5天，是泡菜初熟阶段。

② 发酵中期。发酵中期以正型乳酸发酵为主。由于乳酸积累、pH值降低和嫌气状态，植物乳杆菌大量活跃，菌数可达（5～10）×10^{7}个/mL，乳酸积累可达0.6%～0.8%，pH为3.5～3.8，大肠杆菌、腐败菌等死亡，酵母、霉菌受抑制，时间为5～9天，是泡菜完熟阶段。

③ 发酵后期。发酵后期，正型乳酸发酵继续进行，乳酸量积累可达1.0%以上，当乳酸含量达1.2%以上时，植物乳杆菌也受到抑制，菌数下降，发酵速度缓慢乃至停止。此时不属于泡菜阶段，而属于酸菜阶段。

通过以上三个阶段的发酵作用，就积累的乳酸含量、泡菜风味品质来看，泡菜的乳酸含量要求达0.4%～0.8%。所以，一般在初期发酵的末尾及中期发酵时，就已进入成熟标志。如果在发酵初期取食，成品咸而不酸，有生味；在发酵末期取食，则含酸过高。

3）泡菜的成熟期。上面所说的发酵过程是乳酸的发酵作用所标志的成品质量。但原料的种类、盐水的种类及气温对成熟也有影响。夏季气温较高，用新盐水，一般叶菜类需泡3～5天，根菜类需5～7天，而大蒜、薤头要泡半个月以上；而冬天则需要延长一倍的时间。用陈泡菜水则成熟期可大大缩短，从品质来说，陈泡菜水制作的产品比新盐水的色、香、味更好。

4）泡制中的管理

① 注意水槽的清洁卫生。用清洁的饮用水或10%的食盐水，放入坛沿槽3～4cm深。

发酵后期，易造成坛内出现部分真空，使坛沿水倒灌入坛内。虽然槽内为清洁水，但长时间暴露于空间，易感染杂菌甚至出现蚊蝇滋生，如果被带入坛内，一方面可增加杂菌，另一方面也会降低盐水的浓度。泡制中，以加入盐水为好。若使用清洁的饮用水，应注意经常更换，在发酵期中注意每天轻揭盖 1~2 次，以防坛沿水的倒灌。

② 经常检查。由于生产中某些环节放松，泡菜也会产生劣变，如盐水变质，杂菌大量繁殖，外观可以发现连续性急促的气泡，开坛时甚至热气冲出，盐水混浊变黑，起旋生花长膜乃至生蛆，有时盐水还出现明显涨缩，产品质量极差。这些现象的产生，主要是微生物的污染，以及盐水浓度、pH 值和气温等条件的不稳定造成的。发生以上情况，可采用如下的补救措施：变质较轻的盐水，取出盐水过滤沉淀，洗净坛内壁，只使用滤清部分，再配入新盐水，还可加入白酒、调味料及香料。变质严重的盐水则完全废除。坛面有轻微的长膜生花，可缓慢注入白酒，由于酒比重轻可浮在表面上，可起杀菌作用。

在泡菜的制作中，可采用一些预防性的措施，一些蔬菜、香料或中药材含有抗生素，可起到杀菌的作用。例如，大蒜、苦瓜、红皮萝卜、红皮甘蔗、丁香、紫苏等，对防止长膜生花都有一定的作用。

泡菜成品也会产生咸而不酸或酸而不咸的味道，主要是食盐浓度不适宜而造成的。前者用盐过多，抑制了乳酸菌活动；后者用盐太少，乳酸累积过多。产品咸而发苦主要是由于盐中含镁，可倒出部分盐水更换，盐也进行适当处理。

③ 泡菜中切忌带入油脂，以防杂菌感染。如果带入油脂，杂菌分解油脂，易产生臭味。

（7）成品管理　一定要选择较耐贮的原料才能进行保存。在保存中一般一种原料装一个坛，不混装。要适量多加盐，在表面加酒，即宜咸不宜淡。坛沿槽要经常注满清水，便可短期保存，随时取食。

（8）商品包装　我国的泡菜未形成工业化生产和商品流通，主要原因是未解决包装、运输、销售的问题。经研究，可采用以下措施：

1）包装容器。可用涂有抗酸、盐涂料的铁皮罐、卷封式或旋转式玻璃罐、复合薄膜袋或尼龙。容器要清洗消毒。

2）配制罐液。按罐液量加食盐 3%～5%，乳酸 0.4%～0.8%，味精 0.1%～0.2%，砂糖 3%～4%，香料、花椒、辣椒酌加。罐液要煮沸，过滤。

3）泡菜整理。取坛装泡制成熟的泡菜，适当切分整形，滤干。

2. 酸菜

将蔬菜原料剔除老叶，整理，洗净，装入木桶或大罐中，上压重石，注入清水或稀盐水淹没，经 1~2 个月自然乳酸发酵可制成酸菜，乳酸积累可达 1.2% 以上，产品得以保存。

（1）北方酸菜　北方酸菜以大白菜、甘蓝为原料，原料采收后晒晾 1~2 天或直接使用，去掉老叶及部分叶肉，株形过大则划 1~2 刀，在沸水中烫 1~2 min，先烫叶帮后放入整株，使叶帮约透明为度，冷却或不冷却，放入缸内，排成辐射状放紧，加水或 2%～3% 的盐水，上压重石。以后由于水分渗出，原料体积缩小，可补填原料直到离盛器口 3~7 cm，自然发酵 1~2 个月后成熟。菜帮为乳白色，叶肉为黄色。存放冷凉处，保存半年，烹调后食用。

四川北部也有川北酸菜，多以叶用芥菜为原料，制作方法同上。

（2）湖北酸菜　湖北酸菜以大白菜为原料，整理，晾晒（100 kg 菜至 60~70 kg），腌制，按重量加入 6% ~7% 食盐。腌制时，一层菜，一层盐，放满后加水淹没原料，自然发酵 50 ~60 天成熟。成品为黄褐色，直接食用或烹调。

（3）欧美酸菜　欧美酸菜以黄瓜或甘蓝丝制作，加盐 2.5%，加压进行乳酸发酵，乳酸积累在 1.2% 以上。

在中国河南省林县、四川省南部发现食道癌较多，曾因酸菜是否产生致癌物质而争论。产生致癌物质的是 N-亚硝基化合物（N-N＝O），其含量为亿万分之十就有致癌作用。新鲜蔬菜中主要含硝酸盐，而硝酸盐转化成亚硝酸盐又需要很多条件。酸菜的乳酸发酵中，乳酸菌具有一定的抗酸性及耐盐性，不能使硝酸盐还原，所以产生亚硝酸的可能性极少。酸菜的致癌作用主要是因为存放中腐败菌的侵染繁殖，分解蛋白质，还原硝酸盐，才有可能产生致癌物质。所以必须注意酸菜在保存中的清洁卫生条件，使品质不产生劣变。

（二）咸菜类的制法

咸菜类的腌制品必须采用各种脱水方法，使原料成为半干态，并需盐腌、拌料、后熟，用盐量在 10% 以上。咸菜类腌制品的色、香、味主要来源于蛋白质的分解转化，其具有鲜、香、嫩、脆、回味返甜的特点。

1. 榨菜

以茎用芥菜的膨大茎（又称青菜头）为原料，经去皮、切分、脱水、盐腌、拌料、装坛、后熟转味而成的制品称坛装榨菜。然后以坛装榨菜为原料，经切分、拌料、装袋（复合薄膜袋）、抽空密封、杀菌冷却而成的制品称方便榨菜。

榨菜为中国特产，1898 年创始于涪陵区，故有"涪陵榨菜"之称。最初在加工过程中，曾用木榨压出多余水分，故名榨菜。榨菜在国内外享有盛誉，为世界三大名腌酱菜之一。原为四川独产，现已发展至浙江、福建、江苏、江西、湖南及台湾等省，仅四川现在年产量为 10 万 ~12 万 t，畅销国内外。

坛装榨菜的优点是瓦坛材料普遍、易制作、价廉、不与榨菜起化学变化、背光、不透水气，缺点是自重大、易破、不耐运输、密封不严、粗糙、外观不美。方便榨菜体积小、分量轻、柔软、携带方便，产品开袋即可食用，深受消费者欢迎。

由于脱水工艺的不同，榨菜又有四川榨菜（川式榨菜）与浙江榨菜（浙式榨菜）之分，前者为自然风脱水，后者为食盐脱水，形成了两种榨菜品质上的差别。下面以四川榨菜为例，介绍其操作要点。

良好的四川榨菜应具有鲜、香、嫩、脆，咸辣适当，回味返甜，色泽鲜红细腻（辣椒末），块形美观等特点。为了保证榨菜品质，必须注意加工过程中每一道工序的质量要求。

（1）原料的选择　宜选择组织细嫩、紧密，皮薄，粗纤维少，呈圆球形或椭圆形，体形不宜太大的菜头。菜头含水量宜低于 94%，可溶性固形物含量应在 5% 以上。

青菜头茎已膨大，并且薹茎形成即将抽出时及时采收。采收过早，品质虽优，但产量低；采收过晚，薹茎抽出，菜头多空心，含水量增高，可溶性固形物相对降低，而且组织逐渐疏松，细胞间隙加大，纤维素逐渐木质化，肉质变老且同时开始抽薹而消耗大量的营养物质或因内外细胞组织膨大率不一致而形成空心，或者因局部细胞组织失水而形成白色海绵状组织，使原料消耗率加大，成品的品质也有所下降。因此应根据不同品种的特性掌握适当的采收期，这样才能保证榨菜加工的优质高产。

（2）剥菜　用剥皮刀将每个菜头基部的粗皮老筋剥除，但不伤及上部的青皮。原料重

250～300 g 的可划开或不划开，300～500 g 者划成两块，500 g 以上者划成 3 块，分别划成 150～250 g 重的菜块。划块时要求大小比较均匀，每一个菜块要老嫩兼备、青白齐全，呈圆形或椭圆形，这样晾晒时才能保证干湿均匀，成品比较整齐美观。不划破的小菜头，可采取从基部到顶端直拉一刀深及菜心，但不要划成两片的方式。用长约 2 m 的篾丝或聚丙烯丝剥划菜块，根据大小分别穿串。穿菜时从切块两侧穿过，称"排块"穿菜法。篾丝青面应与切块平行，以免篾丝拆断。每串两端回穿牢固不滑脱。每串菜块约重 4～5 kg。

（3）头次腌制　一般采用大池腌制，每批不超过 16～17 cm。腌制时，撒盐要均匀，层层压紧，直到食盐溶化，如此层层加菜加盐，腌到与池面齐时，将所留盐全部撒于菜面，铺上竹栅并压上重物。

（4）头次上囤　腌制一定时间后（一般不超过 3 天）即出池，进行第一次上囤。先将菜块在原池的卤水中进行淘洗，洗去泥沙后即可上囤，囤底要先垫上篾垫，囤苇席要围得正直，上囤时要层层耙平踩紧，囤的大小和高度按菜的数量和情况适当掌握，以卤水易于沥出为度，面上压以重物。上囤时间勿超过一天。出囤时菜重为原重的 62%～63%。

（5）二次腌制　菜出囤后过磅，然后进行第二次腌制。操作方法同前，但菜块下池时每批不超过 13～14 cm。用盐量按出囤后的重量，每 100 kg 用盐 5 kg。正常情况下的腌制时间一般不超过 7 天。若需要再腌制，则应翻池加盐，每 100 kg 用盐 2～3 kg，灌入原卤，用重物压好。

（6）二次上囤　操作方法同前一次上囤，这次囤身宜大不宜小，菜上囤后只需要耙平压实，面上可不压重物，上囤时间以 12 h 为限。出囤时菜重为原重的 68%。

（7）修整挑筋　出囤后将菜块进行修剪，修去粗筋，剪去飞皮和菜耳，使外观整齐，整理损耗约为第二次出囤菜的 5%。

（8）淘洗上榨　整理好的菜块再进行一次淘洗，以除尽泥沙。淘洗缸需备两个以上，一个供初洗，另一个供复洗。淘洗时所用的卤水为第二次腌制后的滤清卤。洗净后上榨，上榨时榨盖一定要缓慢下压，使菜块外部的明水和内部可能压出的水分徐徐压出，而不使菜块变形或破裂。上榨时间不宜过久，程度应适当，勿太过或不及，必须掌握出榨折率在 85%～87%。

（9）拌料装坛　出榨后称重，按每 100 kg 菜块加入食盐 5 kg、辣椒末 1.1 kg、花椒 0.03 kg 及混合香料末 0.12 kg，置于菜盆内充分拌和。混合香料末的配料比例为八角 45%、白芷 3%、山奈 15%、桂皮 8%、干姜 15%、甘草 5%、砂仁 4%、白胡椒 5%，混合研细成末。

（10）覆口封口　装坛后 15～20 天要进行一次覆口检查，将塞口菜取出，若坛面菜块下陷，应添加同等级的菜块使其装紧，铺上一层菜叶，然后塞入干菜叶，要塞得平实紧密，随即封口。封口用水泥，其配方为水泥 4 份、河沙 9 份、石灰 2 份，将各物拌匀并加适量水调成稠浆状。涂料要周到，勿留孔隙。

2. 冬菜

冬菜有四川冬菜（川冬菜）与北京冬菜（津冬菜）之分。四川冬菜主产区为南充市和资中市，以叶用芥菜为原料制成。北京冬菜以大白菜为原料制成。所以，两种冬菜的加工方法及成品品质各不相同。

南充冬菜的生产迄今也有近百年的历史，是南充著名的特产之一。它的特点是成品色泽乌黑而有光泽，香气特别浓郁，风味鲜美，组织嫩脆，可以增进食欲，深受各地广大群众的欢迎。

（1）品种的选择   南充冬菜以芥菜为原料，生产上所使用的品种主要有 3 种。

1）箭杆菜。箭杆菜系南充腌制冬菜历史悠久的品种，叶片直立犹如箭杆形。由箭杆菜制成的冬菜，组织嫩脆，鲜味和香气均浓厚，贮存 3 年以上，组织依然嫩脆而不软化且鲜香味越来越浓，色泽越来越黑。

2）乌叶菜。乌叶菜是南充目前加工冬菜的主要品种。由于菜身肥壮，基部的茎比箭杆菜粗大一些，叶片也大，故单位面积产量大大超过箭杆菜，但是制成冬菜后成品品质不及箭杆菜，并且存放 3 年以上组织便开始软化并失去脆性。

3）杂菜。凡叶用芥菜中非箭杆菜又非乌叶菜的各种品种都属于杂菜。杂菜的叶身较大且多纤维，制成冬菜的品质远不及乌叶菜，因而不耐久贮，容易失去脆性。因此在生产上应尽量剔除杂菜，以免影响制品的质量。

（2）晾菜   每年 11 月下旬至翌年 1 月是砍收冬菜原料的季节，要掌握适当的成熟度砍菜。如果菜还没有达到充分成熟就开始采收，则亩产量低；如果推迟采收期，菜开始抽薹，组织变老，不合规格。菜在砍收后应就地将菜根端划开以利晾干，俗称划菜。划菜时，视基部的大小划 1 刀或 2 刀，但均不要划断，以便晾晒。将划好的菜整株搭在菜架上，任其日晒夜露，大致经过 3 ~ 4 周，多者达一个半月之久，待其外叶全部萎黄，中间的叶片已萎蔫而尚未完全变黄，菜芯（或称菜尖）也萎缩但尚未干枯，并且顶端保留有发育的嫩尖且呈弯曲形，但其根端茎部的划剖面已萎蔫为止。

（3）剥剪   大致每 100 kg 新鲜芥菜（或称青菜）上架晾晒至 23 ~ 25 kg 时即可下架，进行剥剪。外叶已枯黄的称为老叶菜，只能供将来作为坛口菜封口用。中间的叶片及由菜芯（菜尖）上修剪下的叶片尖端可作为二菜之用。菜经过修剪后才是制作冬菜的原料。大致每 100 kg 新鲜原料晾干后可以收到萎菜尖 10 ~ 20 kg，二菜约 5 kg，老叶菜 8 ~ 9 kg。南充市酿造厂的冬菜成品经分析，其水分含量为 60.29% ~ 61.06%，含盐量为 11.77% ~ 12.01%，品质较好。修剪的方法就是剪头去尾。所谓剪头，就是剪去根端茎部那一头的粗筋部分；所谓去尾，就是剪去菜尖的先端或顶端过长的叶片。修剪后的菜尖又称萎尖菜。

（4）揉菜   每 100 kg 萎尖菜一次加盐 13 kg（即用盐量为 13%）。揉菜时要从上到下，按顺序搓揉，一直搓揉到菜上看不见盐粒且菜身软和为止，随即倾入菜池内，层层压紧。揉菜时要预留面盐。

（5）下池腌制   每一个菜池约可容纳萎尖菜 5 t。制作冬菜的菜池的修建与榨菜的菜池相同，但要深些。充分搓揉后的萎尖菜倾入菜池后要刨平压紧。由于冬菜的腌制系一次加盐，因此入池后不久就有大量的菜盐水溢出，菜干则溢汁少，菜湿则溢汁多。为了排除菜盐水，可在池底设一孔道，菜盐水经此孔流出。菜池装满后，可在菜面撒一层食盐（不包括 13% 的用盐量）后铺上竹席，用重物加压，以利于继续排除菜水。

（6）翻池上囤   菜池装满经过 1 月后，即应进行翻池一次。翻池时宜按每 100 kg 菜加花椒 100 ~ 200 g，如前撒面盐一层铺上竹席再加重物镇压，以便压出更多的菜水。如此可以在池内继续存放 3 个月之久。如果不进行翻池也可以采用上囤的办法，即将菜池内的菜挖刨出来，堆放压紧在竹编苇席之中，称为上囤。上一层菜撒一层花椒，其用量与上同，囤高可达 3 m 以上，囤围可大、可小，一般可囤压 100 ~ 150 t 菜。囤面撒食盐一层后应铺上竹席再加重物镇压。上囤的时间长短以囤内不再有菜水外溢为止，大致需时 1 ~ 2 个月。然后即可进行拌料装坛了。冬菜腌制时的用盐量实际上不止 13%。

（7）拌料装坛　南充冬菜拌和香料的比例很大，每 100 kg 上述翻池或上囤后的菜尖加入香料粉 1.1 kg。香料的配料是花椒 400 g、香松 50 g、小茴香 100 g、八角 200 g、桂皮 100 g、山柰 50 g、陈皮 150 g、白芷 50 g，以上香料合计 1.1 kg。各厂所使用的香料种类和配料比例略有出入。由于冬菜加入的香料比例很大，因此，南充冬菜的成品特别芳香，这是其最大的特点。

用大瓦坛装菜，每坛约可装菜 200 kg。先挖一土窝约可容纳坛子下部的 1/4，把瓦坛平稳地安置在土窝内，再用松土或草圈把坛子周围扎紧，使其不致摇动。随即把已和好香料的菜装进坛内，待装到整个坛子的 1/4 时，用各种形式的木制工具由坛心到坛边或杵或压，时轻时重地进行细致、反复的排杵压紧。坛内不可留有空隙或左实右虚，否则有空气留在里面就会使冬菜发生霉变。装满后即用已加盐腌过的干老菜叶扎紧坛口。咸老叶菜按每 100 kg 老菜加食盐 10 kg 腌制后晒干即成。坛口扎紧后再用塑料薄膜把坛口捆好或用三合土涂敷坛口亦可。

（8）晒坛后熟　装坛后要置于露地曝晒，其目的是增加坛内温度，有利于冬菜内蛋白质的分解和各种物质的转化与酯化。但由于所用原料萎尖菜脱水程度比较高，成品色泽要求变黑，所以一般至少要晒 2 年，最好晒 3 年。冬菜头年由青转黄，第二年由黄转乌，第三年由乌转黑。除了蛋白质之外，各种香质也有助于冬菜的色泽加深。良好的冬菜呈深酱紫色，表面有光泽，同时冬菜本身所形成的香酯物质比较多，再加之所加入的各种香料的比例又大，各种香料在长期的日晒中渗入到冬菜组织，夏天即可将冬菜搬到室内继续贮存和后熟。晒坛期间在农历 3~4 月，坛内即开始翻水，一起一伏若干次，一直到夏至以后就不再翻水了。此时，坛内的冬菜开始下沉，宜进行一次清口，即将坛口的老叶子翻开检查，添加新冬菜装满塞紧，勿使其中留有空隙，再用老叶子扎紧坛口，继续晒坛。再晒时还可再翻一次水，但没有前几次翻水显著而旺盛了。据相关经验，不经晒坛的冬菜也可以逐渐变色，只是变得很缓慢而已。可见晒坛主要是增加温度，从而加快其生化变化及色泽的变黑。在室内贮存，以一两年为宜。时间过久了，冬菜的组织软化，影响品质。

（三）酱菜类的制法

1. 盐腌

原料经充分洗净后应削去其粗筋、须根、黑斑烂点，然后根据原料的种类和大小形态对剖成两半或切成条状、片状、颗粒状。也有不改变形态者，如小萝卜、小嫩黄瓜、大蒜头、薤头、苦薤头及草食蚕等。

原料准备就绪后即可进行盐腌处理。盐腌的方法分干腌和湿腌两种。干腌法就是用占原料鲜重 14%~16% 的干盐直接与原料拌和或与原料分层撒腌于缸内或大池内。此方法适合于含水量较大的蔬菜，如萝卜、莴苣及菜瓜等。湿腌法则用 25% 的食盐溶液浸泡原料。盐液的用量约与原料重量相等。适合于含水量较少的蔬菜，如大头菜、苤蓝、薤头及大蒜头等。盐腌处理的期限随蔬菜种类的不同而有差异，一般为 7~20 天。

盐腌的目的有下列五点：

1）盐腌时，利用高浓度食盐的高渗透压力的作用杀死细胞，改善细胞膜的渗透性，有利于将来酱渍时酱液能更好且更快地渗透到蔬菜细胞的内部去。

2）盐腌时，由于食盐的渗透作用，蔬菜原料原含有的部分苦涩物质、黏性物质均可以排除。由于发酵作用仍然可以缓慢地进行，故可以进一步改善原料的风味和增进原料的透明度。

3）盐腌时，原料大量脱水，因而使原料体积缩小，组织变得紧密且具有韧性和脆性，在随后的加工工序中便于操作而不至于破损或折断。

4）盐腌时，由于食盐大量反渗入细胞内，细胞内的水分大量外逸，因而细胞内的含水量相应地减少了。将来浸水脱盐时，细胞的水分也不可能恢复到原来的含量，因而酱渍时不至于因原料水分过多而过分冲淡酱的浓度。

5）盐腌时，由于食盐浓度较大，可以在一定时期内保存蔬菜原料不败坏。这样一方面解决了原料大量上市时加工来不及的困难，另一方面也可以做到随取随酱随销。当然，蔬菜原料如需要长期保存，食盐浓度还应该适当增加。菜坯和菜水的最后含盐量至少应达到 15% 以上才能长期保存。

无论进行酱渍或糖醋渍，原料必须先用盐腌，只有如草食蚕、嫩姜及嫩辣椒等少数可以不先用盐腌而直接进行酱渍。夏季果菜原料太多，一时又加工不完，需要长期保存时，则用盐腌时应使其含盐量达到 25% 或达到饱和并置于烈日之下曝晒，由于盐水表面水分蒸发，在液面会自然形成一层食盐结晶的薄膜，这层盐膜（或称为盐盖）把液面密封起来可以隔离空气和防止微生物的侵入。同时，日晒时菜缸内的温度可以达到 50 ℃ 左右，这种温度使某些有害微生物在饱和食盐溶液内是无法生存的。此外，在这样的高温下许多金属离子对微生物的毒害作用也大大加强了。因此，在夏季用这个简易的办法就可以将蔬菜长期保存下来。

2. 酱渍

酱渍是将盐腌的菜坯脱盐后浸渍于甜酱、豆酱（咸酱）或酱油中，使酱料中的色、香、味物质扩散到菜坯内，即菜坯、酱料各种物质渗透平衡的过程。酱菜的质量取决于酱料的好坏。优质的酱料酱香突出，鲜味浓，无异味，色泽红褐，黏稠适度。

盐腌的菜坯食盐含量很高，必须取出用清水浸泡进行脱盐处理后才能进行酱渍。最好将菜坯用流动的清水浸泡，这样脱盐的效果较快。夏季浸泡 2～4 h，冬季浸泡 6～7 h 即可。脱盐处理并不要求把菜坯中的食盐全部脱除干净，而是脱去绝大部分的食盐而保留小部分的食盐，用口尝尚能感到少许咸味而又不太显著时即为脱盐适合的标准。含盐量在 2%～2.5% 即为合适。脱盐处理完毕即可取出菜坯沥干明水后进行酱渍。

酱渍的方法有三种：第一，直接将处理好的菜坯浸没在豆酱或甜面酱的酱缸内；第二，在缸内先放一层菜坯再加一层酱，层层相间地进行酱渍；第三，将原料，如草食蚕、嫩姜等先装入布袋内，然后用酱覆盖。酱的用量一般与菜坯重量相等，最少也不得低于 3∶7，即酱为 30 kg 时菜坯为 70 kg。

在酱渍的过程中要进行搅动，使原料能均匀地吸附酱色和酱味，同时使酱的汁液能顺利地渗透到原料的细胞组织中去，表里均具有与酱同样鲜美的风味和同样的色泽和芳香。成熟的酱菜不但色、香、味与酱完全一样，而且质地嫩脆，色泽酱红且呈半透明状。

在酱渍的过程中，菜坯中的水分也会渗出到酱中，直到菜坯组织细胞内外汁液的渗透压达到平衡时才停止。当达到这一平衡时，酱菜即已成熟。酱渍时间的长短随菜坯种类及大小而异，一般约需半个月。在酱渍期间经常翻拌可以使上下菜坯吸收酱液比较均匀。如果在夏天酱渍，由于温度高，酱菜的成熟期限可以大为缩短。

由于菜坯中仍含有较多的水分，入酱后菜坯中的水分会逐渐渗出使酱的浓度不断降低。为了获得品质优良的酱菜，最好连续进行三次酱渍。第一次在第一个酱缸内进行酱渍，1 周后取出转入第二个酱缸之内，再用新鲜的酱再酱渍 1 周，随后又取出转入第三个酱缸内继续酱渍 1 周，至此酱菜才算成熟。已成熟的酱菜在第三个酱缸内可以长期保存不坏。

第一个酱缸内的酱重复使用两次后即不适宜再用，可供榨取次等酱油之用。榨后的酱渣再用水浸泡，脱去食盐后，还可作为饲料。第二个酱缸内的酱使用两三次后可改作为下一批的第一次酱渍用，第三个酱缸内的酱使用两三次后可改作为下一批的第二次酱渍用，下一批的第三个酱缸则另配新酱。如此循环更新便可保证酱菜的品质始终维持在同一个水平上。

在常压下酱渍，时间长，酱料耗量也大，河南商丘市酱菜厂采用真空压缩速制酱菜新工艺，将菜坯置于密封渗透缸内，抽一定程度真空后，随即吸入酱料，并压入净化的压缩空气，维持适当压力及温度十几小时到 3 天，酱菜便制成。此方法较常压渗透平衡时间缩短 10 倍以上。

在酱料中加入各种调味料酱制成花色品种。例如：加入花椒、香料、料酒等制成五香酱菜；加入辣椒酱制成辣酱菜；将多种菜坯按比例混合酱渍或已酱渍好的多种酱菜按比例搭配包装制成八宝酱菜、什锦酱菜。

（四）糖醋菜类的制法

1. 糖醋黄瓜

选择幼嫩、短小、肉质坚实的黄瓜，充分洗涤，勿擦伤其外皮。先用 8% 的食盐水等量浸泡于泡菜坛内。第二天按照坛内黄瓜和盐水的总重量加入 4% 的食盐，第三天又加入 3% 的食盐，第四天起每天加入 1% 的食盐。逐日加盐直至盐水浓度能保持在 15% 为止。任其进行自然发酵两周。发酵完毕后，取出黄瓜。先将沸水冷却到 80 ℃，即可用以浸泡黄瓜，其用量与黄瓜的重量相等。维持 65 ~ 75 ℃约 15 min，使黄瓜内部绝大部分食盐脱去，取出，再用冷水浸漂 30 min，沥干待用。

糖醋香液的配制方法：用冰醋酸配制 2.5% ~ 3% 的醋酸溶液 2000 mL。蔗糖 400 ~ 500 g、丁香 1 g、豆蔻粉 1 g、生姜 4 g、月桂叶 1 g、桂皮 1 g、白胡椒粉 2 g，将各种香粉碾细用布包裹置于醋酸溶液中加热至 80 ~ 82 ℃，维持 1 h 或 1.5 h，温度切不可超过 82 ℃，以免醋酸和香油挥发。也可采用回流萃取。1 h 后可以将香料袋取出，随即趁热加入蔗糖，使其充分溶解。待冷后再过滤一次即成糖醋香液。

将黄瓜置于糖醋香液中浸泡，约半个月后黄瓜即饱吸糖醋香液变成甜酸适度、又嫩又脆、清香爽口的加工品。

如果进行罐藏，可将糖醋香液与黄瓜按 40∶60 的比例同置于不锈钢锅内加盖热至 80 ~ 82 ℃，维持 3 min，并趁热装罐。包装时，黄瓜不宜装得太紧，然后加注香液至满，加盖密封。虽不再进行杀菌，但也可长期保存。

如果香液中不加糖，则称为醋渍制品，以酸味为主。这样浸渍的产品就是通常所谓的酸黄瓜。酸黄瓜制品有两种：一种是利用泡菜坛子进行乳酸发酵所制成的乳酸黄瓜；另一种是利用食醋香液浸渍而制成的醋酸黄瓜。

2. 广东糖醋酥姜

生姜采收后迅速加工，最迟不超过 3 天。选取鲜嫩、肥厚完整者作为原料。太嫩，水分含量高，成品率低且不耐保存；太老，粗纤维多，口味不好。用刀削尽姜芽、姜仔及老根，刮去表皮，淘洗干净，平铺在腌渍桶中一层，厚约 30 cm，按姜重加入食盐 10% 并撒匀，逐层装满后，用重物压紧，使姜渗出汁液并淹没姜面以防止生姜变色生霉，经 24 h 后取出，囤压 3 h，排出过多的水分，再按囤干水分的姜重加盐 12%，重新逐层装入腌渍桶中，加重物压紧，24 h 后取出并囤干明水，姜块变软并被压扁，再装入桶中，按姜重加醋酸含量为 5% 的食醋 25%，淹没姜块，24 h 后便成半成品，可以暂时保存；取半成品切成厚 3～4 mm 薄片，在清水中浸泡脱盐 12 h，其中换水 2 次，取出囤干明水，便可进行醋渍；按姜片重加入食醋 50%，醋渍 12 h 以吸收醋中成分；沥出，再按姜片重加白糖 70%，拌和均匀，装桶，糖渍 24 h 后，沥出，按姜片重加红花粉 0.1% 拌匀染色，放回糖液中，继续糖渍 7～8 天，姜片充分"吃糖"，颜色染透；将姜片、糖液煮沸 3 min 以杀菌，装缸密封，即成糖醋酥姜，可长期保存，或者装缸加盖盖严，也可保存 1 月左右。品质优良的糖醋酥姜口感清脆凉爽，甜中微带酸辣，色泽鲜红，内外一致，姜片丰满柔软，表面糖液黏稠度大。

3. 镇江糖醋大蒜

大蒜采收后及时进行加工。选鳞茎整齐、肥大、皮色洁白、肉质鲜嫩的大蒜头为原料。先切去根和叶，留下假茎长 2 cm，剥去包在外面的粗老蒜皮（鳞片），洗净并沥干水分。每 100 kg 鲜蒜头用盐 10 kg。在缸内每放一层蒜头即撒一层盐，装到大半缸时为止。另储同样大小的空缸作为换缸之用。换缸可使上下各部的蒜头的盐腌程度均匀一致。每天早晚要各换缸一次。一直到菜卤水能达到全部蒜头的 3/4 高时为止。同时还要将蒜头中央部分刨一坑穴，以便菜卤水流入穴中。每天早、中、晚分别用瓢舀穴中的菜卤水，浇淋在表面的蒜头上。如此经过 15 天结束，称为咸蒜头。

将咸蒜头从缸内捞出，置于席上铺开晾晒，以晒到原重的 65%～70% 时为宜。日晒时每天要翻动 1 次。晚间或收入室内或覆盖以防雨水。晒后如有蒜皮松弛者需剥去，再按每 100 kg 晒过的干咸蒜头用食醋 70 kg、红糖 32 kg，先将食醋加热到 80 ℃，再加入红糖令其溶解。也可酌加五香粉，即山柰、八角等少许。先将晒干后的咸蒜头装入坛中，轻轻压紧，装到坛子的 3/4 处，然后将上述已配制好了的糖醋香液注入坛内至满。基本上蒜头与香液的用量相等。在坛颈处横挡几根竹片以免蒜头上浮。然后用塑料薄膜将坛口捆严，再用三合土涂敷坛口以密封，大致 2 个月后即可成熟，当然时间更久一些，成品品质会更好一些。如此密封的蒜头可以长期保存不坏。据镇江的经验，每 100 kg 鲜大蒜原料可以制成咸大蒜 90 kg、糖醋大蒜头 72 kg。

上述糖醋大蒜头由于使用红糖因而制品呈红褐色，如果不用红糖而改用白糖和白醋，制品就呈乳白色或乳黄色，极为美观。大蒜中含有菊糖，其在盐腌发酵过程中可以转化为果糖，故食用咸大蒜时也觉其有甜味。

四、蔬菜腌制品常出现的问题及对策

（一）蔬菜腌制时常出现的问题

蔬菜腌制时经常会出现腐烂败坏，腐烂败坏是对蔬菜变质、变味、变色、分解等不良变化的总称。

发生败坏的原因如下：

1. 生物败坏

生物败坏主要是由有害微生物生长繁殖引起的。危害的生物主要是好气性菌和耐盐菌。

有空气存在的条件下容易造成腌制菜败坏，同时又促进氧化。败坏的现象有生花、酸败、发酵、软化、腐臭、变色等。严重时不能食用，造成人体健康危害。

2. 物理性败坏

物理性败坏主要是光线和温度造成的。腌制菜在光照作用下会使成品中物质分解，引起变色、变味和抗坏血酸的损失。

若腌制菜储藏温度过高，会加速腌制品中各种化学和生物变化，增加挥发性物质的损失，使腌菜质地变软。

3. 化学性败坏

化学性败坏是由各种化学反应引起的变化，如氧化、还原、分解、化合反应都会使腌制品质量发生不同程度的败坏。

（二）采取对策

1. 加强原料管理

要选用新鲜的蔬菜作为原料，注意保质，严防腐败变质；蔬菜在腌制前经过清洗、晾晒可以减少亚硝酸盐的含量；腌制用水要符合饮用水的卫生要求。

2. 加强卫生措施

在蔬菜腌制过程中，要严防有害细菌生长；食盐加入量要充足；腌制时蔬菜原料要浸没于水下。在发生有害微生物侵染时，把腌菜用清水洗净，放在阳光下曝晒数小时，然后继续腌制，这样做也有利于分解和破坏亚硝胺。

3. 注意经常检查

定期或不定期检查温度、坛盖的密封及卫生情况，发现问题及时处理。储藏腌菜一定要特别注意环境卫生，避光，放到阴凉处。

任务5　糖　制　品

糖制品是将果蔬原料或半成品经预处理后，利用食糖的保藏作用，通过加糖浓缩，将固形物浓度提高到65%左右，从而得到的加工品。

糖制品采用的原料十分广泛，绝大部分果蔬都可以用作糖制原料，一些残次落果和加工过程中的下脚料也可以加工成各种糖制品。

一、园艺糖制品的分类及特点

（一）蜜饯类

蜜饯类制品的特点是保持了果实或果块一定的形状，一般为高糖食品。含水量在20%以上的成品称为蜜饯，成品含水量在20%以下的称果脯。

1. 干态蜜饯（果脯）

干态蜜饯（果脯）是指果脯在糖制后再进行晾干或烘干的制品，如苹果脯、桃脯等。

2. 糖衣蜜饯（返砂蜜饯）

在制作干态蜜饯时，为改进产品外观，在它的表面蘸敷上一层透明胶膜或干燥结晶的糖衣制品称为糖衣蜜饯（返砂蜜饯），如橘饼、冬瓜糖等。

3. 糖渍蜜饯

糖制后不再烘干或晾干，成品表面附一层浓糖汁的半干性制品，或者将糖制品直接保存在浓糖液中的制品称为糖渍蜜饯，如糖青梅、糖柠檬等。

4. 加料蜜饯（凉果）

不经过蒸煮等加热过程，直接以干鲜果品或果坯拌以辅料后晾晒而成的制品称加料蜜饯，如话梅、加应子等。

（二）果酱类

果酱类制品的特点是不保持果蔬原来的形态，一般为高糖且高酸的食品。

1. 果酱

果酱是果肉加糖煮制成稠的酱状产品，但酱体中仍能见到不完整的肉质片、块的制品。

2. 果泥

果泥是经筛滤后的果浆加糖制成稠度较大且质地细腻均匀的半固态制品。例如，制成具有一定稠度且质地均匀一致的酱体制品，通常称之为"沙司"。

3. 果丹皮

果丹皮是由果泥进一步干燥脱水而制成呈柔软薄片的制品。

4. 果冻

果冻是果汁加糖浓缩、冷却后呈半透明的凝胶状制品。如果在制果冻的原料中再加入少量的橙皮条（或其他类柑橘产品），再加糖浓缩，冷却后这些条片较均匀地分散在果冻中，这种制品通常称为"马茉兰"。

5. 果糕

果糕是将果实煮烂后，除去粗硬部分，将果肉与糖、酸、蛋白质等混合，调成糊状，倒入容器中冷却成形或经烘干制成松软而多孔的制品。

二、园艺产品糖制的原理

（一）糖的保藏作用

园艺产品的糖制用糖种类主要有砂糖、饴糖、淀粉糖浆、蜂蜜等，而应用最广泛的是由甘蔗、甜菜制得的白砂糖，其主要成分是蔗糖。蔗糖甜度高、风味好、色泽浅、取用方便、保藏性好。

1. 利用高浓度糖液强大的渗透压

低浓度糖液是微生物的良好培养基，但糖液在高浓度下能产生强大的渗透压。1% 蔗糖约产生 70.9 kPa 的渗透压。通常糖制品的糖浓度在 50% 以上，能使微生物细胞原生质脱水收缩，发生生理干燥而失去活力，从而使制品得以较长时间的保藏。但是某些霉菌和酵母菌较耐高渗透压。为了有效地抑制所有微生物，糖制品的糖分含量要求达到 60% ~ 65%，或者可溶性固形物含量达到 68% ~ 75%，并含有一定量的有机酸，这样才能获得较好的保藏效果。对于需要长期保藏的果酱和湿态蜜饯制品，还要结合巴氏杀菌及真空密封等措施。

2. 食糖的抗氧化作用

氧在糖液中的溶解度小于在水中的溶解度，如 60% 蔗糖溶液在 20 ℃时的含氧量仅为纯水中的 1/6。食糖的这一作用有利于糖制品色泽、风味和维生素 C 等的保存。

3. 食糖有降低水分活度的作用

食糖能降低糖制品中的水分活度（A_w）。制品中含糖量越高，其水分活度越小，微生物就越难以生存。通常糖制品的水分活度在 0.75 以下，而一般微生物生长所需的最低水分活度是 0.8，因而使糖制品有较强的保藏作用。

（二）果胶的作用

果品在糖制时，常利用果胶的胶凝作用和保脆作用来保证糖制品的质量。

1. 胶凝作用

果胶分子是由 D-吡喃半乳糖醛酸以 1,4-糖苷键结合的长链组成，其中部分羧基为甲醇所酯化，形成甲氧基。当果胶分子中含甲氧基量高于 7% 时，称这种果胶为高甲氧基果胶；当果胶分子中的甲氧基量低于 7% 时，称这种果胶为低甲氧基果胶。这两种果胶形成凝胶的条件及机理各不相同。

（1）高甲氧基果胶形成凝胶的条件　有一定比例的糖、有机酸、果胶存在，在适宜的温度下才能形成凝胶。因为果胶是一种亲水胶体，糖作为脱水剂，而有机酸则起到消除果胶分子负电荷的作用，使果胶分子接近电中性，其溶解度降至最小。经试验得到，在糖度为 65%～70%、pH 为 2.8～3.3、果胶含量在 1% 以上、温度在 30 ℃ 以下时能形成很好的凝胶。此外，在制作此类果冻时，还应注意加温时间不宜过长，否则会使果胶水解，降低其胶凝能力。

果胶的胶凝能力是衡量粉状果胶质量的重要指标。所谓果胶的胶凝能力，是指一份果胶与若干份糖制成具有一定强度和质量的果冻的能力。例如，1 g 果胶具有能与 150 g 糖制成果冻的能力，则这果胶的胶凝能力为 150 度，也称 150 度果胶。所以，其胶凝能力实际上就是果胶的加糖率。

（2）低甲基胶果胶形成凝胶的条件　低甲氧基果胶为离子结合型果胶，在用糖量较少的情况下，加入二价或三价金属离子，如 Ca^{2+} 和 Al^{3+} 也能形成凝胶。

低甲氧基果胶的凝胶条件是：低甲氧基果胶 1%、pH 为 2.5～6.5 时，每克低甲氧基果胶加入钙离子 25 mg（钙量约占整个凝胶的 0.01%～0.1%），在 0～30 ℃ 下即可形成正常的凝胶。食糖用量对凝胶的形成影响不大，利用这一特性可制作低糖制品。

通常从海藻类中提取的果胶属于较低甲氧基果胶，从苹果、枇杷、柑橘等果品的皮中提取的果胶为高甲氧基果胶。

2. 保脆作用

果胶能与钙、铝等金属离子结合，生成不溶性的果胶酸盐，使果蔬细胞相互黏结、增硬，可防止糖煮过程中组织软烂，使制品保持一定形状和脆度，并有利于糖制品的"返砂"，提高糖制品的质量。

果蔬糖制品中常用的保脆剂有石灰、氯化钙、明矾等，使用时应注意用量及作用的时间。

三、园艺产品糖制工艺及操作要点

（一）蜜饯类加工工艺流程和操作要点

1. 工艺流程

原料的选择→预处理→果坯制作→预煮→糖渍→调味着色→整形→干燥→整饰→包装→

成品。

2. 操作要点

（1）原料的选择 制作果脯蜜饯类产品需要保持一定块形。所以在原料选择时，通常应选用正品果。原料的成熟度一般以七至八成熟的硬熟果为宜。

（2）原料的预处理 原料的预处理包括以下几个方面：

1）选择分级。根据制品对原料的要求，及时剔除病果、烂果、成熟度过低或过高的不合格果。同时，对原料进行分级，以便在同一工艺条件下加工，使产品质量一致。

2）皮层处理。根据果蔬种类及制品质量的要求，皮层处理有针刺、擦皮、去皮等方法。针刺是为了在糖制时有利于盐分或糖分的渗入，对皮层组织紧密或有蜡质的小果，如李、金柑、枣、橄榄等原料所采用的一种划缝方法。针刺常用手工制作的排针和针刺机。擦皮有两种方法：一是只要把外皮擦伤，盐或粗砂相混摩擦；二是把皮层擦去一薄层，如擦去柑橘表皮的油胞层或擦去马铃薯表皮等，可采用抛滚式擦皮机。对于形状规则的圆形果，如梨、苹果等，常用手摇旋皮机或电动水削皮机去皮；对于皮层易剥离的水果，如柑橘、香蕉、荔枝等，常用手式剥皮；对于桃、杏、猕猴桃及橄榄、极萝卜等原料，常用一定浓度的氢氧化钠溶液处理果皮。去皮时，要求以去净果皮但不损及果肉为度。如过度去皮，则只会增加原料的损耗，并不能提高产品质量。

3）切分、去芯、去核。对于体积较大的果蔬原料，在糖制时需要适当切分。根据产品质量要求，常切成片状、块状、条状、丝状等形状。切分要大小均匀，充分利用原料。少量原料的切分常采用手工方式；大批量生产则需要用机械完成，如劈桃机、划纹机等。原料的去芯和去核也是糖制前必不可少的一道工序（除小果外）。去芯和去核多用简单的工具进行手工操作。

（3）硬化与保脆 为使原料在糖煮过程保持一定块形，在糖煮前将质地较疏松、含水量较高的果蔬原料，如冬瓜、柑橘等浸入溶有硬化剂的溶液中。常用的硬化剂有石灰、明矾、亚硫酸氢钙、氯化钙等。一般含果酸物质较多的原料用 0.1% ~ 0.5% 石灰溶液浸渍；含纤维素较多的原料用 0.5% 左右亚硫酸氢钙溶液浸渍为宜。浸泡时间应视原料种类、切分程度而定。通常为 10 ~ 16 h，以原料的中心部位浸透为止，浸泡后立即用清水漂净。

（4）盐腌 用食盐处理新鲜原料，把原料中部分水分脱除，使果肉组织更致密；改变果肉组织的渗透性，以利糖分渗入。用盐量为 10% ~ 24%，腌渍时间为 7 ~ 20 天。腌好后再进行晒干保存，以延长加工期。

（5）护色 制作果脯的原料通常要进行硫处理，方法有两种，即熏硫和浸硫处理。熏硫处理是在熏硫室或熏硫箱中进行。按 1 t 原料需硫黄 2 ~ 2.5 kg 的用量熏蒸 8 ~ 24 h。浸硫处理应先配制好 0.1% ~ 0.2% 亚硫酸或亚硫酸氢钠溶液，然后将原料置于该溶液中浸泡 10 ~ 30 min。经硫处理后的果实在糖煮前应充分漂洗，去除残硫，使二氧化硫含量降到 20 mg/kg 以下。

果蔬原料所含有的天然色素在加工中容易被破坏。为恢复应有的色泽，可采用人工染色法。目前，天然红色素有玫瑰茄色素、苏木色素，黄色素有姜黄色素、栀子色素，绿色素有叶绿素铜钠盐；人工合成色素有柠檬黄、胭脂红、苋菜红和靛蓝等。人工合成色素的使用量不能超过 0.005% ~ 0.01%；天然色素也应掌握一定用量。

染色时，原料先用 1% ~ 2% 明矾溶液浸泡，然后再染色，也可把色素调进糖渍液中直接染色，或者在制品后以浅色液在制品上染色。染色时务求淡、雅、鲜明、协调。

（6）预煮　制蜜饯的原料一般要经预煮，这样可抑制微生物活动，防止原料变质；同时能钝化酶的活性，防止氧化变色；还能排除原料组织中部分空气，使组织软化，有利于糖分渗透；并且能除去原料中的苦涩味，改善风味。预煮的方法是将原料投入温度不低于90 ℃的预煮水中，不断搅拌，时间为 8～15 min。捞起后立即放在冷水中冷却。

（7）糖制　制蜜饯时主要采用糖煮和糖渍两种方法。这也是糖制工艺中的关键性操作。

1）糖渍。糖渍也称冷浸法糖制，是向经预处理后的果蔬原料中分次加入干燥的白糖，不加热，在室温下进行一定时间的浸糖，除糖渍青梅外，还可采取糖渍结合日晒的方式，使糖液浓度逐步上升。也可采用浓糖趁热加在原料上，使糖液热、原料冷，造成较大的温差，促进糖分的渗透。由于渗糖，使原料失水，当原料体积缩减至原来一半左右时，渗糖速度降低。这时沥干表面糖液，即为成品。糖渍时间约为 1 周。

冷浸法由于不进行糖煮，制品能较好地保持原有的色、香、味、形态和质地，维生素 C 的损失也较少。此方法适用于果肉组织比较疏松而不耐煮的原料，如青梅、杨梅、樱桃、桂花等均采用此法。

2）糖煮。糖煮也称加热煮制法，糖煮法加工迅速，但其色、香、味及营养物质有所损失。此方法适用于果肉组织较致密且比较耐煮的原料。糖煮可分一次煮成法、多次煮成法和减压渗糖法等。

① 一次煮成法适合于含水量较低、细胞间隙较大、组织结构疏松易渗糖的原料，如柚皮和经过划缝、榨汁等处理后的橘饼坯、枣等。方法是先将糖和水在锅中加热煮沸，使糖度达到 40% 左右。然后将预处理过的原料放入糖液中不断搅动，并注意随时将粘在锅壁的糖浆刮入糖液中，以避免焦化。分次加入白糖，一直煮到糖度为 75%。此方法加热时间较长，容易将产品煮烂，又易引起失水而使产品干缩。为缩短加热时间，可先将原料浸渍在糖溶液中，然后在锅中煮到应有的糖度为止。

② 多次煮成法适用于含水量较高、细胞壁较厚、组织结构较致密、不易渗糖的原料。糖煮可分 3～5 次进行。先将处理后的原料置于 40% 浓度的糖液中，煮沸 2～3 min，使果肉转软，然后连同糖液一起倒入缸内浸泡 8～24 h；以后每次煮制时均增加 10% 糖度，煮沸2～3 min，再连同糖浸渍 8～12 h，如此反复 4～5 次；最后一次是把糖液浓度提高到 70%，待含糖量达到成品要求时，便可沥干糖液，整形后即为成品。

③ 减压渗透法为糖制新工艺，它改变了传统的糖煮方法。其操作方法是将原料置于加热煮沸的糖液中浸渍，利用果实内外压力之差促进糖液渗入果肉。如此反复进行数次，最后烘干，即可制得质量较高的产品。因为它避免了长时间的加热煮制，基本上保持了新鲜颗粒原有的色、香、味，维生素 C 的保存率也很高。

（8）各类蜜饯制作上的特有工序

1）干燥（干态蜜饯）。经糖煮后，沥去多余糖液，然后铺于竹屉上送入烘房。烘烤温度为 50～60 ℃，也可采用晒干的方法。成品要求糖分含量为 72%，水分含量不超过 20%，外表不皱缩、不结晶，质地紧密而不粗糙。

2）上糖衣（糖衣蜜饯）。制作糖衣蜜饯时，在干燥后还需再上糖衣。所谓糖衣，就是用过饱和的糖液处理干态蜜饯，使其表面形成一层透明状的糖质薄膜。糖衣蜜饯外观美，保藏性强，可减少贮存期间的吸湿、黏结和返砂等不良现象。上糖衣用的过饱和糖液常以 3 份蔗糖、1 份淀粉浆和 2 份水混合，煮沸到 113~114 ℃，冷却至 93 ℃，然后将干燥的蜜饯浸入上述糖液中约 1 min，立即取出，于 50 ℃下晾干即成。另外，也可将干燥的蜜饯浸于 1.5% 的食用明胶和 5% 蔗糖溶液中，温度保持 90 ℃，并在 35 ℃下干燥，也能形成一层透明的胶质薄膜。此外，还可将 80 kg 蔗糖和 20 kg 水煮沸至 118~120 ℃，趁热浇淋到干态蜜饯中，迅速翻拌，冷却后能在蜜饯表面形成一层致密的白色糖层。有的蜜饯也可直接撒拌糖粉而成。

3）加辅料。凉果类制品在糖渍过程中还需要加用甜、酸、咸、香等各种风味的调味料。除糖和少量食盐外，还用甘草、桂花、陈皮、厚朴、玫瑰、丁香、豆蔻、肉桂、茴香等进行适当调配，形成各种特殊风味的凉果，最后干燥，除去部分水分即为成品。

（9）整理与包装　干态蜜饯由于在煮制和干燥过程中收缩、破碎等，失去应有的形状；同时往往制品表面糖衣厚薄不一，糖衣太厚时会使制品不透明，口感太甜。所以，干态蜜饯在成品包装前要加以整理。整理包括分级、整形和搓去过多糖分等操作。分级时按大小、完整度、色泽深浅等分成若干级别；整形时要根据产品要求，如橘饼、苹果脯等要压成饼状；对糖分过多的制品，可在摊晾时边翻边用铲子搓，使制品表层的糖衣厚度均匀。果脯蜜饯在包装时应根据制品的不同种类采用不同方法。例如，糖渍蜜饯往往装入罐装容器中，装罐后于 90 ℃下杀菌 20~40 min，若糖度超过 65%，则制品不用杀菌也可以，成品用纸箱包装。对于干态蜜饯，通常用塑料盒装，每盒装 0.25~0.5 kg，然后包上塑料薄膜袋，再行装箱。凉果的包装与水果糖粒的包装相仿，分三层包装，内层为白纸，外层为蜡纸。包好后装入复合薄膜袋中，每袋装 0.25~0.5 kg。

（二）果酱类加工的工艺流程及操作要点

1. 果酱类加工工艺流程

原料的选择→原料预处理→调味或加入添加剂→加热煮软浓缩→冷却充填→密封杀菌→成品。

2. 操作要点

（1）果酱　制作果酱的原料要求成熟度高，含果胶 1% 左右，含有机酸在 1% 以上。洗净后适当切分即可。原料与加糖量之比为 1∶（0.5~0.9），煮制时要经常搅拌，使果块与食糖充分混合，火力要大，煮制浓缩时间短则产品质量好。煮制的终点温度为 105~107 ℃，可溶性固形物以大于或等于 68% 为标准。成品于 85 ℃装罐，90 ℃下杀菌 30 min。当果酱可溶性固形物达 70%~75% 时，可不必杀菌，于 68~70 ℃下装罐即可。

（2）果泥　果泥的加工方法和果酱基本相同。所不同的是原料预煮后进行两次打浆、过筛，除去果皮、种子等，使质地均匀细腻。而后加糖浓缩，原料与加糖量之比为 1∶（0.5~0.8）。浓缩的终点温度为 105~106 ℃，可溶性固形物为 65%~68%。有的为了增进果泥的风味，还加有不超过 0.1% 的香料，如肉桂、丁香等。成品出锅装罐，杀菌方法与果酱相同。

（3）果冻　制作果冻的原料要求含有足量的果胶和有机酸，不足时应在果汁中加入调整。为了提高果实的出汁率，预煮这道工序尤为重要，一般加水 1~3 倍，煮沸 20~60 min，然后压榨取汁；对于汁液丰富的果品，如草莓等，可以直接打浆取汁。果汁与加糖量之比为 1∶（0.8~1）。果汁总酸度以加糖浓缩后达到 0.75%~1.0% 为宜，果汁的 pH 值应调整为 2.9~3.0。调整后立即煮制，不断搅拌，防止焦化，避免加热时间过长而影响胶凝。浓缩的终点温度为 104~105 ℃，可溶性固形物在 65% 以上即可装罐（瓶）密封，杀菌与果酱相同。

（4）果丹皮　通常选用食糖、酸、果胶物质丰富的鲜果为原料，也可用加工的下脚料（皮、果实碎块等），其工艺操作基本同果泥，所不同的是果丹皮的加糖量较少，只有果酱的10%左右，适当浓缩后，摊于浅盘或玻璃板（预先在浅盘或玻璃板上涂上植物油，便于撕皮）上，放60℃左右的烘房或烘箱中，烘烤至不粘手为度。撕下后将果皮切成条状或片状，包上玻璃纸即为成品。

任务6　酿造制品

一、果酒酿造

（一）果酒的分类
果酒的分类方法很多，根据酿造方法和成品特点的不同，一般将果酒分为五类。

1. 发酵果酒

用果汁或果浆经酒精发酵酿造而成的酒称为发酵果酒，如葡萄酒、苹果酒。根据发酵程度的不同，发酵果酒又分为半发酵果酒与全发酵果酒。

1）半发酵果酒　果汁或果浆中的糖分部分发酵。

2）全发酵果酒　果汁或果浆中的糖分全部发酵，残糖浓度在1%以下。

2. 蒸馏果酒

果品经酒精发酵后再通过蒸馏所得到的酒称为蒸馏果酒，如白兰地、水果白酒等。蒸馏果酒酒精含量较高，多在40%（体积分数）以上。

3. 配制果酒

将果实或果皮、鲜花等用酒精或白酒浸泡取露，或者用果汁加糖、香精、色素等食品添加剂调配而成的酒称为配制果酒。

4. 加料果酒

以发酵果酒为基础，加入植物性增香物质或药材而制成的酒称为加料果酒，如人参葡萄酒、鹿茸葡萄酒等。此类酒因加入香料或药材，往往有特殊浓郁的香气或滋补功效。

5. 起泡果酒

酒中含有二氧化碳的果酒称为起泡果酒。小香槟、汽酒等属于此类。香槟是以发酵葡萄酒为酒基，再经密闭发酵产生大量的二氧化碳而制成的，因初产于法国香槟省而得名；小香槟是以发酵果酒或露酒为酒基，经发酵产生或人工添加二氧化碳而制成的；汽酒是配制果酒中人工添加二氧化碳而制成的一类果酒。

果酒类以葡萄酒的产量和分类最多，现将葡萄酒的分类方法介绍如下，其他果酒可参考划分。

一是按酒中含糖量的多少分为（以葡萄糖计）干葡萄酒（≤4.0 g/L葡萄酒）、半干葡萄酒（4.1~12.0 g/L葡萄酒）、半甜葡萄酒（12.1~50.0 g/L葡萄酒）。二是按酒的颜色分为红葡萄酒、白葡萄酒、桃红葡萄酒。三是按是否含二氧化碳分为平静葡萄酒、起泡葡萄酒、加气起泡葡萄酒。四是按酿造工艺分为天然葡萄酒、加强葡萄酒、加香葡萄酒。另外，还有餐前酒、佐餐酒、餐后酒之分。

（二）果酒酿造的原理

果酒酿造是利用酵母菌将果汁或果浆中可发酵性糖类经酒精发酵作用成酒精，再在陈酿澄清过程中经酯化、氧化、沉淀等作用，制成酒液清晰、色泽鲜美、醇和芳香的果酒的过程。

1. 酒精发酵过程及其产物

酒精发酵是果酒酿造过程中的主要生化变化。它是指果汁中的己糖，经果酒酵母的作用，最后生成酒精和二氧化碳的过程。果酒酵母细胞含有多种酶类。例如：转化酶能使蔗糖水解成葡萄糖和果糖；酒精酶使己糖分解成乙醇和二氧化碳；蛋白酶使蛋白质分解成氨基酸；氧化酶促进果酒陈酿，并使单宁、色素和胶体物质沉淀；还原酶能使某些物质与氢作用发生还原反应，尤其是与含硫物质作用生成硫化氢而释放。

（1）乙醇　乙醇是果酒的主要成分之一，为无色液体，具有芳香和带刺激性的甜味。其在果酒中的体积百分比即为酒精度，含酒精1%（体积分数），即为1度。

乙醇含量的高低对果酒风味影响很大。酒精度太低，酒味淡寡，通常11%（体积分数）以下的酒很难有酒香，而且乙醇必须与酸、单宁等成分相互配合才能达到柔和的酒味。乙醇含量的增加还可以抑制多数微生物的生长，这种抑菌作用能保证果酒在低酸、无氧条件下多年保存。

乙醇来源于酵母的酒精发酵，同时，产生二氧化碳并释放能量。因此，发酵过程中往往伴随有气泡的逸出与温度的上升，特别是发酵旺盛时期，要加强管理。

（2）甘油　甘油是除水和乙醇外，在酒中含量最高的化合物。其味甜且稠厚，可赋予果酒以清甜味，增加果酒的稠度，使果酒口味清甜圆润。

甘油主要由磷酸二羟丙酮转化而来，少部分由酵母细胞所含的卵磷脂分解产生。葡萄的含糖量高、酒石酸含量高、添加二氧化硫等能增加甘油含量，低温发酵不利于甘油的生成。贮存期间，甘油含量会有一定的升高。

（3）乙醛　乙醛是酒精发酵的副产物，由丙酮酸脱羧产生，也可以由乙醇氧化而来。乙醛是葡萄酒的香味成分之一，但过多的游离乙醛会使葡萄酒有苦味和氧化味。通常，乙醛大部分与二氧化硫结合形成稳定的乙醛-亚硫酸化合物，这种物质不影响葡萄酒的质量。陈酿时，乙醛含量会有所增加。

（4）醋酸　醋酸又称乙酸，是葡萄酒主要的挥发酸，由乙醛及乙醇氧化而来。在一定范围内，醋酸是葡萄酒良好的风味物质，赋予葡萄气味和滋味。但含量超过 1.5 g/L 时，会有明显的醋酸味。

（5）琥珀酸　琥珀酸是酵母代谢的副产物，其生成量约为乙醇的1%，由乙醛生成或谷氨酸脱氨、脱羧并氧化而来。琥珀酸的存在可增加果酒的爽口感，其乙酯是某些葡萄酒的重要芳香成分。

（6）高级醇　高级醇又称杂醇油，是指含 2 个以上碳原子的一元醇，主要有正丙醇、异丁醇、丁醇、活性戊醇等。高级醇是果酒二类香气的主要成分，一般含量很低。若其含量过高，会使酒具有粗糙感。高级醇主要来源于氨基酸还原脱氨及糖代谢。

2. 陈酿过程及化学变化

新酿成的果酒混浊、辛辣、粗糙，不适宜饮用，必须经过一定时间的贮存，以消除酵母味、苦涩味、生酒味和二氧化碳刺激味等，使酒质透明、醇和芳香。这一过程称酒的陈酿或老熟。

陈酿过程中发生了一系列的化学变化，这些变化中，以酯化反应及氧化还原反应对酒的风味影响大。

（1）酯化反应　酯化反应是指酸和醇生成酯的反应。酯类物质都具有一定的香气，是果酒香气的主要来源之一。

酯化反应速度较慢，在陈酿的前两年，酯的形成速度较快，以后逐渐减慢，直至停止。一般影响酯化反应的因素主要有温度、酸的种类、pH 值及微生物等。温度与酯化反应速度呈正比。在葡萄酒的贮存过程中，温度越高，酯的生成量也越高，这是葡萄酒进行热处理的依据。果酒中，有机酸种类不同，其成酯速度也不同，而且成酯芳香也不同。对于总酸在 0.5% 左右的葡萄酒来说，如果通过加酸促进酯的生成，以加乳酸效果最好，柠檬酸次之，苹果酸再次之，琥珀酸较差，加酸时以加 0.1% ~ 0.2% 的有机酸为宜。氢离子是酯化反应的催化剂，因此，pH 值对酯化反应的影响很大，同样条件下，pH 值降低一个单位，酯的生成量增加一倍。微生物种类不同，成酯的种类和数量也有一定差异。

（2）氧化还原反应　氧化还原反应是果酒加工中重要的反应，直接影响到产品的品质。无论是新酒还是陈酒，其中都不允许有微量游离的溶解氧，但在果酒加工中，由于表面接触、搅动、换桶、装瓶等操作都会溶入一些氧，氧化还原反应一方面可以使酒的还原性物质，如单宁、色素、维生素 C 等除去酒中游离氧的存在；另一方面，还原反应还促进一些芳香物质的形成，对酒的芳香和风味影响很大。

3. 果酒酿造中的微生物

果酒的酿造主要依赖于微生物的活动，因此，果酒酿造的成败及品质与参与的微生物种类有最直接的关系。酵母菌是果酒酿造的主要微生物，但其类型很多，生理特性各异，必须选择优良菌种用于果酒酿造。

葡萄酒酵母是酿造葡萄酒的主要酵母，又称椭圆酵母。其细胞透明，形状从圆形到长柱形不等，25 ℃于固体培养基上培养 3 天，菌落呈乳白色，边缘整齐，菌落隆起、湿润、光滑。其发酵的主要特点：一是发酵力强，即产酒精的能力强，可使酒精含量达到 12% ~ 16%（体积分数），最高达 17%（体积分数）；二是产酒率高，即可将果汁中的糖最大限度地转化为酒精；三是抗逆性强，即能在高二氧化硫含量的果汁中代谢繁殖，而其他有害微生物则被全部杀死；四是生香性强，能产生典型的葡萄酒香味。

另外，巴氏酵母、尖端酵母也常参与酒精发酵。巴氏酵母多作用于发酵后期；尖端酵母多在发酵初期进行发酵，一旦酒精含量达到 5%（体积分数），即停止发酵，让位于葡萄酒酵母。

除酵母菌类群外，乳酸菌也是果酒酿造的重要微生物，其不但能把苹果酸转化为乳酸，使新葡萄酒的酸涩、粗糙等缺点消失，还能使酒变得醇厚饱满、柔和协调。但乳酸菌在有糖存在时，易分解糖成乳酸、醋酸等，使酒的风味变坏。

在果酒酿造中，要抑制霉菌、醭酵母及醋酸菌等有害微生物的代谢繁殖，防止果酒风味变劣。

4. 影响酵母及酒精发酵的因素

（1）温度　温度是影响发酵的重要因素之一。液态酵母活动的适宜温度为 20 ~ 30 ℃；20 ℃以上，繁殖速度随温度升高而加快，至 30 ℃达最大值；34 ~ 35 ℃时，繁殖速度迅速下降，至 40 ℃ 停止活动。一般情况下，发酵危险温度区为 32 ~ 35 ℃，这一温度称发酵临界温度。

根据发酵温度的不同，可以将发酵分为高温发酵和低温发酵。30 ℃ 以上为高温发酵，其发酵时间长，但有利于酯类物质的生成和保留，果酒风味好。一般认为，红葡萄酒发酵最佳温度为 26 ~ 30 ℃；白葡萄酒发酵的最佳温度为 18 ~ 20 ℃。

（2）酸度（pH 值）　酵母菌在 pH 为 2 ~ 7 时均可生长，pH 为 4 ~ 6 时生长最好且发酵力最强。但在此范围内，一些细菌也生长良好。因此，生产中一般控制 pH 为 3.3 ~ 3.5，此时，细菌受到抑制，酵母菌活动良好。pH≤3.0 时发酵受到抑制。

（3）氧气　酵母是兼性厌氧微生物，在氧气充足时，主要繁殖酵母细胞，只产生少量乙醇；在缺氧时，其繁殖缓慢，产生大量酒精。因此，在果酒发酵初期，应适当供给氧气，以达到酵母繁殖所需，之后应密闭发酵。发酵停滞的葡萄酒经过通氧可恢复其发酵力。生产起泡葡萄酒时，二次发酵前轻微通氧，有利于发酵的进行。

（4）糖分　糖浓度影响酵母的生长和发酵。糖度为 1% ~ 2% 时，生长发酵速度最快；高于 25%，出现发酵延滞现象；60% 以上，发酵几乎停止。因此，生产高酒度果酒时，要采用分次加糖的方法，以保证发酵的顺利进行。

（5）乙醇　乙醇是酵母的代谢产物，不同酵母对乙醇的耐力有很大的差异。多数酵母在乙醇浓度达到 2%（体积分数）时，就开始抑制发酵，尖端发酵在乙醇浓度达到 5%（体积分数）就不能生长，葡萄酒酵母可忍受 13% ~ 15%（体积分数）的酒精，甚至达 16% ~ 17%（体积分数）。所以，自然酿制生产的果酒不可能生产过高酒精度的果酒，必须通过蒸馏或添加纯酒精生产高度果酒。

（6）二氧化硫　酒发酵中，添加二氧化硫主要是为了抑制有害菌的生长，因为酵母对其不敏感，故其是理想的抑菌剂。葡萄酒酵母可耐 1 g/L 的二氧化硫。果汁含 10 mg/L 二氧化硫，对酵母无明显作用，但其他杂菌则被抑制。二氧化硫含量达到 50 mg/L，发酵延迟 18 ~ 20 h，但其他微生物则完全被杀死。

（三）果酒酿造工艺

葡萄酒是我国主要的果酒品种，在此主要介绍葡萄酒的酿造。

1. 工艺流程

红葡萄采收→分级、挑选→破碎、除梗→成分调整→发酵→压榨过滤→后发酵→陈酿→调配→过滤→包装杀菌。

白葡萄采收→分级、挑选→破碎→压榨、取汁澄清→成分调整→发酵→后发酵→陈酿→调配→过滤→包装杀菌。

2. 工艺要点

（1）原料的选择　任何品种的葡萄都可酿酒，但葡萄酒品质先天在于原料，后天在于技术，只有具有优良酿酒品质的葡萄才能酿出优质的葡萄酒。原料的选择至关重要。

红葡萄酒的原料要求：色深，含糖量高（每 100 mL 含糖 21 g 以上），含酸量适中（每 100 mL 含 0.8 ~ 1.2 g），单宁丰富，风味浓郁，果香典型，完全成熟，含糖量、色素达到最高而含酸量适宜时采收。主要品种有赤霞珠、梅鹿辄、品利珠等。

白葡萄酒原料要求：品种含糖、含酸量较高，有浓郁的香气，出汁率高且充分成熟。主要品种有霞多丽、白羽、白雅、贵人香、雷司令等。

（2）发酵液的制备与调整　发酵液的制备与调整包括葡萄的选别、破碎、除梗、压榨、澄清及汁液的调整等工序，是发酵前的预处理工序。进厂后的原料应首先进行选别，除去霉变和腐烂的果粒。为了酿制不同等级的酒，还应进行分级。

1）破碎、除梗。将果粒压碎使果汁流出的操作称为破碎。其目的是便于榨汁、提高酵母与果汁的接触、利于红葡萄酒色素的浸出、易于二氧化硫的均匀利用和物料的运输等。要求破碎每粒果粒且只破碎果肉，不伤及种子及果梗，以防止增加果酒苦涩味。破碎的葡萄不能与铁铜接触，防止这些金属溶于酒中引起破败病。

破碎后的原料要立即将果浆与果梗分离，这项操作称除梗。除梗可防止因果梗中苦涩物质增加酒的苦味，还可减少发酵醪的体积，便于运输。此项一般只用于红葡萄酒的酿造，白葡萄酒不除梗，破碎后立即压榨，可利用果梗作为助滤剂，提高榨汁效果。除梗可用除梗破碎机，可使破碎和除梗一起完成。

2）压榨、澄清。压榨是将葡萄汁或刚发酵完成的新酒分离出来的操作。白葡萄酒先压榨后取净汁发酵，红葡萄酒则带渣发酵，主发酵完成后及时压榨取出新酒。

澄清是酿制白葡萄酒的特有工序，因压榨汁中仍带有一些不溶性物质，在发酵中产生不良效果，给酒带来杂味。用澄清汁制取的白葡萄酒胶体稳定性好，对氧作用不敏感，酒色浅，芳香稳定，酒质爽口。压榨、澄清操作可参阅果汁的澄清。

3）葡萄汁成分的调整。为了克服原料因品种、环境、栽培管理等原因造成的糖、酸、单宁等成分含量不合酿酒要求，确保葡萄酒质量，发酵前需要对葡萄汁进行成分调整。

4）糖分调整。糖是酒精生成的基质。根据酒精生成反应式，理论上 1 分子葡萄糖生成 2 分子酒精，或者 180 g 葡萄糖生成 92 g 酒精。则 1 g 葡萄糖将生成 0.511 g 酒精。换言之，生成 1%（体积分数）酒精需要葡萄糖 1.56 g 或蔗糖 1.475 g。

一般葡萄汁含糖量为每 100 mL 14～20 g，只生成 8%～11.7%（体积分数）酒精，葡萄酒酒精浓度要求为 12%～13%（体积分数）乃至 16%～18%（体积分数）。提高酒精度的方法：一是发酵前补糖使生成足够浓度的酒精；二是发酵后补加同品种高浓度蒸馏酒或经处理的食用酒精，酒精添加量以不超过原汁发酵的酒精量的 10%（体积分数）为宜。优质葡萄一般用补加糖法。

生产上常用添加精制白砂糖的方法提高果汁含糖量。如果发酵 12%～13%（体积分数）酒精，则用 230～240 减去果汁原有的含糖量。果汁含糖量高时（150 g/L 以上），可用 230；含糖量低时，则用 240（150 g/L 以下）。

加糖时，先用少量果汁将糖溶解，再加到大批果汁中。因酵母在含糖量低于 20 g/100 mL 的糖液中，发酵和繁殖都较旺盛；浓度过高，会抑制其活动。因此，在生产高酒精度果酒时，要分次加糖，以不影响酵母的正常活动为宜。另外，还可以通过添加浓缩果汁的方法提高糖度。

5）含酸量的调整。酸在葡萄酒酿造过程中起重要作用。它可抑制细菌生长繁殖，使发酵顺利进行；使红葡萄颜色鲜明；使酒味清爽，并使酒有柔软感；与醇生成酯，增加酒的芳香；增加酒的贮藏性和稳定性。

葡萄酒发酵要求含酸量为每 100 mL 0.8～1.2 g 为宜。若含酸量低于每 100 mL 0.65 g 或 pH 大于 3.6 时，可添加同类高酸度果汁，或者用酒石酸对葡萄汁直接进行增酸，酒石酸最高用量不能超过 1.5 g/L；若酸度过高，可用酸度低的果汁调整或加糖浆降低及用降酸剂，如酒石酸钾、碳酸钙、碳酸氢钾等中和降酸。

另外，有些品种的葡萄中的单宁含量偏低，可适量添加单宁或用高单宁含量果汁调整，以满足果酒发酵的要求。对于红葡萄酒，酒精发酵前添加少量酒石酸，有利于色素浸提。

6）二氧化硫处理。在发酵醪或酒液中加入二氧化硫，以便发酵顺利进行或利于酒的贮藏。二氧化硫在酒中的作用表现为杀菌、澄清、抗氧化、增酸、利于色素和单宁的溶出、使风味变好等。但二氧化硫使用不当，会产生怪味并有害于人体健康，推迟葡萄酒的成熟。

使用的二氧化硫有气体、液体（亚硫酸）、固体（亚硫酸盐）等。其用量因原料含糖量、含酸量、温度、杂菌含量及酒的类型的不同而不同，一般为 30～100 mg/L。

（3）酒精发酵　发酵设备有酒母培养设备和果酒发酵设备，主要有卡氏罐、酒母桶、发酵桶、发酵罐及发酵池。设备要求不渗漏、能密封、不与酒液起反应，使用前应洗涤，用二氧化硫或甲醛熏蒸消毒处理。酒精发酵主要有以下几个步骤：

1）酒母的制备。酒母即经扩大培养后加入发酵醪的酵母液，需经三次扩大培养后使用。整个酒母的培养分别称一级培养、二级培养、三级培养和酒母桶培养。

一级培养：于发酵开始前 10～15 天进行。取新鲜、健康澄清果汁，分装于洁净、干热灭菌试管或三角瓶中，试管装量为 1/4，三角瓶为 1/2，常压沸水杀菌 1 h 或 58 kPa 下 30 min，冷却，常温无菌条件下，接入活化好的固体斜面酵母菌种，摇动果汁分散菌体。25～28 ℃恒温培养 24～48 h，发酵旺盛时，供下级培养。

二级培养：在 1000 mL 三角瓶中装入 1/2 容积的新鲜果汁，灭菌后接入试管培养的酵母液两支或三角瓶培养的酵母液一瓶，于 25～28 ℃恒温培养 20～24 h。

三级培养：取洁净、消毒的卡氏罐或 10～15 L 大玻璃瓶，装发酵栓后加 70% 容积的果汁，常压杀菌 1 h，冷却后加入二氧化硫，使其含量为 80 mg/L。1 天后无菌接入两支二级培养酵母，摇匀，25～28 ℃恒温培养，至发酵旺盛。

酒母培养：可用酒母罐或 200～300 L 带盖木桶或不锈钢桶培养。容器用二氧化硫消毒后，装入总容量 60%～80% 的 12%～14%（体积分数）的葡萄汁，接入 5%～10% 三级培养酵母，于 28～30 ℃下培养 1～2 天，即可作为生产用酒母。此酒母一般用量为 2%～10%。

2）活性干酵母的使用。酒母制备费时费工，易染杂菌，可采用活性干酵母。此种酵母活细胞含量高，贮藏性好，常温保质可达两年以上，使用方便。活性干酵母用量一般为 50～100 mg/L，使用前用 10 倍左右 30～35 ℃温水或稀释 3 倍的葡萄汁将酵母活化 20～30 min，即可加入发酵醪中发酵；或者将干酵母直接加入发酵醪中，但用量要加大。

3）红葡萄酒发酵。酒的发酵过程分主发酵与后发酵两过程，将发酵醪送入发酵容器到新酒出桶的过程为主发酵（前发酵），是酒精生成的主要阶段。传统红葡萄酒发酵采用葡萄浆发酵，以便发酵与色素浸提同步完成。其发酵方法有开放式发酵和密闭式发酵两种。前者接触空气，酵母繁殖快，发酵强度大，升温快；后者不与空气接触，可避免氧化和微生物污染，芳香物质挥发少，酒精浓度较高。因此，目前生产上多用新密闭式发酵。

将经预处理后的葡萄浆送入发酵设备中，充满系数以 80% 为宜，接入酒母即开始发酵。

发酵初期为酵母繁殖期。此时液面平静，随后有微弱的二氧化碳气泡产生，发酵开始。之后，酵母繁殖速度加快，二氧化碳逸出增多，品温升高。发酵进入旺盛期。此时管理要控制品温，温度宜在 30 ℃以下，不低于 15 ℃，最适宜温度为 25～28 ℃，同时注意空气的供给，促进酵母繁殖。可将果汁从桶底放出，用泵呈喷雾状返回桶中，或者通过过滤空气实现。

发酵中期为酒精生成期。此时品温升高,有大量的二氧化碳逸出,甜味渐减,酒味渐增,皮渣上升到液面结成浮渣层(酒帽)。高潮期,品温升到最高,酵母细胞数保持一定。随后,发酵势减弱,二氧化碳释放减少,液面接近平静,品温下降近室温,含糖量减少至 1% 以下。管理要控制品温在 30 ℃ 以下,并不断翻汁,破除酒帽。

主发酵结束后,应及时出桶。出桶时,不加压而自行流出的酒为自流酒。压榨酒渣获得的压榨酒,最初的 2/3 压榨酒可与自流酒混合,进入后发酵阶段。将酒转入消过毒的贮酒桶中,留 5% ~10% 空间,安装发酵栓进入后发酵。此时,由于分离时酒中混入空气,使酵母复苏,可将残糖发酵完全,即为后发酵。后发酵比较微弱,宜在 20 ℃ 下进行,经 2 ~3 周,已无二氧化碳放出,残糖在 1% 左右,后发酵完成,将发酵栓取下,用同类酒添满,加盖严密封口。待酵母、皮渣全部下沉后,及时换桶,分离沉淀,转入陈酿。

4)白葡萄酒发酵。白葡萄酒发酵及管理与红葡萄酒基本相同,不同之处在于:白葡萄酒取净汁发酵,果汁中应按 100 L 果汁加 4 ~5 g 补充单宁,有利于提高酒质;发酵温度较红葡萄酒低,一般要求 18 ~20 ℃,不宜超过 30 ℃,低温酿制酒色浅、香味浓;主发酵期为 2 ~3 周,发酵高潮时,可不加发酵栓,让二氧化碳顺利发酵出;发酵结束后,迅速降温至 10 ~12 ℃,静置 1 周后,倒桶除酒脚。

(4)陈酿 新酿成的葡萄酒混浊、辛辣、粗糙,不适宜饮用,必须经一定时间贮存以消除酵母味、生酒味、苦涩味和二氧化碳刺激味等,使酒质清晰透明、醇和芳香。这个过程称酒的陈酿或老熟。

1)贮酒的环境条件。温度为 12 ~15 ℃,以地窖为佳。相对湿度以 85% 较为适宜,既防止酒的挥发,又可减少霉菌的繁殖。要定期通风,保持空气新鲜,无异味和二氧化碳的积累。要保持室内卫生,定期熏硫,每年用石灰浆加 10% ~15% 硫酸铜喷刷墙壁。

2)贮酒期管理。

① 添桶。由于酒中二氧化碳逸出,酒液蒸发、渗透及收缩,造成贮酒容器内液面下降,易导致醭酵母活动,必须及时添桶,即用同批葡萄酒重新添满容器。

② 换桶。换桶也称倒桶,即将酒液从一个容器倒入另一个容器的过程。目的是清除酒脚,释放二氧化碳,吸入一定量的氧气,加速酒的成熟。换桶次数和时间因酒质而定,酒质较差易提早换桶并增加换桶次数。一般当年 12 月换桶一次,翌年 2 ~3 月第二次换桶,8 月换第三次,以后根据情况每年换一次或两年换一次。换桶应选择在低温无风时进行。

③ 下胶澄清。下胶澄清可参阅果汁澄清部分。

④ 冷热处理。自然陈酿需 1 ~2 年,甚至更长时间。冷热处理可以加速陈酿,缩短酒龄,提高酒的稳定性。冷处理是将葡萄置于高过冰点温度 0.5 ℃ 的环境下,放置 4 ~5 天,最多 8 天。这样可加速酒中单宁、色素、胶体物质等的沉淀,使酒液清澈透明,苦涩味减少。热处理目前尚无统一定论,有人认为,以 50 ~52 ℃ 处理 25 天为好,并且需要在密闭条件下进行,防止酒精及芳香物质的挥发。热处理有促进酯化作用、加速蛋白质凝固、提高酒的稳定性及杀菌灭酶的作用。另外,冷热交互处理比单处理效果更好,生产上已有应用。

(5)成品调配 为了获得质量稳定的葡萄酒,出厂前需要对酒进行调配。调配的目的是使同品种酒保持其固有特点并达到各自的质量标准,提高酒质,改良酒的缺点。

成品调配包括勾兑和调整两项内容。勾兑是选择原酒,并按适当比例混合。其目的是使不同品质的酒互相取长补短。调整是对勾兑酒的某些成分进行调整或标准化。调整的指标主要有：

1）酒精度。原酒的酒精度若低于产品标准，用同品种高度酒调配，或者用同品种葡萄蒸馏，或者用酒精制食用酒精调配。

2）糖分。糖分不足，用同品种浓缩果汁或精制砂糖调整。

3）含酸量。含酸量不足，加柠檬酸补充。1 g柠檬酸相当于0.935 g酒石酸。含酸量过高，用中性酒石酸钾中和。

4）颜色。红葡萄酒若色调过浅，可用深色葡萄酒或糖调配。

（6）过滤、包装、杀菌　具体要求如下：

1）过滤。为了获得澄清透明的葡萄酒，包装前需要先行过滤。过滤可采用纸板过滤机或无菌过滤器等完成。其中，无菌过滤器可实现无菌罐装。

2）包装。葡萄酒常用玻璃瓶包装，优质葡萄酒配软木塞封口。装瓶时，空瓶先在30～50 ℃下用2%～4%碱液浸泡，再用清水冲洗，后用2%亚硫酸溶液冲洗消毒。

3）杀菌。杀菌分装瓶前杀菌和装瓶后杀菌。装瓶前杀菌是将酒通过快速杀菌器（90 ℃、1 min），杀菌后立即装瓶密封；装瓶后杀菌是将酒先装瓶适量，再在60～70 ℃下经10～15 min杀菌。另外，对酒精度在16%（体积分数）以上的干葡萄酒及含糖量在20%以上、酒精度在11%（体积分数）以上的甜葡萄酒，可不杀菌。

装瓶、杀菌后的葡萄酒，再经一次验光，合格品即可贴标、装箱、入库。

（四）产品质量标准

1. 干红葡萄酒的质量标准

干红葡萄酒呈紫红色，澄清透明；具有醇正、清雅、优美、和谐的果香及酒香；有洁净、醇美、幽雅爽干的口味；酒精度（20℃）7%～13%（体积分数），总糖（以葡萄糖计）≤4 g/L，总酸（以酒石酸计）为5～7.5 g/L，挥发酸（以醋酸计）≤1.1 g/L。

2. 干白葡萄酒的质量标准

干白葡萄酒呈浅黄色，澄清透明；具有醇正、清雅、优美、和谐的果香及酒香；有洁净、醇美、幽雅爽干的口味；酒精度（20℃）7%～13%（体积分数），总糖（以葡萄糖计）≤4 g/L，总酸（以酒石酸计）5～7.5 g/L，挥发酸（以醋酸计）≤1.1 g/L。

（五）常见问题及解决途径

1. 变色

葡萄酒在加工中会出现颜色变化，如白葡萄酒变褐色、粉红色。

白葡萄酒的褐变主要是由酒中所含有的少量着色物质，如叶绿素、胡萝卜素、叶黄素在陈酿期因氧化作用变为褐色。防止褐变的方法是使用二氧化硫和惰性气体，可防止氧化反应的发生。

白葡萄酒变粉红色是由于酒中的黄酮接触空气氧化所致。这是由酒中原花色苷引起的。解决的办法：可用酪素除去酒中不稳定的前体。

2. 微生物病害

微生物对葡萄酒组分的代谢可以破坏酒的胶体平衡，使酒出现雾浊、混浊、沉淀和风味变化。这些微生物通常有酵母菌、醋酸菌、乳酸菌。

预防微生物病害的措施有：

1）破碎后立刻加 100~125 mg/L 二氧化硫。

2）白葡萄酒贮存时进行冷冻处理。

3）酒装瓶前进行巴氏杀菌、无菌过滤或添加防腐剂。

3. 铁、铜破败病

当葡萄酒中含铁、铜量过高时，容易发生铁、铜破败病。铁破败又有白色破败病和蓝色破败病之分。白葡萄酒中常发生白色破败病，造成酒液呈白色混浊。蓝色破败常在红葡萄酒中发生，使酒液呈蓝色混浊。铜破败病常发生在红葡萄酒中，使酒液有红色沉淀产生。

防止铁、铜破败病的措施是降低果酒中铁、铜含量。将 120 mg/L 的柠檬酸加入葡萄酒中可以防止铁破败病的发生。膨润土-亚铁氰化钾可以除去过多的铁、铜离子。防止铜破败病可通过皂土澄清、使用硫化钠使铜以沉淀形除去或离子交换除铜。

二、果醋酿造

（一）果醋发酵原理

如果以含糖果品为原料，果醋的发酵需要经过两个阶段：一是酒精发酵阶段；二是醋酸发酵阶段。

酒精发酵阶段如前面果酒酿造。下面主要阐述醋酸发酵原理。

1. 醋酸发酵用的微生物

醋酸菌是能把酒精氧化为醋酸的一类细菌的总称。醋酸菌大量存在于空气中，种类繁多，对乙醇的氧化速度有快有慢，醋化能力有强有弱。果醋生产用醋酸菌要求菌种要耐酒精、氧化酒精能力强，以及分解醋酸产生二氧化碳和水的能力要弱。

目前，生产上常用的醋酸菌种有白膜醋酸杆菌和许氏醋酸杆菌等，其中又以恶臭醋酸杆菌 AS1.41 和巴氏醋酸菌亚种沪酿 1.01 醋酸杆菌应用最多。在我国，目前多用恶臭醋酸杆菌 AS1.41 为生产菌株。其在固体培养基上培养，菌落隆起，平坦光滑，呈灰白色；菌细胞呈杆形链状排列。该菌为好气菌，适宜培养温度为 $28~30\ ℃$，适宜产酸温度为 $28~33\ ℃$，适宜 pH 为 $3.5~6.0$，能耐 8%（体积分数）酒精以下，最高产酸 7%~9%。

2. 醋酸发酵作用

醋酸发酵是乙醇在醋酸菌作用下氧化为醋酸（乙酸）的过程。从乙醇转化为醋酸可分为两个阶段：

第一阶段：乙醇在乙醇脱氢酶作用下氧化成乙醛。

$$CH_3CH_2OH + 1/2O_2 \longrightarrow CH_3CHO + H_2O$$

第二阶段：乙醛吸水形成水合乙醛，再由乙醛脱氢酶氧化成乙酸。

$$CH_3CHO + H_2O \longrightarrow CH_3CH(OH)_2$$

$$CH_3CH(OH)_2 + 1/2O_2 \longrightarrow CH_3COOH + H_2O$$

理论上，一分子乙醇能生成一分子醋酸，即 46 g 乙醇生成 60 g 醋酸，但实际产率低得多，只是理论数的 85% 左右。降低的原因：首先，醋酸生产中的挥发损失；其次，醋酸发酵过程中，生成了其他产物，如高级脂肪酸、琥珀酸等，这些物质在陈酿时与乙醇生成酯类，赋予果醋芳香；再次，醋酸被再氧化生成二氧化碳和水。生产上，可以通过灭菌防止醋酸的进一步氧化损失。

3. 影响醋酸菌及发酵的因素

（1）氧气 果酒中的溶解氧量越多，醋化作用越完全。醋酸菌是好氧微生物，氧气量的高低对醋酸菌的活动有很大影响。随着乙酸、乙醇的浓度增加及温度的提高，醋酸菌对氧气的敏感性增强。因此，生产中，在发酵中期，乙酸、乙醇含量都较高，温度也较高，醋酸菌处于旺盛产酸阶段，应增加氧气供给；发酵初期酸含量低，发酵能力弱；发酵后期，已进入醋酸菌衰老死亡期，可少量供氧。

（2）温度 28～30 ℃是醋酸菌适宜繁殖温度，28～33 ℃是其适宜产酸温度。一般，温度低于10 ℃，醋化作用进行困难，达到40 ℃以上时，醋酸菌即停止活动。

（3）乙醇、乙酸 果酒中酒精度在14%（体积分数），酯化作用能正常进行并能使酒精全部转化为醋酸，但当酒精度超过14%（体积分数），醋酸菌不能忍受，繁殖迟缓，生成物以乙醛居多，醋酸产量低。

醋酸是醋酸发酵产物，随醋酸含量的增加，醋酸菌活动也逐渐减慢，当酸含量达到某一限度，其活动完全停止。一般醋酸菌可忍受8%～10%的醋酸浓度。

（4）其他 用果酒生产果醋，如果酒中二氧化硫含量过多，对醋酸菌具有抑制作用；阳光对醋酸菌的发育有害，而在各种光带的有害作用中以白色最强，红色最弱。因此，醋酸发酵应在暗处进行。

（二）果醋酿造工艺

1. 醋母的制备

优良的醋酸菌种可从优良的醋醅或未灭菌的生醋中采种繁殖，也可以从各科研单位及大型醋厂选购。其扩大培养可如下进行：

（1）试管斜面固体培养 培养基的成分主要为1.4%豆芽汁或6%（体积分数）酒液100 mL，葡萄糖3 g，酵母膏1 g，琼脂2～2.5 g，碳酸钙2 g。混合，加热熔化，分装于干热灭菌的试管中，于1 kg/cm² 压力下灭菌15 min，取出，未凝固前加入50%（体积分数）酒精0.6 mL，摆斜面，无菌操作接原种，26～28 ℃恒温培养2～3天即可。

（2）液体扩大培养 取果酒100 mL、葡萄糖0.3 g、酵母膏1 g，装入经干热灭菌的500～800 mL三角瓶中，灭菌，加入75%（体积分数）酒精5 mL，接入斜面固体培养的菌种1～2针，于26～28 ℃恒温培养2～3天，要采取震荡培养或每天摇瓶6～8次，即成。

培养成熟的菌种，再接入扩大20～25倍的准备醋酸发酵的酒液中培养，即制成醋母供生产使用。

醋母质量要求：总酸（以醋酸计）1.5%～1.8%，革兰氏染色阴性，无杂菌，形态正常。

2. 工艺流程

原料的选择→清洗→破碎、榨汁→澄清、过滤→酒精发酵→醋酸发酵→压榨过滤→陈酿→过滤→杀菌→成品。

3. 工艺要点

（1）原料的选择 果醋酿造应选用无腐烂变质、无药物污染的成熟原料，也可用残次裂果及果渣等下脚料进行果醋的酿造。

（2）清洗 将原料充分冲淋洗涤。为了减少农药污染，可用一定浓度的盐酸或氢氧化钠溶液浸泡洗涤。

（3）破碎、榨汁　用破碎机破碎处理，葡萄可用联合破碎去梗送浆机完成。破碎后的原料马上进行压榨取汁。取汁前，为提高取汁率，同时起到灭菌、灭酶的目的，可结合进行热处理，方法是蒸汽加热 95~98 ℃，加热时间为 20 min。

（4）澄清、过滤　保持果汁 50 ℃，加入用黑曲霉制成的麸曲 2% 或果胶酶 0.01%，保持温度 40~50 ℃，时间为 1~2 h。之后进行汁液的过滤，使之澄清。

（5）酒精发酵　将果汁降温至 30 ℃，接入酒母 10%，维持品温为 28~30 ℃，进行酒精发酵 4~6 天后，果汁的酒精度为 5%~8%（体积分数）。

（6）醋酸发酵　醋酸发酵可采用液体发酵法。保持果酒酒精度为 5%~8%（体积分数），装入醋化器中，装入量为容器的 1/3~1/2，接种醋母液 5%~10%，搅匀，保持发酵液品温为 30~34 ℃，进行静止发酵，经 2~3 天后，液面有薄膜出现，证明醋酸菌膜已形成，醋酸发酵开始。发酵期间每天搅拌 1~2 次，20~30 天左右，经化验，酸度不再升高，即发酵结束。取出大部分果醋，留下醋膜及少量果醋，再补充果酒继续醋化。

（7）陈酿　为进一步提高果醋色泽、香气、滋味等的形成，提高果醋品质和澄清度，醋酸发酵后要进行果醋的陈酿。陈酿时，将果醋装入桶、坛或不锈钢罐中，装满，密封静默 1~2 月，即完成。

（8）过滤、灭菌　陈酿后的果醋经压滤机进一步过滤澄清，再经蒸汽间接加热到 80 ℃ 以上，趁热装瓶即为果醋成品。

4. 食用醋质量标准

（1）感官指标　具有食醋特有的香气，无其他不良异味；正常色泽为琥珀色或红棕色；酸味柔和，稍有甜味，不涩；体态澄清，浓度适当；无悬浮物、沉淀物，无霉花浮膜，无"醋鳗""醋虱"。

（2）理化指标　醋酸（以醋酸计）≥3.5%，游离矿酸不得检出，砷（以 As 计）≤0.5 mg/L，铅（以 Pb 计）≤1 mg/L，黄曲霉毒素 B_1≤5 μg/kg，食品添加剂按 GB 2760—2014 规定。

（3）细菌指标　细菌总数小于或等于 5000 个/mL，大肠菌群为每 100 g 少于 3 个，致病菌（肠道致病菌）不得检出。

任务 7　速冻制品

速冻制品是将需速冻的果蔬产品，经过适当的前处理，通过各种方式急速冻结，经包装储存于 -20~-18℃ 下的连贯低温条件下送抵消费地点的低温产品，其最大优点完全以低温来保存产品原有品质（使产品内部的热或支持各种化学活动的能量降低，同时将细胞的部分游离水冻结，及降低水分活度），而不借助任何防腐剂和添加剂，同时使果蔬营养最大限度的保存下来。1920 年世界上第一台快速冷冻机在美国试制成功后，速冻加工品随即问世。到 50 年代速冻制品越来越受到欢迎。速冻制品解冻最好在 15℃ 左右的自然空气中，或放在 10~15t 的流动水中（特殊产品除外）。另外，与加工罐头相比，速冻制品加工简便，成本较低，延长了产品保存期，减少营养成分流失。

1948~1953 年美国系统地研究了速冻食品，提出了著名的时间-温度-容许期（T. T. T）理论，并制定了《冷冻食品制造法规》。从此以后，速冻食品实现工业化生产并进入超级市场，深受消费者青睐。特别是果蔬单体快速冻结技术的开发，开创了速冻食品的新局面，此技术很快风靡世界。

最近几年，世界速冻食品的生产和消费方兴未艾，其增长速度高达20%～30%，超过任何一种食品，品种达3000多个，美、日、欧一些国家已形成从原料产地加工、销售、家庭食用的完整的冷藏链，保证了速冻食品的工业化和社会化。

一、速冻的原理

速冻制品的保藏原理是利用低温控制微生物的生长繁殖和酶活动来完成的。园艺产品的速冻过程要求在30 min或更短时间内将新鲜原料的中心温度降至冻结点以下，使原料中80%以上的水分尽快冻结成冰，这样就要求有极低的冻结温度，而且速冻产品要求在−18 ℃下保存。此温度能极大地抑制微生物活动和酶的作用，可以在很大程度上防止腐败和生化反应对制品的影响。

（一）低温对微生物的影响

微生物的生长和繁殖都有适宜的温度范围，其生长繁殖最快的温度称为最适温度，高于或低于此温度，微生物活动即抑制、停止甚至引起死亡。多数微生物在低于0 ℃的温度下生长即被抑制，其繁殖的临界温度是−12 ℃。因此，速冻食品的冻藏温度一般要求低于−12 ℃，通常采用−18 ℃甚至更低。速冻食品中微生物的生存期见表5-1。

表5-1　速冻食品中微生物的生存期

微 生 物	速 冻 制 品	贮藏温度/℃	生 存 期
霉菌	罐装草莓	−9.4	3 年
酵母	罐装草莓	−9.4	3 年
一般细菌	冷冻蔬菜	−17.8	9 个月以上
副伤寒杆菌	樱桃汁	−17.8 及 −20	4 周
肉毒梭状芽孢杆菌	蔬菜	−16	2 年以上

低温能使微生物的存活数急剧减少，但其对微生物的作用主要是抑制而不是杀死作用，而且长期处于低温下的微生物能产生新的适应性，一旦条件适宜，会重新引起制品的腐败变质。

速冻制品一旦解冻，腐败菌会迅速繁殖起来，足以使制品发生腐败，甚至产生相当数量的毒素，食用不安全。保证速冻食品安全的关键是避免加工品和原料的交叉污染，加工中坚持卫生高标准，避免物料积存和加工时间拖延，保持速冻产品在合适温度下贮藏。

速冻制品加工是利用人工制冷技术降低食品的温度从而使制品达到长期保藏的一种方法。其特点是能最大限度地保持制品原有的色、香、味和营养价值，并且贮藏期长，因此是一种较先进且理想的加工方法。

（二）低温对酶的影响

多数酶的适宜活动温度是30～40 ℃，低温对酶并不起完全的抑制作用，只是使其活动减慢而已。因此，低温对酶的影响是降低了酶的活性和化学反应速度。一般，温度在−18 ℃以下，酶的活性受到显著抑制。因此，冻藏温度以−18 ℃较为适宜。

速冻产品的色泽、风味、营养等的变化，多数有酶的参与，由此会导致制品褐变、变味、软化等。因此，冻结前往往采取抑制或钝化酶活性的措施，如烫漂或添加护色剂等措施，减少酶引起的制品品质变劣。

二、速冻的过程

（一）冻结过程

园艺产品的冻结包括降温和结晶两个过程，首先是使原料品温由原始温度降到冰点，然后由液态变为固态（结冰）。

（二）冻结速度对产品质量的影响

在冻结过程中，冻结时间短，产品质量才高。大部分食品中心在从 -1 ℃ 降到 -5 ℃ 时，近80%水分可冻结成冰，此温度范围称为"最大冰晶生成区"，快速通过此区域是保证冻品质量的关键。快速冻结要求食品在 30 min 之内通过最大冰晶生成区，否则为缓慢冻结。

当食品进行缓慢冻结时，由于细胞间隙的溶液浓度低于细胞内的溶液浓度，首先产生冰晶，随着冻结继续进行，细胞内水分不断外移结合到这些冰晶上，从而形成了主要存在于细胞间隙的体积较大、数量较少的冰晶分布，此种分布易造成细胞间隙水分增多，从而导致细胞破裂，解冻后出现流质、组织变软、风味劣变等现象。

快速冻结则不然，此时，细胞内外的水分几乎同时在原地形成冰晶。因此，形成的冰晶分布均匀、体积小、数量多，对植物组织结构几乎不造成损伤，解冻后，可最大限度地恢复植物组织原来状态，保证了制品的质量。

冻结速度的快慢往往与冷却介质导热的快慢关系很大。例如：盐水导热快于空气，同温度盐水冻结速度快；流动空气冻结快于静止空气。另外，冻结速度还与产品初温、产品与冷却介质接触面，以及产品体积和厚度等也有关系，生产中要综合考虑。

三、速冻的方法和设备

（一）速冻的方法

园艺产品的速冻方法有鼓风冷冻法、间接接触冷冻法和直接接触冷冻法。

1. 鼓风冷冻法

鼓风冷冻法实际上就是空气冷冻法，是利用高速流动的空气促使食品快速散热，以达到迅速冷冻的目的。实际生产中多采用隧道式鼓风冷冻机，即在一个长方形的、墙壁有隔热装置的通道中进行冷冻。产品放在传送带或筛盘上以一定速度通过隧道，冷空气由鼓风机吹过冷凝管道再送到隧道穿流于产品之间，与产品进入反向流动，这种方法一般采用的空气温度是 $-18 \sim -34$ ℃，风速在 $30 \sim 100$ m/min。

目前，有的工厂采用在大型冷冻室并内装回旋式输送带，使食品在室内输送带盘传送过程中进行冻结。还有一种冷冻室为方形的直立井筒体，装食品的浅盘自下向上移动，在传送过程中完成冻结。此方法一般可用于像青豆或豆类颗粒食品的冻结。薄层堆放的颗粒食品的冷结时间约为 15 min。

鼓风冷冻中，冷冻的速度取决于空气的温度与流速及产品的初温、形状的大小、包装与否、产品的铺放排列方式等。速冻关键是保证空气流畅，并使之与食品所有部分能充分接触。

鼓风冷冻法中，如让空气从传送食品的输送带的下方向上鼓送，流经放置于有孔眼的网带上的产品堆层时，它就会使颗粒食品轻微跳动，增加食品与冷空气的接触面积，加速冷冻。此方法解决了冷冻时颗粒食品的黏结现象，加速了颗粒食品的冻结，特别适于小型果蔬，如草莓、菜豆等的速冻。一般冻结时间仅需几分钟到十几分钟。

2. 间接接触冷冻法

用制冷剂或低温介质（如盐水）冷却的金属板和食品密切接触，使食品冻结的方法称为间接接触冻结法。此方法可用于冻结未包装的和用塑料袋、玻璃纸或纸盒包装的食品。金属板有静止的，也有可上下移动的，常用的有平板、浅盘、输送带等。生产中多采用在绝热的厢橱内装置可以移动的空心金属平板，冷却剂通过平板的空心内部使其降温，产品（厚 2.5~7.5 cm）放在上下空心平板之间紧密接触，进行热交换降温。由于冻结品是上下两面同时进行降温冻结，故冻结速度比较快。速冻速度依产品的种类、制冷剂的温度、包装的大小、相互接触的程度及包装材料的差异而不同。此速冻方式虽然冻结速度快、冻结效率高，但分批间歇操作，劳动强度大，日产量低。随着食品速冻技术的发展，半自动与全自动装卸的接触速冻设备相继问世，加速了速冻食品的生产，提高了生产量与劳动生产率。

3. 直接接触冷冻法

直接接触冷冻法是指散态或包装食品与低温介质或超低温制冷剂直接接触冻结的方法。一般将产品直接浸渍在冷冻液中进行冻结，也有用冷冻剂喷淋产品的方法，又统称浸渍冷冻法。液体是热的良好传导介质，在浸渍或喷淋冷冻中，冷冻介质与产品直接接触，接触面积大，热交换效率高，冷冻速度快。进行浸渍或喷淋冷冻的产品有包装和不包装两种形式。包装冷冻的设备，如用于果汁的管状冷冻设备，冷冻液与产品以相对的方向进行，如一罐柑橘汁在 10~15 min 可由 45 ℃降到 -18 ℃。果品也可在糖液中迅速冷冻，取出时用离心机将黏附未冻结的液体排除。

直接接触冷冻法有浸渍冷冻法和低温冷冻法两种类型。低温冷冻法是在一个沸点很低的冷冻剂进行变态的条件下（液态变气态）获得迅速冷冻的方法。此方法与浸渍冷冻法相比，冷冻效果还要快一些。浸渍冷冻法和低温冷冻法都要求所用的冷冻剂应无毒、无异味、具有惰性、导热性强、稳定、黏度低、经济合理。常用的制冷剂有液态氮、液态二氧化碳、一氧化碳、丙二醇、丙三醇、液态空气、糖液和盐液等，前五种制冷剂只能用于有包装的速冻产品。未包装的速冻产品速冻时，在渗透的作用下，产品内部汁液向冷冻剂内渗入，以致介质污染和浓度降低，并导致冻结温度上升。直接接触冷冻方法，产品表面会形成一层冰衣，可防止冻藏时未包装产品干缩。而此方法与空气接触的时间最短，多用于冻结易氧化的果蔬制品。

果蔬浸渍冷冻时，为了不影响产品的风味及质量，常采用糖液或盐液作为直接浸渍冷冻介质，糖液和盐液以一定温度由机械冷凝系统将其降温维持在要求的冷冻温度。

（二）速冻的设备

1. 鼓风冻结设备

（1）隧道式连续速冻器　隧道式连续速冻器是一种空气强制循环的速冻设备，主要有绝热隧道、蒸发器、液压传动、输送轨道、风机五部分。其采用双极氨压缩制冷系统，速度温度为 -35 ℃，隧道内装有四组蒸发器，每组蒸发器配置六台鼓风机。隧道内有两条轨道，每次同时进盘两个，又同时出盘两个，每盘装料 4~5 kg，产品铺放在浅盘中，放在架子上以一定的速度通过隧道。冷空气由鼓风机吹过冷凝管束降温，而后吹送到通道中穿流于产品之间，一般的速冻时间为 40~60 min。刀豆、青豆的速冻时间为 45 min，带壳毛豆为 55~60 min。

隧道式连续速冻器操作连续、节省冷量、设备紧凑、速冻隧道空间利用较充分，但不能调节空气循环量。

（2）螺旋式连续速冻器 螺旋式连续速冻器是空气强制循环较新型的速冻装置，由螺旋传送带、冷风机、风幕等构成，外壳用绝热材料包裹，内部有一柔性传送链条组成的螺旋循环回路。食品于速冻器进料口至卸料口之间进行冻结，放在链条上的产品沿着转筒由下部螺旋向上移动，同时被传送带上面吹来的由冷风机产生的冷风冷却，冷风的平均温度为 -35 ℃，产品在移动过程中被快速冻结。

螺旋式连续速冻器生产连续化、结构紧凑、占地面积小、食品在移动中受风均匀、冻结速度快、效率高、干耗重量损失小，但投资大、成本高。此方法适合于水果、蔬菜、饺子等体积小、数量多的产品。

（3）流化床式速冻器 流化床式速冻器是强制循环的高速空气把被冻结产品吹起，形成悬浮状态（流化态），从而达到快速冻结的目的。此方法适用于小型颗粒产品或各种切分成小块的果蔬。流化床式速冻器由多孔槽、空气净化器、喷淋头、蒸发管、鼓风机、丙二醇储槽、振动筛等组成。速冻时，将产品铺放在多孔槽内的网带上或盘子上，冷空气由网带下方向上方强制送风形成流化状态。此方法的速冻迅速而均衡，一般 10 min 左右即可冻结。

2. 间接接触冻结设备

（1）间歇式接触冷冻箱 在一个隔热的箱中安置多层空心平板，平板内部流动着制冷剂，包装产品放在盘子中，进入上下平板之间或直接放在平板之间，紧密接触冷冻面。冷冻的速度受包装材料、体积、装填的松紧等因素的影响。这种冷冻方法快、费用较低，但装卸劳动量大。

（2）半自动接触冷冻箱 半自动接触冷冻箱是在上述基础上，将人工控制的装卸器改造成输送带把包装产品送到冷冻箱平板间，通过电钮控制装卸的设备。冷却平板松散地装在一个升降厢内，全套安装在隔热室中。操作时，产品在传送带上运到冷冻箱时，工作人员按下按钮，就有一个推动杆将一定数目的包装产品推进箱内两块冷冻平板之间，原来的一排产品则向前推进一排，最后的一排产品冻结完毕被推送到传送带上，运到装箱地点。待每批装完后，计算机停止传送带，并将此层冷冻板升起关闭，再重复另一层的装卸。直到各层冷却平板装完，升降器自动降落，重复另一层的装卸操作。这种类型的冷冻机同时只能进行一种大小包装的产品冷冻。

（3）全自动平板冷冻箱 全自动平板冷冻箱的构造原理和形式与半自动接触冷冻箱相同，只是操作全自动化，包装好的产品由包装机卸出后，自动地由传送带运送到冷冻箱内，装卸方法和循环操作都由微型开关和继电器自动控制进行。一般一个 17 层冷冻平板的冷冻箱容量为 208 盒（10 ~ 13 cm 厚），可在 45 min 内完成一次装卸冷冻过程。

3. 直接接触冻结设备

低温速冻器或浸渍式速冻器是将冻结物直接和温度低的液化气体和液态制冷剂接触，从而实现快速冻结。

四、速冻的工艺

（一）工艺流程

原料的选择→采收→分级、挑选→原料的处理→护色→沥水→速冻→包装→冻藏→成品。

（二）工艺要点

1. 原料的选择

加工原料的质量直接影响产品的质量。速冻制品一般要求原料品种优良，要有出色的风味、色泽、质地和均一的成熟度，以及抗冻性强、适宜速冻。此外，速冻制品的原料要新鲜、规格整齐、无病虫害、无农药残留及微生物污染、无机械损伤。

适宜速冻的蔬菜主要有青豆、青刀豆、芦笋、胡萝卜、蘑菇、菠菜、甜玉米、洋葱、红辣椒、番茄等；果品有草莓、桃、樱桃、杨梅、荔枝、龙眼、板栗等。

（1）成熟度　速冻的绝大多数蔬菜在未成熟时采收，其成熟度稍嫩于供应市场的鲜食蔬菜。

（2）新鲜度　速冻原料要求新鲜，放置或贮藏时间越短越好。

（3）原料预冷　为了防止果蔬在高温下呼吸作用加强，营养物质消耗，采取预冷措施排除原料中的田间热和呼吸热。果蔬冷却常用的方法有空气冷却、水冷却和冰冷却。冰冷却效果较好。

原料在处理前要经过选剔、分级两步。

（4）选剔　去掉有病虫害、机械伤害或品种不纯的原料。有些原料要选剔老叶、黄叶、切去根须，以及修整外观等，使果蔬品质一致，做好速冻前的准备。

（5）分级　同品种的果蔬在大小、颜色、成熟度、营养含量等方面都有一定的差别。按不同的等级标准分别归类，达到等级质量一致，优质优价。

2. 原料处理

为了使果蔬冻结一致，保持品质，速冻前必须进行洗涤、去皮、切分等。

（1）洗涤　原料本身带有一定的泥沙、污物、灰尘及残留农药等，尤其根菜类表面。叶菜类根部也带有较多的泥沙，要注意清洗干净。

（2）去皮　去皮的方法有手工去皮、机械去皮、热烫去皮、碱液去皮、冷冻去皮等，具体方法因原料而异。

（3）切分　切分方法有机械或手工切分成块、片、条、丁、段、丝等形状。切分情况根据食用要求而定。但要做到切分后的原料薄厚均匀、长短一致、规格统一。切分后尽量不与钢铁接触，避免变色、变味。

3. 护色

采用 0.2%～0.4% 亚硫酸盐浸泡果蔬原料，0.1%～0.2% 柠檬酸溶液、0.1% 抗坏血酸都能有效地防止速冻产品的褐变。也可采用加热烫漂的方法进行护色，一般是以 90～100 ℃为宜。蒸汽烫漂是以常压下 100 ℃水蒸气为宜。几种主要蔬菜的烫漂时间见表5-2。

表5-2　几种主要蔬菜的烫漂时间（100 ℃沸水）

蔬 菜 种 类	烫漂时间/min	蔬 菜 种 类	烫漂时间/min
菜豆	2.0	荷兰豆	1.5
菠菜	2.0	芋	10～12
黄瓜片	1.5	胡萝卜丁	2.0
蘑菇	3.0	蒜	1.0
南瓜片	2.5	青菜	2.0

注：本表由上海速冻蔬菜厂提供。

4. 冷却、沥水

经热处理后的原料，其中心温度在 80 ℃ 以上，应立即进行冷却，使其温度尽快降到 5 ℃ 以下，以减少营养损失。冷却的方法通常有三种：冰水喷淋、冷水浸泡、风冷。前两种方法简便易行，但喷淋和浸水过程会加大原料可溶性固形物的损失，并且需要再沥去原料表面的水分。而风冷，在冷却的同时也沥去了水分，减少了环节，深受欢迎。

5. 速冻

速冻是制作速冻制品的中心环节，是保证产品质量的关键。一般冻结的速度越快且温度越低越好。具体要求是：原料在冻结前必须冷透，尽量降低速冻物体的中心温度，有条件的可以在冻结前加预冷装置，以保证原料迅速冻结。在冻结过程中，最大冰晶生成温度带为 −1 ~ −5 ℃。在这个温度带内，原料的组织损伤最为严重。所以在冻结时，要求以最短的时间，使原料的中心温度低于最大冰晶生成的温度带，保证产品质量。为此，首先要求速冻装置要有一个较好的低温环境，通常在 −35 ℃ 以下。其次，要求投料均匀。二者合理配合，是确保产品质量的关键环节。

目前，我国速冻生产厂普遍应用的冻结方法有两种：一是采用食品冷库的低温冻结间，静止冻结。这种方式速度较慢，产品质量得不到保证，不宜大量推广。二是采用专用冻结装置生产。这种方式冻结速度快，产品质量好，适用于生产各种速冻蔬菜。但不论采用哪种方式冻结，其产品中心温度均应达到 −18 ℃ 以下。

6. 包装

冻结后的产品要及时进行包装。

包装容器所用的材料种类和形式多种多样，通常有马口铁罐、纸板盒（纸盒内衬以胶膜）、玻璃纸、聚酯层、塑料薄膜袋、大型桶装。一般多用无毒、透明、透水性低的塑料薄膜袋包装速冻品。

包装有先冻后包装和先包装后冻两种，目前国内绝大多数产品是冻结后包装，少数叶菜类是冻结前包装。

包装有两种形式，即小包装和大包装。小包装一般每袋净重 250 ~ 1000 g。大包装采用瓦楞纸箱，净重 10 ~ 20 kg。包装物上应注明产品名称、生产厂家、净重和出厂日期，小包装还要注明食用方法和贮藏条件。

任务 8　鲜切制品

鲜切果蔬又称最少加工果蔬、半加工果蔬、轻度加工果蔬等，它是指以新鲜果蔬为原料，经分级、整修、清洗、去皮、切分、保鲜、包装等一系列处理后，再经过低温运输进入冷柜销售的即食或即用的果蔬制品。鲜切果蔬既保持了果蔬原有的新鲜状态，又经过加工使产品清洁卫生，属于净菜范畴，天然、营养、新鲜、方便、可利用度高（100% 可食用），可满足人们追求天然、营养等方面的需求。

鲜切果蔬产品起源于美国。20 世纪 50 年代，美国以马铃薯为原料开始切割果蔬的研究，到 20 世纪 60 年代，切割果蔬开始进入商业化生产。中国是农业大国，在种植业结构中蔬菜和水果产量分别位居第二和第三。然而，中国鲜切果蔬的研究起步较晚，鲜切果蔬加工兴起于 20 世纪 90 年代，随着人们生活水平的不断提高和生活节奏的加快，即食、方便的食品已经成为人们的消费时尚，鲜切果蔬将成为果蔬采后研究领域中的重要方向之一。

与原材料相比，鲜切果蔬由于切分处理所造成的机械损伤会引发一系列生理生化变化，如变色、变味、衰老、软化及由于微生物侵染而导致变质，并且在最佳低温条件下一般只有7~10天的保质期。因此，保持品质、延长保鲜期是鲜切果蔬加工工艺的关键。

一、工艺流程

原料的选择→适时采收→分级、修整→清洗、切分→预清洗→防腐处理→护色→清水漂洗→沥干→包装→贮藏。

二、操作要点

（一）原料的选择

果蔬原料是保证鲜切果蔬质量的基础。果蔬原料一般选择新鲜、饱满、成熟度适中、无异味、无病虫害的个体。

（二）适时采收

用于鲜切果蔬的原料一般采用手工采收，采收后需立即加工。若果蔬于采收后不能及时加工，一般需在低温条件下冷藏备用。

（三）分级、修整

按大小或成熟度分级，分级的同时剔除不符合要求的原料。用于生产鲜切果蔬的原料经挑选后需要进行适当的修整，如去皮、去根、去核及除去不能食用部分等。

（四）初清洗、切分

初清洗可洗去泥沙、昆虫、残留农药等，能为下一步减菌、灭菌和提高清洗效果奠定一个良好的基础。根据原料的特点和生产的需要，初清洗可采用浸渍或充气的方法使清洗效果得以加强。

鲜切果蔬的体积大小对鲜切果蔬的品质会有影响。切割程度越大，引起的伤呼吸越严重；切割的体积越小，切分面积就越大，表面水分蒸腾越快，切分面流出的酚类物质容易被氧化，发生褐变，影响外观品质，也不利于产品的保存。切割方式的不同也会造成切割水果受创伤面积大小的差异和营养物质流失量的不同，从而影响切割水果的保鲜效果。

此外，刀刃状况与所切果蔬的保存时间有着很大的关系。锋利刀切分果蔬保存时间长；钝刀切割面受伤多，容易引起变色腐败。切分的大小对鲜切果蔬的品质也有影响，切分越小，切口面积越大，越不利保存。

（五）彻底清洗和灭菌

彻底清洗果蔬是加工中的关键，经切分的果蔬表面已造成一定程度的破坏，汁液渗出，易引起腐败、变色，导致产品质量下降。不同果蔬可选用不同的清洗液，以保持其食用品质及延长其保质期。

（六）护色和漂洗

一般，在去皮或切分后还要进行洗涤，清洗用水必须符合饮用水标准且最好低于5℃。果品鲜切后，影响其品质的最大问题是褐变。一般在清洗水中加入一些护色保鲜剂，如亚硫酸盐、抗坏血酸、柠檬酸、山梨酸钾、苯甲酸钠、半胱氨酸、氯化钙、氯化锌、乳酸钙等，可以减少微生物数量并阻止酶反应，因而可以改善货架期及产品的感官品质。

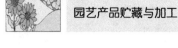

切割后的漂洗对减缓果实组织生理衰败，防止果实软化和品质变化等都非常有效。漂洗有利于伤组织释放底物和酶，通常为 1~5 min。温度对漂洗效果的影响非常明显，高温漂洗效果较好，但高温会提高多酚氧化酶（PPO）的酶活。一般漂洗温度不能高于 20 ℃。漂洗效果还取决于 pH 值，酸性环境具有抗菌特性，所以一般用较低 pH 值的水漂洗。有时则需 pH 值接近中性的漂洗液，如使用半胱氨酸护色处理，否则将导致果实组织变为桃红色。

（七）沥干

漂洗后必须严格进行干燥处理，避免果蔬腐败，至少采用沥水法去除果蔬表面的水分，也可用干棉布或吹风排除产品表面的水分。

（八）包装

包装可以有效地减少切割造成的果蔬水分损耗、减轻外界气体及微生物的影响、抑制呼吸强度、延缓乙烯生成、降低生理生化反应速度、防止芳香成分挥发，从而延缓切割果蔬组织的衰老和腐败变质，提高产品的品质和稳定性。鲜切果蔬的包装有多种，常见的方式有自发调节气体包装（MAP）、减压包装（MVP）、活性包装（AP）、涂膜包装等。

（九）贮藏

温度是影响鲜切果蔬质量的主要因子。鲜切果蔬在生产、贮运及销售过程中均应处于低温状态。最佳的贮藏温度就是稍高于果蔬材料冰点的温度；也可根据商业需要，采用 5 ℃ 或 10 ℃ 的货架温度来贮藏鲜切果蔬。另外，贮藏时注意温度不要低于果蔬的冷害温度，以免出现冷害症状，造成鲜切果蔬不可食用。包装及贮存过程中综合利用各种保鲜措施，可维持鲜切水果的食用品质，延长货架期。

三、鲜切制品的劣变原因

（一）生理生化变化

新鲜果蔬经切割加工后果实组织会严重受损，伤害立即对呼吸、酚类、乙烯等代谢产生明显的影响，如褐变、伤呼吸、伤乙烯、产生异味、失重变软。

首先，组织内的酶与底物的区域化结构被破坏，酶与底物直接接触引起果实组织产生各种生理生化反应，如多酚氧化酶催化酚类物质的氧化反应，脂肪氧化酶催化膜脂反应，纤维素酶催化细胞壁的分解反应等，从而导致组织褐变、细胞膜破坏、细胞壁分解及果实软化且产生异味。

其次，组织受损后明显地促进果实呼吸作用增强，同时刺激组织内源乙烯的产生，并伴随消耗大量的营养素，合成一系列次生代谢物而加速鲜切水果的衰老与腐败，降低其食用价值。

另外，去皮、切分等加工过程中所造成的机械损伤会极大地促进鲜切果蔬产品呼吸作用的增强，即所谓"伤呼吸"；同时会刺激果蔬组织内源乙烯的产生，导致伤乙烯迅速增加，并伴随一系列次生代谢产物的合成。组织的伤的愈合还会改变鲜切果蔬的外观，从而降低食用价值，加速鲜切果蔬的衰老与腐败。

此外，还有因微气体环境引起的腐败。鲜切果蔬通常用塑料薄膜包装，以维持天然、新鲜的品质，并防止微生物污染，但如果包装膜透气性小或贮藏温度较高，在包装袋内很容易形成低浓度氧气或高浓度二氧化碳的微气体环境，造成低浓度氧气和高浓度二氧化碳伤害，使产品产生异臭，导致腐败。

（二）微生物污染

去皮、切分等处理损害了水果的组织结构，果实失去真皮层的保护作用，汁液外溢，大面积的表面暴露及丰富的营养为微生物的侵染和生长繁殖提供了有利的环境条件，使水果更易受到各种污染的侵袭。引起鲜切水果腐烂变质的微生物主要是细菌和真菌，微生物的污染与繁殖是导致鲜切水果质量下降的主要原因。

鲜切果蔬具有较高的水分活度（$A_W > 0.85$）和 pH 值（pH > 4.6），并且切割处理又使组织保护层遭到破坏、营养物质外渗，非常容易受到微生物的污染。微生物对鲜切果蔬品质的影响主要表现在两个方面：一方面，微生物的生长繁殖会消耗蔬菜体内贮藏的营养物质，导致品质下降；另一方面，病原微生物的生长繁殖直接影响鲜切果蔬的食用安全性。贮藏初期，鲜切果蔬的表面一般无致病菌，而只有腐败菌，如欧文氏菌、假单孢菌等，但是随着环境条件的改变，微生物菌落种类和数量会发生变化，使致病菌的生长占主导优势。

（三）营养素损失

鲜切果蔬在加工及贮藏过程中会使一些营养成分流失。例如：切割会导致维生素的氧化损失；在浸泡过程中，水果中的可溶性固形物等水溶性营养成分会随浸泡而流失。加工贮藏过程中的温度、光照、空气中的氧气及组织自身的代谢作用及包装都会导致鲜切果蔬营养成分的损失。

四、保鲜方法

（一）物理保鲜

1. 低温保鲜

低温保鲜是应用最有效且最广泛的物理保鲜技术之一，几乎所有的鲜切果蔬均可进行低温保鲜。低温不仅可以抑制鲜切果蔬的呼吸和生理代谢，延缓其衰老和抑制褐变，提高组织的抗性，而且还可以显著抑制微生物的生长与繁殖。因此，对鲜切果蔬及时降温预冷和采用低温贮藏、冷链运输和销售，对保持鲜切果蔬的品质极为重要。

2. 热处理保鲜

热处理是新发展起来的一种物理保鲜技术。热处理可有效地降低鲜切果蔬表面微生物的数量，减少病菌的侵染，减轻冷害的发生，加速伤口愈合，结合杀菌剂或氯化钙的使用还有明显的增效作用。

3. 气调保鲜

气调保鲜是通过改变贮藏环境中的气体成分来达到保持果蔬产品新鲜状态和延长货架寿命的一种保鲜方法，通常结合冷藏以达到最佳的保鲜效果。适宜的气体环境可显著降低呼吸速率、抑制乙烯产生、减少失水、延缓新陈代谢速率、抑制组织的褐变、减少营养成分的损失，同时也能抑制好气性微生物生长，防止鲜切果蔬腐败。

4. 辐照保鲜

辐照保鲜原理是利用钴 60 和铯 137 产生的 γ 射线照射食品，引起微生物发生一系列物化反应，使微生物的新陈代谢、生长发育受到抑制或破坏，致使微生物被杀灭，食品的保藏期得以延长。

（二）化学保鲜

1. 化学药剂保鲜

传统上人们采用氯、次氯酸钠及亚硫酸盐类的水溶液来清洗果蔬以达到减少腐败现象及抑制褐变和延长货架寿命的目的，并且都取得了较好的效果。氯、次氯酸钠、二氧化氯等易形成强致癌物质，亚硫酸盐类可引起某些人（尤其是哮喘病患者）的过敏反应，对人体副作用较大，美国等发达国家已开始限制化学药剂在鲜切产品中的使用。

2. 可食性涂膜保鲜

可食性涂膜可以减少鲜切果蔬水分的损失，阻止外界气体及微生物的入侵，抑制呼吸，延缓乙烯产生，降低生理生化反应速度，防止芳香成分挥发，从而延缓鲜切果蔬组织的衰老和腐败变质，保持产品的质量和稳定性。

（三）生物保鲜

有直接用微生物菌体对果蔬进行保鲜防腐的研究，其中以乳酸菌、酵母菌和霉菌的拮抗菌株研究较多。实验证实，乳酸菌在 10 ℃ 或 25 ℃ 环境下能够有效地降低苹果切片上李斯特氏单孢菌和沙门氏菌的菌群数量。

（四）综合保鲜

鲜切果蔬品质的保持是建立在综合保鲜技术基础上的，它包括了加工前适宜原料种类、品种的选择和田间的栽培管理，以及加工过程中和加工后系列配套处理技术。实验表明，综合保鲜技术可大大改善鲜切果蔬的品质，延长其货架寿命。

鲜切果蔬是未来新鲜农产品加工的一个重要方向，由于其具有自然、新鲜、卫生和方便等特点，正日益受到消费者喜爱。鲜切果蔬可开袋即食或直接烹调，可广泛应用于快餐业、宾馆、饭店、单位食堂或零售，节省时间，减少果蔬在运输与垃圾处理中的费用，符合无公害、高效、优质、环保等食品行业的发展要求。鲜切果蔬不但可拓宽果蔬原料的应用范围，实现果蔬的综合利用，又具有潜在的经济效益和广阔的市场发展空间。

任务 9　果 蔬 脆 片

果蔬脆片是利用真空低温油炸技术加工而成的一种脱水食品。在加工过程中，先把果蔬切成一定厚度的薄片，然后在真空低温的条件下将其油炸脱水，产生一种酥脆性的片状食品，故而命名为果蔬脆片。

果蔬脆片是国际上近年来新兴起的一种高新食品，由于低温下操作能最大限度地保存食品的色、香、味，使果蔬的天然色素和芳香物质的损失降到最低，维生素 C 能保持 90% 以上，因此，低温真空油炸条件下营养成分损失少，并可保持产品的原有色泽，给人以返璞归真的感觉。而且，该类食品复水性很强，在热水中浸泡几分种，即可还原为鲜品，顺应了国际食品天然化、营养化、风味化和方便化的趋势。因此，在方便食品、快速食品方面可取代真空冷冻干燥脱水食品。由于果蔬脆片直接食用的口感和调味优于真空冷冻干燥脱水食品，所以它还可以当作即食的休闲食品、野营快餐、酒佐、美式早餐的添加物及沙拉配品等。

一、对生产原料的要求

果蔬脆片要求原料必须有较完整的细胞结构，组织较致密，能自成形。适用原料分类大致如下：

水果类：苹果、梨、柿、菠萝、香蕉、杧果、枣、阳桃等。

瓜类：甜瓜、苦瓜、南瓜、哈密瓜、白兰瓜、木瓜、佛手瓜等。

薯芋类：甘薯、马铃薯、山药、芋头等。

青菜类：胡萝卜、白萝卜、芹菜、青椒、青豆、花菜、洋葱、蘑菇等。

菜果类：莲藕、马蹄、花生米、黄豆、蚕豆、豌豆等。

上述原料均要求新鲜，无虫蛀、无病害、无霉烂及无机械伤。

二、生产基本原理

真空低温油炸脱水技术起源于台湾，从发展至今已经历了三次较大的技术革新，早期的真空油炸脱水技术只利用真空（−0.05 MPa，绝对压力约为 50 kPa）来加快水分的排出，建立在这一理论基础上的技术和设备称为第一代真空油炸脱水技术与设备，时间大致在 20 世纪 70 年代末至 20 世纪 80 年代中期，其抽真空设备为水或蒸汽喷射泵。很快，人们发现进一步提高真空度仍有可能，于是把真空度提高到 10 kPa 左右，这一提高却产生了意想不到的效果：由于真空度提高，水分汽化的温度明显降低，油温在 70 ~ 90 ℃的范围内就可以了，同时，所加工的物料也变得酥脆起来，于是就把这一技术命名为真空低温油炸脱水技术，产品命名为果蔬脆片，一般普遍认为酥脆的产生是由于水分汽化时体积变大而膨化造成的，建立在这一理论基础上的技术与设备称为第二代真空低温油炸技术与设备，其抽真空设备为"二次水蒸气冷凝器 + 水环泵"的机组。这一时期，油炸方式仍沿用传统的静止浸泡或油炸方法，致使深入细胞内部的油脂极难脱除，造成产品含油率居高不下，达 15% ~ 20%（干品重）。此期间，台湾如意坊等开始研制一种称为二代半的设备，即将静止浸泡或油炸改为反复浸入、提出式，利用汽化的水分将油脂从细胞内部顶出，传热主要通过接触传导进行，含油率大为改观，即使采用机外常压脱油，也可降至 10% 左右，同时酥脆程度有明显提高。与此同时，技术人员通过实验发现，真空对产品的酥脆程度也有影响，因此，二代半的设备上开始使用了"二次水蒸气冷凝器 + 罗茨泵 + 水环泵"的抽真空系统，将真空度进一步提高到 2000 Pa 以内。

但是这种反复浸入或油炸方法不久也被发现存在着一个较大的缺点，即上下层物料由于浸沉在油脂中心时间不同，导致产品质量不均，特别是脆度，为此，人们又开发了第三代卧式设备来解决这一问题。

国内一些研究人员在第二代技术的基础上使用一个冷冻前处理，以期达到强化酥脆的目的，尽管冷冻过程中冰晶的体积比小（约 9%），有一定的膨化作用，并且在油炸过程的开始阶段有一种类似于冻干的升华过程，但由于油炸过程中仍采用浸泡或油炸，冰晶与油脂之间被汽化后的水蒸气隔开，传热受阻，未能及时供热给冰晶升华，大多数水分仍是由冰晶受热融化成水，然后再汽化脱水，因此，脆度改变不甚明显，对含油率也没有多大影响。

三、工艺流程及操作要点

果蔬脆片由于品种较多，具体细节可能千差万别，但基本工艺都是相同的，并且与冻干食品类似，一般而言，它的工艺流程是：前处理→预冻结→真空低温油炸→后处理，具体的操作要点如下：

（一）前处理

前处理包括以下工序：

清洗→分选（剔除）→切片（切条）→护色→冷却→沥干→含浸→沥干。

由此工序可见，与速冻的前处理相差不大，仅多了含浸、沥干，前面工序可参见相关部分，这里重点介绍含浸、沥干。

含浸在果蔬脆片生产中又称前调味，通常用30%～40%的液体葡萄糖水溶液浸沉已护色的物料，让葡萄糖依渗透压渗入物料内部，达到改善口味的目的。此工序也可真空含浸，主要利用压力差，使物料细胞内的气泡减少，吸入部分葡萄糖液。采用真空含浸可缩短含浸时间，提高工效，减少葡萄糖的浪费。

含浸后沥干时，不宜选用离心方法，因为此时容易把物料内部的糖液除去，一般都采用振荡沥干或抽真空预冻来除去一些多余的水分。

（二）预冻结

预冻结与冻干食品无多大差别，其处理方法和原理与冻干食品的均相同，需要注意的是果蔬脆片的物料经含浸处理后，共晶点有所下降，必须将物料降至 -18 ℃以下并保持一段时间。

（三）真空低温油炸

以二代半设备为例，油脂在设备下部用蒸汽盘管加热至100～120 ℃，然后迅速装入已冻结好的物料，关闭仓门，随即启动真空系统，动作要快，以防物料在油炸前融化，当真空度达到要求时，开启油炸开始开关，在液压推杆作用下，物料被慢速浸入油脂中油炸，到达底部时被相同的速度缓慢提起，升至最高点时又缓慢下降，如此反复，直至油炸完毕，整个过程已冻结的物料耗时约15 min，未冻结的物料耗时约20 min。

1. 水分汽化的热供给

在该机组内，结冰的物料浸入热油中，供热往往大于需要量，刚开始的瞬间，油面急剧沸腾，从观察窗上可以看到，油脂呈爆炸状飞溅。此时传热面积（相当于薄片表面积）较大，温差最大，水分最多，冰晶汽化也最剧烈，随着物料被拖离油面，汽化继续进行到热能不足，然后再次浸入热油中吸热汽化，2 min后，冰晶界面退至物料内部或消失，同时油脂温度也有所下降，必须补充加热，脱水过程进入第二干燥阶段，真空度开始回升，汽化水分减少，此时必须控制油温，否则易将物料的干层炸焦。

2. 水蒸气的排除

汽化后的水蒸气温度高达80～90 ℃（大致与热油同温），在压差作用下飞向冷凝器，被冷凝成水而缩小了体积（相当于被抽走），由于冷凝时只采用循环冷却即可，这是真空低温油炸与冻干相似却又能大量节省能耗的关键所在，当然仍有一小部分水分不能被冷凝，而随不凝性气体一道被水环泵抽走，冷凝成的水在破空后取物料放掉即可。由于此过程带走有热量略大于冻干过程中的放热，因此冷凝器需有足够的冷凝能力。

3. 水蒸气的转移

水蒸气最初是从物料表面逸出的，水蒸气的逸出量与表面积的大小密切相关（因为在真空低温炸制过程中，传热量总是过量的，因此很少考虑热能这一因素）。随冰的剧烈汽化，冰界面很快就会降到物料内部，由于冰界面汽化时随机性很大，不可能降低后仍是一个平面，因此，传热面积和汽化面积都急剧加大。此时，水蒸气从冰表面汽化后，要穿过已干燥的物料层才能到达外部，物料通常由纤维、淀粉和其他物质组成一种致密的海绵层结构，则蒸汽逸出的总表面积下降，如果阻挡层阻力超过一定限度，大量的水蒸气就在内部形成一股压力，这就是水蒸气的膨化作用，如果物料不够致密，将有可能会裂成碎片，正是由于这一原因限制了这一技术的使用范围，由于形成的水蒸气是高温的，汇同油料的热作用，对物料进行加热，在这种热力作用下，一些有机物开始发生分子结构的变化，使蛋白质变性，残余酶失活，这就是致熟作用，从而使果蔬脆片比冻干食品更适合用于休闲食品。

穿过物料阻挡层的水蒸气在压泵作用下飞向冷凝器表面，在冷凝器冷却表面释放热能，冷凝成水，并汇集到贮水槽中，破空后被放出真空系统。

已干的物料层连续泡在热油中，如果油温太高的话，会使物料焦化，因此，油温是受物料限制的，理想的温度是：在物料能耐受的条件下尽可能高温，以提高效率，降低成本。

4. 干燥终点的判断

由于每一次实际操作过程中，物料的含水量、重量、油温、表面积、厚度，以及不同物料的组织致密度和冷凝作用都不可能完全相同，因此，到达干燥终点的时间是不一致的，时间不是判断终点的可靠依据。

简单明了的方法是观察物料完全浸入油中时油面情况，如果水分已干燥完毕，那么物料浸入油面后，将基本上没有气泡逸出；若仍有较大量的气泡逸出，则物料水分未干。

5. 脱油

油炸后的物料表面仍沾有不少油脂，必须采取措施分离，一般选用离心甩油方法，细分起来，又分两种脱油方法，即常压脱油及真空脱油。

常压脱油是破空后将物料取出，在常压下将物置于三足式离心机内脱油，由于破空时空气进入物料内部，会将部分油脂带进物料内部，增加脱油的难度，因此，一般采用常压脱油时，含油率将高达15%～20%，所以常压脱油目前基本被淘汰了。

真空脱油是在油炸腔中未破空之前，直接在真空状态下离心脱油，不过此时对设备要求更高，使设备复杂化，在目前现有条件下，立式机中真空脱油的转速一般不超过200 r/min，相应分离因素为15～25 g（太小），尽管脱油时油脂均在表面，较易甩去，但实际使用情况表明，很少产品的含油率能降到12%以下。

不管采用何种脱油方法，因脱油时物料太脆，稍有不慎，将造成太多的碎片，目前已有防止脱油时产生碎片的装置，可将分离因素提高到150～250 g。

（四）后处理

后处理包括后调味→冷却→半成品分拣→包装等工序。

后调味是指用调味粉趁热喷在刚取出来的热脆片上，使它具有更宜人的各种不同风味，以适合众多消费者的口味。

冷却通常采用冷风机以迅速使产品冷却下来，以便进行半成品分拣，按客户要求的规格分拣，重点是剔除夹杂物、焦黑或外观不合格的产品。

包装分销售小包装及运输大包装，小包装一般直接与消费者见面，大都选用彩印铝铂复合袋，每袋20～50 g，内抽真空充氧，并添加小包防潮剂及吸氧剂。运输大包装通常用双层PE袋作为内包装，瓦楞半皮纸板箱作为外包装，采用抽真空充氧封口，注意防止假封，并要添加防潮剂、吸氧剂。

四、生产案例

果蔬脆片由于品种较多，每个不同品种的生产工艺多少都有一些差别，但大致的工艺是相同的，下面以胡萝卜脆片、洋葱脆片详细说明，选用的设备为国内较先进的二代半机型。

1. 胡萝卜脆片的生产

原料→清洗→去皮→切片→护色→冷却→沥干→含浸→沥干→预冻结→真空低温油炸→后调味→冷却→半成品分捡→包装。

原料：要求新鲜，粗老适中，无虫蛀和病害，无霉烂料。

清洗：用流动水漂洗，洗去表面的泥沙。

去皮：可采用人工去皮或磨皮机去皮，磨皮机去皮可提高效率 2~3 个百分点，一般不宜选用碱式去皮，因为碱式去皮后残留的酸或碱对油脂的品质有严重影响，去皮时应剔除不合格的部分。

切片：通常切成厚度在 2.8~3.0 mm 的薄片，切片以切成圆片或微椭圆片为准，也有切成波纹片的。

护色：在 1.0%~2.0% 的 NaCl 溶液中，以 95~98 ℃护色，直到胡萝卜变色为止，时间为 30~120 s。

冷却：用流动清水冷却至水温或用 7 ℃的循环冷却水冷却至 15 ℃以下即可。

沥干：冷却后的胡萝卜，采用振荡沥干或离心机脱水，振荡沥干时间在 3 mim 以上，效果较差，离心机脱水的分离因素要控制在 15 g 左右，时间为 20~120 s。

含浸：采用常压含浸时，糖液浓度为 30%~40%（折光计），糖液量至少应浸没胡萝卜，时间不少于 2 h，待胡萝卜中心有甜味时即可，用过的糖液仍含有大量葡萄糖，适当添加少量高浓度糖浆至浓度恢复到起始浓度后仍可继续使用，由于糖液本身就是良好的细菌培养基，极易引起酵母菌的繁殖，采用此法的糖液，一般只能用 2~3 次，待糖液酸化时便不能再用。

采用真空含浸时，真空度最高不超过 3 kPa，时间可减少到半小时，其他情况与常压含浸一样，这样，提高了糖液的利用率，有利于降低成本。

沥干：含浸后的胡萝卜片的表面较黏，通常采用振荡沥水 3 mim，分摊入框速冻，摊框厚度不超过 8 cm，最好用塑料袋套好，以防止蒸发到冷风机上影响传热。

预冻结：一般在速冻库中进行，快速冷冻至物料中心温度达 -18 ℃以下，冷藏备用，大规模生产也有用中、小型流态床单体冻结的，效果更佳。

真空低温油炸：真空低温油炸是果蔬脆片的关键工序，在真空低温油炸机中进行（该设备俗称主机）。首先将油温预热至 110 ℃，设定补偿加热温度为 75 ℃，打开主机门，将物料迅速装入吊框中，迅速关门，与此同时，主机操作人员打开冷却水进水阀，启动冷却塔风机、循环水泵和真空泵，待真空室内压力降至 5000 Pa 时，开启油炸开关，开始油炸脱水作用。注意观察油炸时的情况变化，由于脱水时间短至 15 mim 左右，稍有不慎即可造成产品报废，2 mim 左右油炸温度即可降至补偿加热，保证终温不超过 78 ℃，直至油炸结束，提起吊框，准备脱油，对能在主机内真空脱油的设备，启动脱油电机即可，对常压脱油的设备，则需破空，取出物料后在离心机内脱油，其分离因素一般不应超过 250 g，否则易造成碎片太多，甚至全部碎片。

油炸作业一天（20 h）后，必须将掉入油脂中的微粒除去，常用的方法有：200 目筛网过滤、400 目过滤、超速离心等，以防止这些微粒反复油炸变焦，致使油脂变质而不能使用，从而导致生产成本增加。事实上，油脂的再生与抗氧化已成为降低果蔬脆片生产成本的关键所在。

由于油炸脱水时间短，变化快，人为控制已经很难保证品质的均一，自动控制成为该技术设备中不可缺少的标准配置。

冷却：脱油后的产品立即通过传递通路进入包装间，一般用冷风机吹出的 7 ℃的干空气进行冷却，待胡萝卜脆片冷却到常温时，即可进行分检。

半成品分检：依据外观和规格要求分检半成品，剔除夹杂物，分级包装。

包装：大包装采用双层 PE 袋，做法与速冻食品相同，请参阅相关内容。销售小包装一般较少用大包装，大都用采全自动包装机，小包装有容量通常不以净重量为标准，而往往采用体积及净重为准，包装量以 20~35 g/袋居多。需抽真空充氧且放置防潮剂，小包装大部分选用彩色复合铝铂袋作为包装材料。

2. 洋葱脆片的生产

原料去外皮、切蒂→切瓣→分片、去芯→清洗→护色→冷却→沥干→含浸→沥干→预冻结→真空低温油炸→后调味→冷却→半成品分捡→包装。

原料：要求新鲜，无虫蛀和病害，无霉烂及机械伤。

去外皮：撕去洋葱表面干燥的外皮，切去蒂部的根及上蒂部干燥的表皮。

切瓣：依洋葱大小不同，将其切分成四瓣、三瓣或两瓣。

分片、去芯：切瓣后用手工分瓣，芯部另外放置。

清洗：分成片状的洋葱用流动清水漂洗，以除去泥沙及夹杂物等。

杀青：在 1.0%~2.0% 的 NaCl 溶液中，以 95~98 ℃护色 15~30 s，以使洋葱瓣变透明，但内外表皮不脱落。

冷却：用清水或 7 ℃的循环冷却水冷却至常温即可。

沥干：采用振荡沥水沥干 3 mim，或者采用离心机脱水，分离因素不超过 15 g，以防止自然弯曲的洋葱瓣变形。

含浸：与胡萝卜脆片的含浸要求相同，请参阅前面部分。

沥干：含浸后的洋葱瓣，由于带有弯曲的形状，一般振荡都较难沥干表面水分，要多次倒框才能较好地沥干，总沥干时间约 10 mim，然后分摊于速冻框内，厚度一般不超过 8 cm。

预冻结：做法与要求与胡萝卜相同，请参阅前面部分。

真空低温油炸：真空低温油炸是生产洋葱脆片的关键工序，在主机内进行，先将油脂预热到 100 ℃，设定补偿温度为 60 ℃，然后迅速将速冻好的洋葱装入吊框中，立即关上仓门，同时开启真空泵系统及其他辅助系统，将真空抽到工作压力以防止物料的融化，当真空抽到 5000 Pa 的工作压力后，开启油炸开关，开始油炸脱水，随时密切注意油炸情况，整个油炸时间为 13~15 mim，稍有不慎将造成产品报废，2 mim 左右，油温将降至补偿温度，开始补偿加热，控制温度不超过 62 ℃直到油炸结束后。油炸结束后吊提吊框，准备脱油作业，对能机内真空脱油的设备，启动脱油电机即可；对常压脱油的设备，则需要破空后取出物料，在三足式离心机内脱油，其分离因素不应超过 125 g，否则易造成碎片太多。

油炸作业一天（20 h）后，需将油脂再生，再生方法如前所述，必须注意的是油中已含有洋葱味的特征物质，不适合用来加工其他品种，否则易造成串味。

后调味：将刚脱油后的洋葱瓣趁热喷上一层经调制过的调味粉，使其黏附在洋葱瓣表面，以增强其口感，该调粉必须与洋葱的原味相协调。

冷却：经后调味的洋葱瓣用 7 ℃左右的干燥空气冷却，直到常温。

半成品分捡：依外观和规格要求分捡半成品，剔除夹杂物和焦黄瓣等，分别包装。

包装：与胡萝卜脆片的包装要求相同，请参阅前述部分。

五、果蔬脆片的质量标准

适用于果蔬脆片行业的质量标准目前有两种：一是中华人民共和国行业标准《水果、蔬菜脆片》（QB/T 2076—1995）；二是农业行业标准《绿色食品 水果、蔬菜脆片》（NY/T 435—2012）。两个标准相比较，两者的理化指标都一样，但后者加入了农药残留的检测标准，质量要求相对较高。

一般的企业在制定企业标准时会参考这两个标准，其执行的标准通常也是基于这两者之间，下面是一个企业标准的主要内容：

质量检验时，采用随机抽样，抽样率为每批总数的10%（客户有要求除外），每件随机抽取小样，混匀后作为待检样品，检验项目如下：

（一）感官指标（见表5-3）

表5-3　果蔬脆片的感官指标

项　目	指　标
色泽	各种水果、蔬菜脆片应具有与其原料相应的色泽
滋味和口感	具有该品种特有的滋味与香气，口感酥脆，无异味
形状	块状、片状、条状或该品种应有的整形状。各种形态应基本完好，同一品种的产品厚薄基本均匀且基本无碎屑
杂质	无肉眼可见外来杂质

（二）理化要求（见表5-4）

表5-4　对果蔬脆片的理化要求

项　目		指　标
净含量允许差	≤100 g/袋	±5.0
	>100 g/袋	±3.0
水分，%		≤5.0
酸价（以脂肪计），KOH mg/g		≤5.0
过氧化值（以脂肪计），%		≤0.25

（三）卫生要求（见表5-5）

表5-5　果蔬脆片的卫生要求

项　目	指　标
汞（以 Hg 计），mg/kg	≤0.01
铅（以 Pb 计），mg/kg	≤0.2
镉（以 Cd 计），mg/kg	≤0.1
砷（以 As 计），mg/kg	≤0.2
菌落总数，个/g	≤500
大肠菌群，个/100 g	≤30
致病菌	不得检出

实训 11　果蔬罐头的加工

一、实验目的

通过本实验，了解糖水水果罐头食品的生产工艺及操作方法。通过实验还应进一步了解水果罐头虽系酸性食品，但仍然存在各种质量问题，这与原料情况、操作方法、使用设备密切相关的。

二、基本原理

果蔬罐藏是将经过一定处理的果蔬装入能够密封的包装容器中，经过密封和杀菌，使罐内与外界环境隔绝而不被微生物再污染，同时使罐内绝大部分微生物杀死并使酶失活，从而使果蔬在室温条件下得以长期保存。

三、实验材料与用具

材料：菠萝、柑橘、番茄、番茄酱罐头、精盐、砂糖、氯化钙、柠檬酸、盐酸、氢氧化钠。

用具：手持折光仪、温度计、台秤、削皮刀、通心管、瓷盆、四旋玻璃瓶、不锈钢锅、镊子、天平、不锈钢针等。

四、实验项目

本次实验以糖水菠萝罐头的加工为例，介绍罐制品的加工技术。课后可选用其他材料进行罐头制作。

（一）容器准备

本实验采用 500 mL 玻璃罐，将罐和罐盖洗净，在不锈钢锅中以 100 ℃消毒 20 ~ 30 min 备用。

（二）工艺流程

原料选择→切端、去皮、去果眼、去芯→清洗、切片→装罐、注糖水→排气→密封→杀菌、冷却→抹罐→贴标、包装→出库销售。

（三）工艺要点

1. 原料的选择

选择果实新鲜饱满、发育正常、颜色金黄、香味浓郁、七八成熟、肉质好，硬度高，果肉中可溶性固形物不低于 10%，果实外表清洁，无干瘪、发霉及病虫害、机械伤等缺陷，果个大小均匀一致的菠萝果实。适合于罐藏的品种有沙捞越（无刺卡因）、巴厘、菲律宾、台种、本地种。

2. 切端、去皮、去果眼、去芯

用刀切除果实两端，切端厚度为 12 ~ 25 mm，切面要光滑平整，然后去皮、去果眼、去芯。去果眼时要求沟纹整齐、深浅恰当、干净。以菲律宾品种为例，菠萝通心筒规格的选用见表 5-6。

表 5-6　菠萝通心筒规格

品　种	果实横径/mm	通心筒口径/mm
	75～80	18～20
	80～90	20～23
菲律宾	90～100	24～27
	100～110	28～30
	110 以上	30～32

3. 清洗、切片

将果面清洗干净，然后切成厚 1.1～1.3 cm 的圆片或 1.2～1.4 cm 的扇形片。圆片要圆周完好、切边整齐；扇形片要长度均为 1.0～4.2 cm。同一罐中块形大小大致均匀。

4. 装罐、注糖水

一般果肉的重量约 3/5，糖液的重量约 2/5。糖液的浓度为 20%～30%，具体按下式计算（要求开罐浓度为 14%～18%，一般按 16% 计算）。糖液中加入 0.2%～0.3% 柠檬酸。糖水配成后煮沸、过滤（8 层纱布）备用。

$$Y = \frac{W_3 Z - W_1 X}{W_2} \times 100\%$$

式中　Y——糖液浓度（%）；

$\quad\quad W_1$——每罐装入的果肉量（g）；

$\quad\quad W_2$——每罐加入的糖液量（g）；

$\quad\quad W_3$——每罐净重（g）；

$\quad\quad X$——果肉含糖量（%）；

$\quad\quad Z$——要求开罐时糖液的浓度（%）。

依据《菠萝罐头》（GB/T 13027—2011），500 mL 的玻璃罐头瓶，按净重 510 g 装果肉 300 g（约为净重的 58%），煮沸过滤的热糖液 210 g，保留顶隙 6 mm 左右，然后用罐盖盖好。生产上考虑到封罐时被排除部分糖液，所以以注满糖液为度。

5. 排气

将装好的罐头放入沸水中排气，排气时间自罐头中心温度达到要求的温度时计时，菠萝为 75 ℃排气 10 min。

6. 密封

排气完毕后，取出罐头趁热立即封罐。本实验采用手工密封，并将密封完的玻璃瓶滚动，不漏汁液为合格。

7. 杀菌、冷却

杀菌的温度和时间与原料的性质、罐头大小等有关。菠萝、柑橘等酸度大的果实罐头，采用常压杀菌 5～20min（100 ℃），然后分段冷却至 38～40 ℃，冷却速度要快。

8. 抹罐

经冷却后要进行抹罐，以防止生锈。

9. 贴标、包装

抹罐后，在 20 ℃的库房中存放 1 周，经敲罐检验合格后，贴上标签，要求注明罐头的种类和制作班级、组、日期，包装入箱。

10. 出库销售

贮放一定时间后进行开罐，测定开罐浓度是否达到要求，最后进行品评。生产上进行抽样检验，合格后方可出库销售。

（四）产品质量标准

糖水菠萝罐头：具有菠萝特有的色、香、味，果肉大小、形态均匀一致，无杂质、无异味，破碎率不超过 5%～10%，果肉不少于净重的 55%。糖水开罐浓度要达到 14%～16%。

五、作业

1. 加工罐头时，为何有时会出现同一批产品的开罐糖液浓度相差较大？如何避免？
2. 与市场上的同类产品比较，自己制作的糖水菠萝罐头感官指标如何？

实训 12　果蔬糖制品的加工

一、实验目的

糖制品按其方法分为果脯蜜饯类和果酱类。果脯蜜饯类属于高糖食品，大多含糖量在 50%～70%；果酱类属于高糖高酸类食品，含糖量多在 40%～65%，含酸量约在 1% 以上。

通过本实验，明确果脯、果酱等糖制品生产的基本工艺，熟悉各工艺操作要点及成品质量要求，掌握常见糖制品的生产方法。

二、基本原理

利用高浓度糖液产生的高渗透压作用、抗氧化作用及果胶凝胶的原理，采取高浓度的糖液处理果蔬，提高其含糖量（或形成良好凝胶状态），达到抑制微生物生长并长期保藏产品的目的。

三、实验材料、设备和用具

材料：胡萝卜、冬瓜、草莓、生石灰、pH 试纸、白砂糖、明矾、亚硫酸氢钠、柠檬酸、山梨酸。

设备和用具：糖度计或波美比密度计、温度计、不锈钢刀、不锈钢盆、不锈钢锅、漏勺、不锈钢铲、筛子、烤箱、烤盘（木或竹）、无毒玻璃纸或保鲜袋、四旋盖玻璃瓶、冰箱。

四、工艺流程及操作要点

本次实验以胡萝卜脯的加工为例，介绍果蔬糖制品的加工技术。

（一）工艺流程

原料的选择→洗涤→去皮→切分→护色→热烫→糖制→烘烤→整形→回潮、包装。

（二）操作要点

1. 原料的选择

选择色泽鲜艳、发育良好、青头小、根部短齐、上下粗细相差不大、芯柱较细的黄色或红色八九成熟的胡萝卜，剔除病虫害及伤坏者，腰部直径在 2.5 cm 以上。

2. 洗涤

将选好的胡萝卜在清水中洗涤干净。

3. 去皮、切分

用不锈钢刀将洗净的胡萝卜去皮。对体形较大的胡萝卜，糖液难以渗透，需要将其切分。将去皮的原料切去青头和尾根并切成 5 mm 厚的薄片，或者切成瓣形和条形均可，注意不可切得太厚。

4. 护色

将切分后的条片放在 0.4% 的亚硫酸氢钠溶液中浸泡 2 ~ 3 h。

5. 热烫

锅中放入清水，加入 0.2% 的明矾，煮沸后，将原料条片放入，在沸水中煮 3 ~ 5 min，取出用冷水冷凉。

6. 糖制（一次煮成法）

1）在锅中配制 40% 浓度的糖液 2 kg，煮沸，把预处理好的果实约 2 kg 倒入锅中，倒入量以糖液淹没果实为宜。

2）煮沸，用文火熬煮 10 ~ 15 min，并轻轻翻动。

3）加入干白砂糖，在每次糖液煮沸后 5 min 加入一次，共加 3 ~ 4 次，每次的加入量为果实质量的 6% ~ 8%，直至原料吸收糖液达饱和状态（65%）。

4）大火煮制，让果实上下剧烈翻滚 5 ~ 10 min。

5）待果肉呈现透明状时，用漏勺轻轻将其捞出，沥干糖液后摆盘烘烤。

7. 烘烤

将糖制好的胡萝卜脯送入烤箱，在 65 ~ 70 ℃ 的温度下烘烤 12 ~ 15 h，中间注意倒换烤盘，直至表面不粘手，水分含量在 18% 时为止。

8. 回潮与包装

将烘烤好的胡萝卜脯放在室内回潮 24 h，然后用保鲜袋密封包装。

（三）产品质量标准

胡萝卜脯应呈片状、薄厚均匀、表面洁净、色泽鲜艳、透亮，表面不能有"返砂"现象，甜度要适宜，无异味，有咬劲。

五、作业

1. 观察采用一次煮成法时糖液中可溶性固形物的变化。

2. 原料热烫时加入明矾起何作用？

3. 简述一次煮成法的原理。

4. 简述果酱制作原理。

5. 为何果酱出锅到封口要求在 20 min 内完成，并且酱温保持在 85 ℃ 以上？

6. 制作果酱可否添加少量氯化钙？

实训 13　蔬菜腌制品的加工

一、实验目的

蔬菜腌制品加工在我国有悠久的历史，长期以来，加工方法不断改进，产品质量不断提高，在各地有不少著名产品，如北京冬菜、四川榨菜、云南大头菜、镇江酱菜等。蔬菜腌制品保存容易、风味独特，深受人们喜爱。

二、基本原理

蔬菜腌制是利用食盐的渗透压作用对部分微生物的抑制，或者利用乳酸菌、酵母菌、醋酸菌的发酵作用来保藏制品，同时利用各种香辛料改善产品的口感和风味。

三、实验材料、设备和用具

材料：甘蓝、白菜、萝卜、花椒、生姜、鲜大蒜、食盐、醋、白酒、白糖、茴香、辣椒、生姜、八角、花椒、草果、其他香料、氯化钙。

设备和用具：泡菜坛、瓷坛、铲子、不锈钢刀、砧板、盆、不锈钢锅等。

四、工艺流程及操作要点

本实验旨在了解泡菜制作工艺，掌握腌制基本原理。

（一）工艺流程

原料的选择→清洗、预处理→配制盐水→装坛发酵→发酵管理→成品。

（二）操作要点

1. 清洗、预处理

将蔬菜用清水洗净，剔除不适宜加工的部分，如粗皮、老筋、须根及腐烂斑点；对块形过大的，应适当切分。稍加晾晒或沥干明水备用，避免将生水带入泡菜坛中引起败坏。

2. 配制盐水（泡菜水）

泡菜用水最好使用井水、泉水等饮用水。如果水质硬度较低，可加入 0.05% 的氯化钙。一般配制与原料等重的 5% ~8% 的食盐水（最好煮沸溶解后用纱布过滤一次）。再按盐水量加入 1% 左右的白糖、1% 的辣椒、5% 的生姜、0.05% 的八角、0.1% 的花椒、0.1% 的茴香、0.5% 的草果、0.05% 的胡椒、0.05% 的丁香、0.2% 的桂皮、1.5% 的白酒，还可按各地的嗜好加入其他香料，将香料用纱布包好。各种香料最好碾磨成粉包裹。为缩短泡制的时间，常加入 3% ~5% 的陈泡菜水，以加速泡菜的发酵过程，黄酒、白酒或糖更好。

3. 装坛发酵

取无砂眼或裂缝的泡坛洗净（新坛要消毒，用 1% 盐酸溶液浸泡 2~3 h 以除去铅），沥干明水，放入半坛原料压紧，加入香料袋，再放入原料至离坛口 5~8 cm，注入泡菜水，使原料被泡菜水淹没，盖上坛盖，注入清洁的坛沿水或 20% 的食盐水，将泡菜坛置于阴凉处发酵。发酵的适宜温度为 20~25 ℃。

成熟后便可食用。成熟所需时间，夏季一般为 5~7 天，冬季一般为 12~16 天，春秋季介于两者之间。

4. 发酵管理

泡菜如果管理不当则会败坏变质，必须注意以下几点：

1）保持坛沿清洁，经常更换坛沿水，或者使用 20% 的食盐水作为坛沿水。揭坛盖时要轻，勿将坛沿水带入坛内。

2）取食泡菜时，用清洁的筷子取食，勿使油脂混入。取出的泡菜不要再放回坛中，以免污染。

3）如遇长膜生花，加入少量白酒，或者苦瓜、紫苏、红皮萝卜或大蒜头，以减轻或阻止长膜生花。

4）泡菜制成后，一边取食，一边加入新鲜原料，适当补充盐水，保持坛内一定容量。

（三）产品质量标准

1. 泡菜质量标准

清洁卫生、色泽美观、香气浓郁、质地清脆、组织细嫩、咸酸适度；含盐量为 2% ~ 4%，含酸量（以乳酸计）为 0.4% ~ 0.8%。

2. 糖醋蒜质量标准

成品糖醋蒜皮呈褐色，蒜肉为黄褐色，质地脆嫩，酸甜适口，略带咸味，无异味；总糖为 15% ~ 30%，总酸为 1% ~ 3%。

五、作业

1. 影响泡菜与糖醋菜质量的主要因素有哪些？
2. 如何提高泡菜的脆性？
3. 试述泡菜的发酵机理。腌制时是如何抑制杂菌的？

实训 14　果蔬干制品的加工

一、实验目的

通过实验，掌握果蔬干制品加工的工艺流程及操作要点。

二、实验材料、设备和用具

材料：新鲜葡萄、氢氧化钠、碳酸氢钠等；新鲜马铃薯、亚硫酸钠、硫黄等。

设备和用具：天平、盆、烧杯、玻璃棒、电炉、竹帘、锅、烘盘、干燥箱等。

三、工艺流程及操作要点

（一）葡萄干

1. 工艺流程

原料的选择→原料的处理→室内阴干→脱粒→收集→去杂→分级→包装→成品。

2. 操作要点

（1）原料的选择　选择皮薄、果肉丰满柔软、含糖量在 20% 以上、外表美观的果实。要求果实充分成熟，保证干制后形态饱满、颜色美观、风味佳美。

（2）原料的处理　先将果穗中的小粒、不熟粒、坏粒除去，用 1.5% ~ 4% 的氢氧化钠溶液浸泡果粒 1 ~ 5 s，以脱去果粒表面的蜡质，加快干燥速度。薄皮品种可用 0.5% 的碳酸氢钠和氢氧化钠的混合液浸泡 3 ~ 6 s，果实浸碱处理后，立即捞出放入流动清水中冲洗。浸洗后，在密闭的室内，按时每 1000 kg 葡萄用硫黄 2 kg 进行熏蒸 3 ~ 5 h。

（3）室内阴干　干制有阴干和烘干两种方式。将经过处理的葡萄，在室内挂晾，由上而下成尖塔形。条件是：温度 27 ℃，相对湿度为 35%，风速 1.5 ~ 2.6 m/s，时间一般为 30

天。也可在烤房内进行烘烤，以节约时间。将葡萄预先挂好后，开始点火升温，初温为 45～50 ℃，终温控制在 70～75 ℃，终点的相对湿度控制在 25% 以下，一昼夜就好。一般制成的葡萄干用手紧握后松开，颗粒迅速散开的为干燥程度良好，含水量一般在 15%～18%。

（4）脱粒　干制后摇动挂晾穗以脱粒，收集后轻揉并用风吹去杂质，然后以色泽及饱满度分级。同时，去除过湿、过小、过大和结块的。

（5）包装与贮藏　等制品冷却后，堆积成堆，盖薄膜回软，然后将果干放在 15 ℃ 以下的环境中 3～5 h，或者在密闭环境中用二硫化碳杀虫，一般用量为 100 g/m³，将盛药器皿放入室内上部，使药物自然挥发，向下扩散，杀灭害虫。然后，装入塑料食品袋内封口，放在阴暗处于 0～2 ℃ 下贮藏。

（二）马铃薯干

1. 工艺流程

原料的选择→原料的处理→切割→冲洗→烫漂→加硫处理→干燥→包装→成品。

2. 操作要点

（1）原料选择　应选干物质含量高、块茎大、无病伤、表皮薄、芽眼浅而少、风味好的土豆备用。

（2）原料的处理　除去不能食用的部分后洗净，采用人工、热力或化学方法去皮，切成 0.2～0.3 cm 厚的片，并用流水冲洗。为防止氧化变色和变味，应将切后的原料放入沸水中烫漂 3～5 min，使其呈半透明状为止，不能煮熟。

（3）加硫处理　原料烫漂后取出，喷以 0.1%～0.2% 的亚硫酸钠溶液，以抑制褐变并促进干燥及防虫害等。成品含二氧化硫不得超标。

（4）干燥　可采用自然干制，即直接铺放在晒场上，利用日光晒干；也可用人工干制，将处理好的原料铺放在烘盘上，利用烤房或人工干制机加温至 65～75 ℃，6～8 h 即可。干制品含水量为 5%～8%。

（5）包装和贮藏　干燥后立即堆积或放入大木箱内盖严，使干制品含水量均匀一致，1～3 天即可"均湿"。然后装入容器内压紧密封，或者装入塑料袋内封闭。贮藏环境要求温度不超过 14 ℃，相对湿度在 65% 以下为宜。

四、作业

1. 果蔬在干制时如何能在除去水分的同时尽可能地保持果蔬的营养成分？
2. 果蔬干制品在贮藏中如何避免回潮现象的发生。

五、观察与思考

1. 完成实训报告。
2. 实训中出现了哪些问题？你是如何解决的？

实训 15　果蔬汁制品的加工

一、实验原理

果汁是果实经过破碎、榨汁、过滤等方法取得的汁液，经过澄清或均质及脱气，然后装瓶、密封、杀菌后得以长期保藏的产品。

二、实验材料、设备和用具

材料：柑橘、葡萄、蔗糖、柠檬酸、果胶酶、高锰酸钾等。

设备和用具：破碎机、榨汁机、压盖机（无压盖机可用四旋玻璃罐）、玻璃瓶、高压均质机或胶体磨、纱布、温度计等。

三、工艺流程及操作要点

（一）工艺流程

1. 柑橘汁生产工艺流程

原料的选择→清洗、分级→榨汁→过滤→调整→均质→脱气脱油→杀菌、灌装→冷却→成品。

2. 葡萄汁生产工艺流程

原料的选择→清洗、破碎→榨汁→过滤→调整→澄清→装瓶→杀菌→冷却→成品。

（二）操作要点

1. 柑橘汁的加工

（1）原料的选择　宜选择汁液丰富、出汁率高、香气浓郁的品种，如锦橙、哈姆林、先锋橙、夏橙、脐橙、雪橙、柠檬、葡萄柚、温州蜜柑等品种。果实要充分成熟、新鲜、未腐烂。

（2）清洗、分级　先用清水或 0.2% ~ 0.3% 高锰酸钾溶液浸泡，然后冲洗去果皮上的污物，捞起沥干并分级备用。

（3）榨汁　甜橙、柠檬、葡萄柚等严格分级后用 FMC 压榨机和布朗锥汁机取汁；宽皮橘可用螺旋压榨机、刮板式打浆机及安迪生特殊压榨机取汁。如无压榨机，可用简易榨汁机或手工去皮取汁。

（4）过滤　用 0.3 mm 筛孔的过滤机过滤，使果汁含果浆 3% ~ 5%，或者将果汁用 3 ~ 4 层纱布过滤。

（5）调整　测定原汁的可溶性固形物含量和含酸量，将可溶性固形物含量调整至 13% ~ 17%，含酸量调整至 0.8% ~ 1.2%。

（6）均质　使用高压均质机在 10 ~ 20 MPa 的压力下将调整后的柑橘汁均质，也可用胶体磨均质。

（7）脱气去油　采用热力脱气或真空脱气机进行脱气去油。柑橘汁经脱气后应保持精油含量为 0.15% ~ 0.25%。

（8）杀菌、灌装　采用巴氏杀菌，在 15 ~ 20 s 内升温至 93 ~ 95 ℃，保持 15 ~ 20 s，降温至 90 ℃，趁热保温在 85 ℃以上灌装于预消毒的容器中。

（9）冷却　装罐（瓶）后的产品应迅速冷却至 38 ℃。

2. 葡萄汁的加工

（1）原料的选择　应选红色或紫色、香气浓郁、含糖量高并含有一定量有机酸的品种，如美洲种的康可、伊凡斯、克林顿等，欧洲种的玫瑰香、黑虎香等都是制取葡萄汁的好原料。制汁的果实应是充分成熟、无霉烂和病虫害的果实。

（2）榨汁　将葡萄洗净，除去果梗，破碎后用筛子先行粗滤，再取全部果皮，加入部分果汁，于 60～70 ℃ 温度中保持 10～15 min，以提取色素，然后压榨。压榨时加入 0.2% 果胶酶和 0.5% 精制木质纤维素以提高出汁率，压榨后再用同样办法提取色素一次，再行压榨。

（3）调整　测定果汁含糖量和含酸量，将糖调整到 18%～20%，有机酸调整到 0.5%～0.8%。

（4）澄清　将果汁加热至 80 ℃，除去泡沫，倒入预先经过杀菌的容器中，密封，贮存于 −2～5 ℃ 的冷库（或冰箱）中，贮存一个月，使果汁澄清，以除去酒石和蛋白质等悬浮物。除去酒石的汁液，经 80 ℃ 杀菌，冷却至 30～37 ℃，加入果胶酶制剂，用量为果汁的 0.15%，并在 37 ℃ 条件下保温 4 h，即澄清。若温度低于 37 ℃，澄清时间会相对延长。

（5）装瓶、杀菌　用虹吸法吸出清汁，装瓶，于 80 ℃ 热水中杀菌。

四、产品质量标准

（一）柑橘汁质量标准

果汁呈浅黄色或橙黄色，酸甜适口，具有柑橘应有的风味，无异味；汁液均匀混浊，静置后允许有少量沉淀，但经摇动后仍呈混浊状态；原果汁含量大于或等于 45%，可溶性固形物含量调整至 13%～17%，含酸量为 0.8%～1.2%。

（二）葡萄汁质量标准

果汁呈果实原有的颜色，具有葡萄特有的芳香，无异味，澄清透明，无沉淀；可溶性固形物含量为 14%～21%，含酸量为 0.5%～1.4%。

五、作业

1. 在教师的指导下，加工制作出符合质量标准的果汁制品。
2. 填写实验记载项目表（见表 5-7）。

表 5-7　果蔬汁制品记录表

产 品 名 称	柑　橘　汁	葡　萄　汁
原料质量/kg		
果汁质量/kg		
出汁率（%）		
果汁状态		

六、观察与思考

1. 果汁加工过程中影响质量的重要因素有哪些？
2. 如何提高果汁的出汁率？

实训 16　红葡萄酒的制作

一、实验原理

果酒的酿造是利用有益微生物（酵母菌）将果汁中可发酵性糖类经酒精发酵作用生产

酒精，同时产生甘油、乙醛、醋酸、乳酸和高级醇等副产物，再在陈酿澄清过程中经酯化、氧化、沉淀等作用，赋予果酒特殊风味，最终形成酒液澄清、色泽鲜美、醇和芳香的产品。

二、实验材料、设备和用具

材料：葡萄、蔗糖、硫黄、焦亚硫酸钠。

设备和用具：发酵酒罐（或缸、桶、大玻璃广口瓶）、电子秤、手持测糖仪、温度计、酒精计、小型压榨机、软木塞、胶帽和纱布等。

三、工艺流程及操作要点

（一）工艺流程

原料的选择→清洗→破碎、除梗→二氧化硫处理→成分调整→入罐（桶）发酵→压榨→后发酵→陈酿→澄清过滤→成品调配→装瓶、密封、杀菌→成品

（二）操作要点

1. 容器的消毒

制酒的各种容器都必须进行消毒。方法是将容器洗净，然后用硫黄熏蒸，1 m³ 用硫黄 8～10 g。小型容器可用含二氧化硫 0.2% 的亚硫酸溶液浸泡消毒。

2. 原料的选择

选用果皮带色的葡萄，如赤霞珠、法国兰、蛇龙珠等，剔除病烂、病虫、生青果，用清水洗去表面污物。

3. 破碎、去梗

可用破碎机破碎，再经除梗机去掉果梗；也可先去果梗，后用破碎机或手工破碎，以使酿成的酒口味柔和。经破碎除去果梗的葡萄浆，因含有果汁、果皮、籽实及细小果梗，应立即送入发酵罐，发酵罐上面应留出 1/4 的空隙，不可加满，以防浮在池面的皮糟因发酵产生二氧化碳而溢出。

4. 二氧化硫处理

原料破碎后按 100 kg 葡萄加入亚硫酸钠 10～12 g，以抑制有害微生物的生长及酶褐变。

5. 成分调整

将发酵浆的含糖量调整至 22%～25%，含酸量调整至 0.8%～1.0%。同时加入酵母液，用量为葡萄浆的 3%～5%。如果实含野生酵母多，也可不加酵母，让其自然发酵。

6. 入罐（桶）发酵

把葡萄浆送入发酵罐，直到主发酵完毕，即新葡萄酒出池这一过程称为主发酵。

主发酵期的管理：

（1）环境管理　阴凉，通风，温度控制在 20～25 ℃。

（2）压帽（翻搅）　发酵开始的 2～3 天，每天将葡萄皮渣和汁液上下翻动 2～3 次，以供给酵母繁殖所需的氧气，同时防止微生物的侵染而造成发酵酒败坏。

（3）测定发酵期的温度和糖度的变化　发酵开始后，品温逐渐升高，到旺盛发酵期达到高峰，发酵液起泡、混浊，当气泡消失，汁液澄清，发酵液温接近室温，含糖量降至 1% 左右时，主发酵结束。时间长短视温度而定，一般为 4～8 天。

7. 压榨（酒、渣分离）

主发酵结束后，用纱布将清澈的酒液滤出，转入酒桶或缸中，或者用胶管虹吸法（用泵抽出）将上清液导入另一个发酵罐中，皮渣中的酒液用压榨机榨出，用另一酒桶盛装。

8. 后发酵

后发酵的罐或桶上面要留出 5~15 cm 空间，因后发酵也会产生泡沫。后发酵的品温控制在 18~20 ℃，当含糖量降至 0.1%~0.2% 时即完成后发酵。

9. 陈酿

后发酵结束后，将酒用虹吸管转入另一酒桶（或缸）中，密封，送入低温处（10~15 ℃）进行陈酿，初期 3 个月换 1 次，除去酒脚（沉淀物），以后半年 1 次，注意密封情况和添满酒桶（缸），陈酿期半年至 2 年不等。

10. 成品调配

先取酒样进行分析，按所需成品酒要求进行调配，调配后再入桶（缸）贮存一段时间即可。

11. 装瓶、密封、杀菌

取出酒液，过滤装瓶，用压盖机封口（或可用软木塞为好，套胶帽），加热杀菌，温度为 70 ℃，经 10~15 min 即可。

四、产品质量标准

紫红色，透明无杂质；清香醇厚，酸甜适口；酒精度为 11.5%~12.5%（体积分数）；总酸为 0.45%~0.6%；挥发酸为 0.5%；总糖为 14.5%~15.5%；单宁为 0.45%~0.06%。

五、作业

在教师指导下，完成红葡萄酒的生产制作。

六、观察与思考

1. 影响红葡萄酒制作的主要因素有哪些？
2. 如何提高红葡萄酒的质量？

实训 17　果 醋 酿 造

果醋是利用水果为原料酿制而成的食醋产品，因水果营养丰富且有丰富的芳香物质，因此，酿制的醋不仅有水果的芳香，而且酸味比粮食醋柔和，风味明显优于粮食醋，已被列入保健醋行列，是欧美、日本等国家主要的食醋种类。果醋可选用的原料有苹果、梨、葡萄、沙棘、红枣、杏、山楂、橘子、草莓、香蕉等。

一、实验原理

1）利用酵母菌的酒精发酵将原料中可发酵型糖转化为酒精，酒精发酵是厌氧发酵。
2）利用醋酸菌的醋酸发酵将酒精转化为醋酸，醋酸发酵是好氧发酵。
3）利用陈酿改善果醋风味，并起到果醋澄清的作用。
4）利用杀菌密封保藏制品。

二、实验材料、仪器和设备

材料：苹果、草莓、亚硫酸钠、蔗糖、甲壳素、葡萄酒酵母、醋酸菌种、明胶、单宁、糯米等。

仪器和设备：折光仪、发酵罐、台秤、温度计、酒精计、榨汁机、离心机等。

三、工艺流程及操作要点

（一）工艺流程

1. 苹果醋（发酵型）

原料的选择→清洗榨汁→澄清、过滤→成分调整→酒精发酵→醋酸发酵→压榨过滤→陈酿→澄清→杀菌→成品。

2. 草莓醋（调配型）

糯米→浸米→蒸米→淋冷→糖化→酒精发酵→醋酸发酵→过滤→配料→澄清→装配→杀菌→成品。　　　　草莓→去杂→清洗→榨汁→过滤 ────┘

（二）操作步骤

1. 苹果醋

（1）原料的选择　选择新鲜成熟的苹果为原料，要求糖分含量高、香气浓、汁液丰富、无霉烂果。

（2）清洗榨汁　将分选洗涤的苹果榨汁、过滤，使皮渣与汁液分离。

（3）粗滤　榨汁后的果汁可采用离心机分离，除去果汁中所含的浆渣等不溶性固形物。

（4）澄清　可用明胶-单宁澄清法，明胶、单宁用量通过澄清实验确定；或者用加热澄清法，将果汁加热到 80~85 ℃，保持 20~30 s，可使果汁内的蛋白质絮凝沉淀。

（5）过滤　将果汁中的沉淀物过滤除去。

（6）成分调整　澄清后的果汁根据成品所要求达到的酒精度调整糖度，一般可调整到 17%。

（7）酒精发酵　用木桶或不锈钢罐进行发酵，装入果汁量为容器容积的 2/3，将经过三级扩大培养的酵母液接种发酵（或用葡萄酒干酵母，接种量为 150 mg/kg），一般发酵 2~3 周，使酒精浓度达到 9%~10%。发酵结束后，将酒榨出，然后放置 1 个月左右，以促进澄清和改善质量。

（8）醋酸发酵　将苹果酒转入木桶，装入量为 2/3，接入醋种 5%~10% 混合，并不断通入氧气，保持室温 20 ℃，当酒精含量降到 0.1% 以下时，说明醋酸发酵结束。将菌膜下的液体放出，尽可能不使菌膜受到破坏，再将新酒放到菌膜下面，醋酸发酵可继续进行。

（9）陈酿　常温陈酿 1~2 个月。

（10）澄清及杀菌　将苹果醋进一步澄清，澄清后用蒸汽间接加热到 80 ℃，趁热装瓶。

2. 草莓醋

（1）醋的制备　制备步骤如下：

1）浸米。新鲜糯米经去杂、淘洗后加清水浸泡，使其充分吸水，至米粒浸透无白心，手搓米粒成粉状，不酸不馊。

2）蒸米。将浸好的米粒用水冲去白浆至出现清水为止，适当沥水，放入蒸锅，常压蒸米，使米粒膨胀发亮、松散柔软、不烂粒、均匀一致。

3）淋冷。将蒸好的米用冷水淋冷，降品温和淋去饭粒间黏物，沥干水分，使米粒松散，以利于接种后微生物生长。

4）糖化。冷却后的米饭拌入1%的甜酒药，装坛，使饭粒疏松透风，饭的中间留一个凹窝，在米饭表面撒一层酒药粉，用湿纱布盖住容器口，置25～30℃下糖化，12 h后饭粒间长出白色糖化菌丝，24 h后窝内出现甜液，36～48 h酒液满窝，饭粒嚼之绵软无颗粒，说明糖化完全。

5）酒精发酵。在糖化好的米饭中加入干米重1.5倍的冷开水和0.1%活化好的干酵母，加水后糖的含量为14%，27℃下密封发酵，7天后酒味很浓，继续发酵，到酒液开始微酸，酒精发酵基本结束。

6）醋酸发酵。将发酵好的醪液加干米重3倍的水，然后加入12%醋酸菌培养液，液面离盖7 cm左右，合上盖子，露天醋化至成熟，有刺鼻醋酸味，上层醋液清亮橙黄，中下层为乳白色。

7）过滤、澄清。用纱布过滤醪液，所得醋液放在低温下澄清，取上清液，得成品米醋。

（2）草莓汁的制取　制取步骤如下：

1）原料的清洗。选用新鲜草莓，去叶、蒂及青白果，然后除去有虫害且腐烂的果实，清水冲洗干净。

2）榨汁。清洗后的草莓淋干水分，榨汁，并同时加0.2%亚硫酸钠护色。

3）过滤。榨出的果汁放在10℃的地方静置，沉淀后，取上清液，过滤、去籽、去杂，得草莓原汁。

4）调配。为保留米醋原有的风味，又显示草莓的水果香味，需加糖调节口味。调配比例为：米醋含量为93.5%、草莓汁含量4.5%、蔗糖添加量为2%。

5）装瓶、灭菌。把经调配的草莓醋装瓶，采用85～90℃灭菌。

四、产品质量标准

（一）苹果醋

感官指标：琥珀色、色浅、清晰；气味纯正有水果香味。

理化指标：醋酸含量（以醋酸计）≥4.0 g/100 mL，乙醇含量≤0.5%（体积分数），铜≤5.0 mg/kg，铁≤10.0 mg/kg，重金属≤1.0 mg/kg。

微生物指标：细菌总数≤500 个/mL，大肠杆菌每100 mL 不得检出，致病菌不得检出。

（二）草莓醋

感官指标：产品为橙红色，均匀一致，汁液呈透明状，无沉淀、杂质；既有糯米醋的风味，又有草莓果汁的新鲜水果味，无其他异味。

理化指标：含酸量为5.4%。

五、作业

1. 根据教师讲的内容，独立设计实训方案。

2. 在规定的时间内完成实训内容。

六、观察与思考

1. 影响果醋制作的主要因素有哪些?
2. 如何提高果醋的质量?

实训 18　果 蔬 速 冻

一、实验目的与原理

速冻是指利用快速冷冻工艺对果蔬进行加工的一种方法,从而可最大限度地抑制微生物、酶的活动,较大程度地保持了新鲜果蔬原有的色泽、风味、香气、维生素和营养。速冻制品食用方便,并且可长期保存,大部分果蔬均可采取速冻处理。通过本次实验,掌握几种常见果蔬的速冻加工过程。

二、实验材料、设备和用具

材料:桃、草莓、马铃薯、豇豆、含 0.2% 的亚硫酸氢钠、1% 的食盐、0.5% 的柠檬酸、0.5% ~1% 的碳酸钙或氯化钙、0.1% 的抗坏血酸等。

设备和用具:不锈钢刀、夹层锅、漏勺、冷冻冰箱、真空包装机等。

三、工艺流程及操作要点

(一) 桃

1. 工艺流程

原料的选择→清洗→去皮→切分→浸渍糖液→包装→速冻→冻藏。

2. 操作要点

(1) 原料的选择　选择白肉桃和黄肉桃作为加工品种,要求原料新鲜、成熟度良好、大小均匀、无机械伤和病虫害。

(2) 清洗、去皮、切分　用清水洗去表面的污物和农药残留,用手工去皮或旋皮机去皮,然后切成 5 mm 厚的薄片。

(3) 浸渍糖液　将桃块在浓度为 25% ~30% 的糖液中浸泡 5 min,为防止解冻后褐变,可在糖液中加入 0.1% 的抗坏血酸。

(4) 包装、速冻　原料沥干糖液后经包装和冷却,然后送入温度为 -35 ℃ 的速冻装置中冻结,使温度迅速降到 -18 ℃。

(5) 冻藏　冻结后的产品用纸箱包装后送入 -18 ℃ 的冻藏库中贮藏。

(二) 草莓

1. 工艺流程

原料的采收→选择、分级→去果蒂→清洗→浸渍糖液→速冻→包装→冻藏。

2. 操作要点

(1) 原料的采收、选择　要求草莓在 3/4 变红时进行采收,选择大小均匀,无压痕、机械伤和病虫害,用清水洗去泥沙和杂质,然后浸在 10% 的食盐水中 10 ~15 s。

(2) 分级　按直径大小进行分级。分为 20 mm、20 ~24 mm、24 ~28 mm、28 mm 以上四

个等级；也可按单果重量进行分级，可分为 10 g 以上、8～10 g、6～8 g、6 g 以下四个等级。

（3）去果蒂、清洗　除去果蒂后再用清水洗去表面的污物和农药残留。

（4）浸渍糖液　将草莓块在浓度为 30%～40% 的糖液中浸泡 3～5 min，为防止解冻后褐变，也可在糖液中加入 0.2% 的抗坏血酸防止氧化，搅拌均匀，捞出后沥干糖液。

（5）速冻、包装、保藏　采用二段式冷冻，将沥干糖液后的草莓经迅速冷却至 -15 ℃以下，然后送入温度为 -35 ℃ 的冷冻装置中冻结，使草莓中心温度迅速降到 -18 ℃，立即进行低温包装，于 -18 ℃ 条件下贮藏。

（三）马铃薯

1. 工艺流程

原料的选择→清洗→去皮→切块→烫漂→冷却→速冻→包装→冻藏。

2. 操作要点

（1）原料的选择　要求淀粉含量适中、干物质含量高、还原糖含量低的白肉品种，选择表皮光滑、芽眼少而浅、无霉烂变质的马铃薯。

（2）清洗、去皮、切块　用清水洗去表面的污物和农药残留，用手工去皮或旋皮机去皮，并去掉芽眼、黑点、褐斑。然后，用切条机将马铃薯切成长方条，一般长度为 50～75 mm，宽度为 5～10 mm，厚度为 5～10 mm，切分后立即放入 0.5% 食盐水中护色。

（3）烫漂、冷却　将马铃薯在温度为 90～95 ℃ 的水中热烫 1～2 min，然后立即放入冷水中冷却。

（4）速冻、包装、冷藏　将原料送入温度为 -35～-40 ℃ 的速冻装置中冻结，将冻结的马铃薯及时包装，并在 -18 ℃ 中冷藏。

（四）豇豆

1. 工艺流程

原料的选择→挑选→切段→浸盐水→清洗→烫漂→冷却→沥水→速冻→包装→冻藏。

2. 操作要点

（1）原料的选择　选择色泽较深、组织鲜嫩、条形圆直的豇豆品种，要求大小均匀，豆粒无明显突起，无病虫害，无斑痕。

（2）切段　切去豇豆两端后，再切成 5 cm 长的段。

（3）浸盐水　用 2% 的盐水浸泡 15 min 左右，至色泽转为鲜绿色且口尝无豆腥味时，立即用冰水冷却，然后用振动筛或离心机脱水。

（4）烫漂、冷却　将豇豆在沸水中热烫 1.5 min 左右，然后立即放入冷水中冷却。

（5）包装、速冻、冷藏　将原料送入温度为 -35～-40 ℃ 的速冻装置中冻结，将冻结的豇豆及时包装，并在 -18 ℃ 冷藏。

四、作业

1. 根据教师讲的内容，独立设计实训方案。

2. 在规定的时间内完成实训内容。

实训 19　鲜切蔬菜的加工

鲜切蔬菜又称最少加工蔬菜，与传统的加工蔬菜相比，具有品质新鲜、食用方便卫生等特点。但由于受到机械切割，使组织细胞破裂，营养物质外流，极易造成微生物污染，并且呼吸加快，酶促褐变和非酶褐变加快等都会加剧鲜切菜品质的下降，缩短货架期。因此，鲜切菜的保鲜、杀菌处理是鲜切菜加工的关键。

一、实验原理

利用杀菌剂与先进的保鲜贮藏手段对鲜切菜进行防腐保鲜处理。常用的杀菌剂有氯气、次氯酸钠或次氯酸钙、臭氧、电解酸性水等；保鲜可结合低温、气调等手段。

二、实验材料、设备和用具

材料：西芹、胡萝卜等蔬菜，次氯酸钠溶液。

设备和用具：臭氧发生器、去皮刀、切刀、密封袋、封口机等。

三、工艺流程及操作步骤

（一）工艺流程

1. 鲜切西芹的工艺流程

原料的选择→整理、清洗→沥水→切割→杀菌→沥水、包装→冷藏。

2. 鲜切胡萝卜丝的工艺流程

原料的选择→清洗→皮杀菌→去皮→切丝→挑选→杀菌→清洗、沥干→装袋、封口→冷却→冷藏。

（二）操作步骤

1. 鲜切西芹

（1）原料的选择　选择茎、叶挺实，叶为绿色，颜色鲜艳，茎断口未变褐，无脱水空心，大小一致，无异味、无病斑、无机械伤的原料。

（2）整理　去除叶、根等不可食部分，并将有病斑、空心、机械伤的部分去掉。

（3）清洗　用流动水冲洗原料表面泥沙和污物。

（4）沥水　清洗后捞出沥干表面水分。

（5）切割　将西芹沿45°方向斜切成长4 cm左右的长段。

（6）杀菌　将臭氧消毒杀菌器设置进气量为5 L/min，开启1 min，然后倒入西芹段分别处理5~10 min。

（7）沥水、包装　捞出沥干，用0.02 mm聚乙烯保鲜袋包装。

（8）冷藏　包装后的鲜切西芹放入4 ℃冰箱中冷藏，比较不同杀菌时间和贮藏时间的贮藏效果，找出合理的杀菌时间和贮藏期。

2. 鲜切胡萝卜丝

（1）原料的选择　要求原料新鲜，无腐烂和损伤等不良品质。

（2）清洗　将原料用流动水清洗，除去表面泥沙、污物及残留农药。

（3）皮杀菌　将原料放入浓度为20~25 mg/kg次氯酸钠溶液中处理10 min。

（4）去皮　用去皮刀在喷淋水下去皮，切去两头，要求去皮干净，芯不发绿，无残皮和变色等不合格品。

（5）切丝　用切丝机或手工切丝，切丝规格为4 mm×4 mm×60 mm。

（6）挑选 将颜色变成黄、白、绿的胡萝卜丝及规格不合要求的原料剔除，并泡入清水中。

（7）杀菌 将胡萝卜丝依次放入浓度为 6 ~ 10 mg/kg、11 ~ 15 mg/kg、20 ~ 25 mg/kg 的次氯酸钠杀菌液中杀菌。

（8）清洗、沥干 杀菌后的胡萝卜丝进一步用流动水清洗后，沥干水分。

（9）装袋、封口 将沥干水分的胡萝卜丝装袋，同时注入 2% 盐水后封口。

（10）冷却、冷藏 包装后的产品放入 1 ~ 4 ℃ 冷水中冷却至产品中心温度为 2 ~ 4 ℃，产品放入 1 ~ 2 ℃ 冷库中冷藏。

四、作业

1. 根据教师讲授的内容，独立设计实训方案。
2. 在规定的时间内完成实训内容。
3. 对比实验结果并分析原因。
4. 鲜切菜加工中不用杀菌剂可以吗？为什么？

实训 20 参观果蔬加工厂

一、实训场所

选择当地典型果蔬加工厂，如罐头加工厂、果酒加工厂等。

二、实训案例

（一）实训流程
实训准备→布置任务→听取介绍→实地考察→疑难解答→总结。

（二）实训要点

1. 实训准备
教师公布选择的加工企业，要求学生通过各种渠道对该加工企业领域的现状、贸易概况、发展前景等有初步的了解。

2. 布置任务
教师对学生布置考察任务，如参观目的、参观要点、卫生要求、设备配置、重点工序等，并公布参观注意事项等。

3. 听取介绍
请实习企业安排相关生产技术负责人对工厂的情况进行介绍，布置参观路线，提醒注意事项。

4. 实地考察
在实习指导教师及工厂指派负责人的带领下按照计划参观，学生边听取介绍，边理解讲解内容，注意观察加工车间结构及加工设备的摆放，同时认真记录教师布置内容的解答。

重点考察下列内容：厂方的整体布局与分布；厂家的卫生要求、操作规章制度与管理事项、重点加工工艺步骤的衔接与操作要点、设备的选型与配置等。

5. 疑难解答
参观完后，实习教师应及时留一定时间对学生们在参观过程中存在的疑问进行解答。

6. 总结

学生写好总结，小组交流。

三、作业

1. 根据参观考察结果，提交一份考察报告。
2. 分析果蔬加工业现状、优势及急需解决的问题，并提出合理化建议。

学 习 小 结

园艺产品加工技术主要包括园艺汁制品、干制品、罐制品、腌制品、糖制品、酿造制品、速冻制品、鲜切制品的分类、原理、工艺流程及操作要点。园艺汁制品是以园艺产品为原料经过物理方法，如压榨、离心、萃取等得到的汁液产品。原料必须选择新鲜、汁液丰富、风味好的园艺产品。干制品要选择皮薄、果肉丰满柔软、含糖量在20%以上、外表美观的果实。果蔬罐藏是将经过一定处理的果蔬装入能够密封的包装容器中，经过密封杀菌，使罐内与外界环境隔绝而不被微生物污染，同时使罐内绝大部分微生物被杀死并使酶失活，从而使果蔬在室温条件下得以长期保存的方法。蔬菜腌制是利用食盐的渗透压作用对部分微生物的抑制，或者利用乳酸菌、酵母菌、醋酸菌的发酵作用来保藏制品，同时利用各种香辛料改善产品的口感和风味的方法。果蔬糖制品是利用高浓度糖液产生的高渗透压作用、抗氧化作用及果胶凝胶的原理，采用高浓度的糖液处理果蔬，提高其含糖量（或形成良好凝胶状态），达到抑制微生物生长并长期保藏产品的目的。果酒的酿造是利用有益微生物（酵母菌）将果汁中可发酵性糖类经酒精发酵作用生产酒精，同时产生甘油、乙醛、醋酸、乳酸和高级醇等副产物，再在陈酿、澄清过程中经酯化、氧化、沉淀等作用，赋予果酒特殊风味，最终形成酒液澄清、色泽鲜美、醇和芳香的产品的方法。果醋是利用水果为原料酿制而成的食醋产品，因水果营养丰富且有丰富的芳香物质，因此，酿制的醋不仅有水果的芳香，而且酸味比粮食醋柔和，风味明显优于粮食醋，已被列入保健醋行列，是欧美国家和日本等国家主要的食醋种类。鲜切蔬菜又称最少加工蔬菜，与传统的加工蔬菜相比，具有品质新鲜、食用方便、卫生等特点。但由于受到机械切割，使组织细胞破裂，营养物质外流，极易造成微生物污染，并且呼吸加快，酶促褐变和非酶褐变加快等都会加剧鲜切菜品质的下降，缩短货架期。因此，鲜切菜的保鲜和杀菌处理是鲜切菜加工的关键。

学 习 方 法

1. 不同园艺加工产品的加工原理各不相同，但腌制品和糖制品的加工原理有其相似之处，在学习的过程中要注意到相同点，在学习其他园艺品加工的原理时也要总结其共同点，并且找出不同点。

2. 总结汁制品、干制品、罐制品、腌制品、糖制品、酿造制品、速冻制品、鲜切制品对原料的具体要求与所加工品成品质量有什么关系。

3. 在学习过程中，可通过相关视频对园艺加工品的工艺流程及操作要点进行具体的掌握，同时通过实训巩固其流程及要点，注意按规程进行操作。

目 标 检 测

1. 影响罐制品杀菌的主要因素有哪些？

2. 试述罐制品的生产工艺要点。

3. 澄清果蔬汁的澄清方法有哪些？浓缩果蔬汁的浓缩方法有哪些？

4. 在园艺产品干燥过程中，应如何加快干燥速度和缩短干燥时间？

5. 试述混浊果蔬汁生产中均质、脱气的目的、方法。

6. 食糖的性质包括哪几方面？

7. 果脯蜜饯加工的主要工艺有哪些？

8. 食盐的保藏作用有哪些？

9. 影响乳酸发酵的因素有哪几个方面？

10. 影响酒精发酵的主要因素有哪些？生产上怎样控制？

11. 红葡萄酒与白葡萄酒在酿造上的不同点是什么？

12. 简述红葡萄酒与白葡萄酒的工艺流程。

13. 为什么要对果蔬制品进行快速冻结？生产中如何提高冻结速度？

14. 何谓鲜切加工品？简述其工艺要点。

参 考 文 献

［1］ 张怀珠，张艳红．农产品贮藏加工技术 ［M］．北京：化学工业出版社，2009.

［2］ 陈月英．果蔬贮藏技术 ［M］．北京：化学工业出版社，2008.

［3］ 祝战斌．果蔬加工技术 ［M］．北京：化学工业出版社，2008.

［4］ 赵丽芹．果蔬加工工艺学 ［M］．北京：中国轻工业出版社，2007.

［5］ 李富军，张新华．果蔬采后生理与衰老控制 ［M］．北京：中国环境科学出版社，2004.

［6］ 陆兆新．果蔬贮藏加工及质量管理技术 ［M］．北京：中国轻工业出版社，2004.

［7］ 徐照师．果品蔬菜贮藏加工实用技术 ［M］．延吉：延边人民出版社，2003.

［8］ 向才旺．建筑装饰材料 ［M］．2 版．北京：中国建筑工业出版社，2004.

［9］ 赵良．罐头食品加工技术 ［M］．北京：化学工业出版社，2007.

［10］ 赵晨霞．果蔬贮藏加工实验实训教程 ［M］．北京：科学出版社，2015.

［11］ 赵晨霞．果蔬贮运与加工 ［M］．北京：中国农业出版社，2009.

［12］ 赵晨霞．园艺产品贮藏与加工 ［M］．北京：中国农业出版社，2005.

［13］ 罗云波，蔡同一．产品贮藏加工学 （贮藏篇） ［M］．北京：中国农业大学出版社，2001.

［14］ 陈功．盐渍蔬菜生产实用技术 ［M］．北京：中国轻工业出版社，2001.

［15］ 杨清香，于艳琴．果蔬加工技术 ［M］．北京：化学工业出版社，2001.